新世纪 AutoCAD 2009 中文版机械制图应用教程

黄才广　刘　丽　许小荣　等编著

电子工业出版社

Publishing House of Electronics Industry

北京·BEIJING

内 容 简 介

本书是为使用AutoCAD 2009进行机械制图的初、中级用户编写的，书中系统地介绍了AutoCAD 2009中文版的基本操作，以及使用AutoCAD绘制二维、三维图形的方法和提高绘图效率的实用技巧。

本书结合机械设计绘图的特点，以常用机械零件、机械设备及机械产品为例，系统地讲述了AutoCAD 2009中文版在机械制图及其相关专业设计绘图中的应用。内容包括：AutoCAD 2009概述、机械制图基本知识、二维绘图与编辑、文字与尺寸标注、剖面与剖视图的绘制、零件图与装配图的绘制、轴测图的绘制与尺寸文字标注、三维基本操作，以及机械制图的打印输出等知识，并通过详细的讲解与典型的小实例讲述了使用AutoCAD 2009进行机械制图的过程。

本书内容系统、完整、实用性较强，可供各类机械制图培训班作为教材使用，也可供相关工程技术人员及大学和高等专业学校的学生自学参考。

未经许可，不得以任何方式复制或抄袭本书之部分或全部内容。

版权所有，侵权必究。

图书在版编目（CIP）数据

新世纪 AutoCAD 2009 中文版机械制图应用教程 / 黄才广等编著.—北京：电子工业出版社，2009.3
新世纪电脑应用教程
ISBN 978-7-121-08392-1

I. 新… II.黄… III.机械制图：计算机制图—应用软件，AutoCAD 2009—教材 IV.TH126

中国版本图书馆 CIP 数据核字（2009）第 025392 号

策划编辑：　祁玉芹
责任编辑：　段春荣
印　　刷：　北京市天竺颖华印刷厂
装　　订：　三河市鑫金马印装有限公司
出版发行：　电子工业出版社
　　　　　　北京市海淀区万寿路 173 信箱　邮编　100036
开　　本：　787×1092　1/16　印张：20.5　字数：525 千字
印　　次：　2009 年 3 月第 1 次印刷
印　　数：　4000 册　　　　　定价：29.80 元

出 版 说 明

电脑作为一种工具，已经广泛地应用到现代社会的各个领域，正在改变各行各业的生产方式及人们的生活方式。在进入新世纪之后，不掌握电脑应用技能就跟不上时代发展的要求，这已成为不争的事实。因此，如何快速、经济地获得使用电脑的知识和应用技术，并将所学到的知识和技能应用于现实生活和实际工作中，已成为新世纪每个人迫切需要解决的新课题。

为适应这种需求，各种电脑应用培训班应运而生，目前已成为我国电脑应用技能教育队伍中一支不可忽视的生力军。而随着教育改革的不断深入，各类高等和中等职业教育中的电脑应用专业也有了长足的发展。然而，目前市场上的电脑图书虽然种类繁多，但适合我国国情的、学与教两相宜的教材却很少。

2001 年推出的《新世纪电脑应用培训教程》丛书，正好满足了这种需求。由于其定位准确、实用性强，受到了读者好评，产生了广泛的影响。但是，多年来，读者的需求有了提高，培训模式和教学方法都发生了深刻的变化，这就要求我们与时俱进，萃取其精华，推出具有新特色的《新世纪电脑应用教程》丛书。

《新世纪电脑应用教程》丛书是在我们对目前人才市场的需求进行调查分析，以及对高等院校、职业院校及各类培训机构的师生进行广泛调查的基础上，约请长期工作在教学第一线并具有丰富教学与培训经验的教师和相关领域的专家编写的一套系列丛书。

本丛书是为所有从事电脑教学的老师和需要接受电脑应用技能培训或自学的人员编写的，可作为各类高等院校及下属的二级学院、职业院校、成人院校的公修电脑教材，也可用作电脑培训班的培训教材与电脑初、中级用户的自学参考书。它的鲜明的特点就是"就业导向，突出技能，实用性强"。

本丛书并非目前高等教育教材的浓缩和删减，或在较低层次上的重复，亦非软件说明书的翻版，而是为了满足电脑应用和就业现状的需求，对传统电脑教育的强有力的补充。为了实现就业导向的目标，我们认真调研了读者从事的行业或将来可能从事的行业，有针对性地安排内容，专门针对不同行业出版不同版本的教材，尽可能地做到"产教结合"。这样也可以一定程度地克服理论（知识）脱离实际、教学内容游离于应用背景之外的问题，培养适应社会就业需求的"即插即用"型人才。

传统教材以罗列知识点为主，学生跟着教材走，动手少，练习少，其结果是知其然而不知其所以然，举一反三的能力差，实际应用和动手能力差。为了突出技能训练，本丛书在内容安排上，不仅符合"由感性到理性"这一普遍的认知规律，增加了大量的实例、课后的思考练习题和上机实践，使读者能够在实践中理解和积累知识，在知识积累的基础上进行有创造性的实践，而且在内容的组织结构上适应"以学生为中心"的教学模式，强调"学"重于"教"，使教师从知识的传授者、教学的组织领导者转变成为学习过程中的咨询者、指导者和伙伴，充分发挥老师的指导作用和学习者的主观能动性。

为了突出实用性，本丛书采用了项目教学法，以任务驱动的方式安排内容。针对某一具体任务，以"提出需求—设计方案—解决问题"的方式，加强思考与实践环节，真正做到"授人以渔"，使读者在读完一本书后能够独立完成一个较复杂的项目，在千变万化的实际应用中能够从容应对，不被学习难点所困惑，摆脱"读死书"所带来的困境。

本丛书追求语言严谨、通俗、准确，专业词语全书统一，操作步骤明确且采用图文并茂的描述方法，避免晦涩难懂的语言与容易产生歧义的描述。此外，为了方便教学使用，在每本书中每章开头明确地指出本章的教学目标和重点、难点，结尾增加了对本章的小结，既有助于教师抓住重点确定自己的教学计划，又有利于读者自学。

目前本丛书所涉及到的应用领域主要有程序设计、网络管理、数据库的管理与开发、平面与三维设计、网页设计、专业排版、多媒体制作、信息技术与信息安全、电子商务、网站建设、系统管理与维护，以及建筑、机械等电脑应用最为密集的行业。所涉及的软件基本上涵盖了目前的各种经典主流软件与流行面虽窄但技术重要的软件。本丛书对于软件版本的选择原则是：紧跟软件更新步伐，以最近半年新推出的成熟版本为选择的重点；对于兼有中英文版本的软件，尽量舍弃英文版而选用中文版，充分保证图书的技术先进性与应用的普及性。

我们的目标是为所有读者提供读得懂、学得会、用得巧的教学和自学教程，我们期盼着让每个阅读本丛书的教师满意，让读者从中获得成功。

电子工业出版社

前　　言

AutoCAD 是目前世界上最流行的计算机辅助设计软件之一。由于 AutoCAD 具有简便易学、精确无误的优点，一直深受工程设计人员的青睐。目前 AutoCAD 系列版本已广泛应用于建筑、机械、电子、土木、航天、石油化工等工程设计领域。因此，熟练掌握 AutoCAD 软件，是每个从事建筑、机械、电子、土木、航天、石油化工等相关行业工程技术人员应该具备的基本技能。

本书作者已从事多年的机械设计，积累了丰富的资料和实际绘图经验。针对目前大部分机械设计初学者往往只是停留在着重学习一些命令和操作技巧，而对机械专业方面的知识并不是很了解的现状，本书作者总结了大量有关机械制图的绘图经验，并对 AutoCAD 操作和命令如何应用于实际机械制图作了详尽的阐述，能在短时间内让读者对 AutoCAD 机械制图有一个全面系统的认识和了解。

全书共分 13 章，详尽地介绍了 AutoCAD 在机械制图中常用的绘图命令和方法，并对各种类型的机械图纸的具体绘制进行了介绍。各章具体内容如下：

第 1 章重点介绍了 AutoCAD 2009 中文版（以下简称 AutoCAD 2009 或 AutoCAD）的基本界面和操作环境。

第 2 章详细讲述了机械制图的一些基本知识，包括机械制图的国标规定，AutoCAD 制图中的国标实现。

第 3 章全面介绍了机械制图中的二维图形的绘制方法，讲解了 AutoCAD 基本二维绘图和编辑命令在机械制图中的应用。

第 4 章主要介绍了机械制图中的文字标注。

第 5 章主要介绍了机械制图中尺寸标注的方法和注意事项。

第 6 章详细介绍了机制制图中复杂图形的绘制方法，包括平行、垂直、相交、等分、对称、规则、圆弧连接等图形的绘制。

第 7 章重点介绍了剖视图绘制的一般方法，以及全剖视图、半剖视图、局部剖视图的绘制。

第 8 章主要介绍了剖面图绘制的要求和一般方法，并通过具体案例介绍了剖面图的绘制。

第 9 章介绍了零件图绘制的基本步骤，同时介绍了轴、盘盖、叉架、箱壳类零件图的绘制方法。

第 10 章介绍了装配图的绘制过程和绘制方法，并通过具体实例介绍了装配图的绘制。

第 11 章着重介绍了轴测图的绘制方法，以及轴测图的尺寸和文字标注。

第 12 章详细介绍了 AutoCAD 三维绘图和编辑命令在机械制图中的应用，并介绍了典型零件三维图形的绘制。

第 13 章介绍了机械图形的打印和输出方法。

本书主要针对使用 AutoCAD 2009 进行机械制图的初、中级用户编写，按照从无到有的过程，结合机械设计过程的特点，通过具有代表性的小实例与机械制图中的常用方法来介绍 AutoCAD 2009 在机械制图中的广泛应用。本书有机地将 AutoCAD 基本操作方法、机械设计的一些基本要求和机械制图的制图标准结合在一起，使本书具有很强的针对性和专业性。

　　本书由黄才广、刘丽、许小荣等编写。此外，在整理材料方面多位老师给予了编者很大的帮助，在此，编者对他们表示衷心的感谢。

　　我们希望本书对您的学习、工作能有所帮助，同时也希望您能对本书提出宝贵的意见，以便使我们能不断进步，提高书稿的水平，为读者提供更高质量的学习教程。我们的 E-mail 地址是：qiyuqin@phei.com.cn。

编　者

2009 年 2 月

编 辑 提 示

　　《新世纪电脑应用教程》丛书自出版以来，受到广大培训学校和读者的普遍好评，我们也收到许多反馈信息。基于读者反馈的信息，为了使这套丛书更好地服务于授课教师的教学，我们为本丛书中新出版的每一本书配备了多媒体教学软件。使用本书作为教材授课的教师，如果需要本书的教学软件，可到网址 www.tqxbook.com 下载。如有问题，可与电子工业出版社天启星文化信息公司联系。

通信地址：北京市海淀区翠微东里甲 2 号为华大厦 3 层　　鄂卫华（收）

邮编：100036

E-mail：qiyuqin@phei.com.cn

电话：(010) 68253127（祁玉芹）

目　　录

第1章

AutoCAD 2009 概述

教学目标：

AutoCAD 是由美国 Autodesk 公司于 20 世纪 80 年代初为微机上应用 CAD 技术而开发的绘图程序软件包，是国际上最流行的绘图工具。

本章将向用户介绍 AutoCAD 2009 中文版（以下简称 AutoCAD 2009）的基础知识，其中包括 AutoCAD 2009 简介、绘图环境设置、图形基本操作（创建、打开、保存等）及布局的使用等内容。

教学重点与难点：

1. AutoCAD 2009 简介。

2. 绘图环境设置。

3. 创建新图形和打开、保存图形。

4. 布局的使用。

1.1 AutoCAD 2009 简介

AutoCAD 2009 版本是 Autodesk 公司推出的最新版本，在界面设计、三维建模和渲染等方面进行了加强，可以帮助用户更好地从事图形设计。

1.1.1 基础界面

启动 AutoCAD 2009，弹出"新功能专题研习"窗口。若选中"是"单选按钮，再单击"确认"按钮，则可以观看 AutoCAD 2009 的新功能介绍。

若选中其他单选按钮，再单击"确认"按钮，则进入 AutoCAD 2009 的"二维草图与注释"工作空间的绘图工作界面，效果如图 1-1 所示。

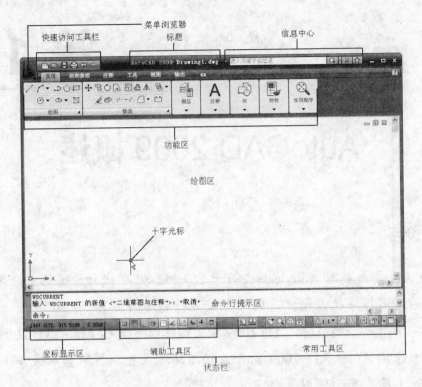

图 1-1 "二维草图与注释"工作空间的绘图工作界面

　　系统给用户提供了"二维草图与注释"、"AutoCAD 经典"和"三维建模"三种工作空间。所谓工作空间，是指由分组组织的菜单、工具栏、选项板和功能区控制面板组成的集合，通俗地说也就是我们可见到的一个软件操作界面的组织形式。对于老用户来说，比较习惯于传统的"AutoCAD 经典"工作空间的界面，它延续了 AutoCAD 从 R14 版本以来一直保持的界面，用户可以通过单击如图 1-2 所示的按钮，在弹出的菜单中切换工作空间。

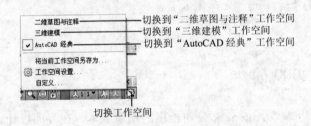

图 1-2 切换工作空间

　　图 1-3 所示为传统的"AutoCAD 经典"工作空间的界面的效果。如果用户想进行三维图形的绘制，可以切换到"三维建模"工作空间，它的界面上提供了大量与三维建模相关的界面项，与三维无关的界面项将被省去，方便了用户的操作。

　　我们首先以"AutoCAD 经典"工作空间的界面为例，为用户介绍其界面组成。AutoCAD 2009 界面中大部分元素的用法和功能与 Windows 软件一样，AutoCAD 2009 应用窗口主要包括以下元素：标题栏、菜单栏、工具栏、绘图区、命令行提示区、状态栏等。

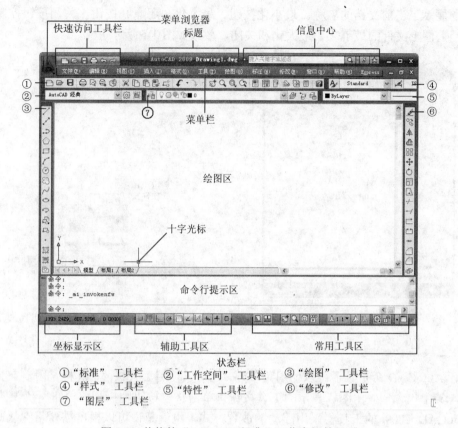

图 1-3　传统的 "AutoCAD 经典" 工作空间的界面

图中标注:
- 快速访问工具栏
- 菜单浏览器
- 标题
- 信息中心
- 菜单栏
- 绘图区
- 十字光标
- 命令行提示区
- 坐标显示区
- 辅助工具区
- 常用工具区
- 状态栏

① "标准" 工具栏　② "工作空间" 工具栏　③ "绘图" 工具栏
④ "样式" 工具栏　⑤ "特性" 工具栏　⑥ "修改" 工具栏
⑦ "图层" 工具栏

提示： 如果是第一次打开 AutoCAD 2009，可能与图 1-3 所示的界面稍有区别，但内容基本一致。

在 AutoCAD 2009 的 "工作空间" 工具栏中，提供了 "AutoCAD 经典"、"二维草图与注释" 和 "三维建模" 三种不同的工作空间，用户也可以通过 "工作空间" 工具栏来切换工作空间。

1. 标题栏

标题栏位于软件主窗口最上方，在 2009 版本中由菜单浏览器、快速访问工具栏、标题、信息中心和最小化按钮、最大化（还原）按钮、关闭按钮组成。

菜单浏览器将菜单栏中所有可用的菜单命令都显示在一个位置，如图 1-4 所示。用户可以在菜单浏览器中查看最近使用过的文件和菜单命令，还可以查看打开文件的列表，菜单下有 "最近使用的文档"、"打开的文档" 和 "最近执行的动作" 视图。

快速访问工具栏定义了一系列经常使用的工具，单击相应的按钮即可执行相应的操作。用户可以自定义快速访问工具，系统默认提供新建、打开、保存、打印、放弃和重做等 6 个快速访问工具。用户将光标移动到相应按钮上，会弹出功能提示。

信息中心可以帮助用户同时搜索多个源（例如，帮助、新功能专题研习、网址和指定的文件），也可以搜索单个文件或位置。

标题显示了当前文档的名称。最小化按钮、最大化（还原）按钮、关闭按钮控制了应用程序和当前图形文件的最小化、最大化和关闭，效果如图 1-5 所示。

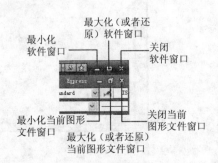

图 1-4　菜单浏览器效果　　　　　　　　图 1-5　控制软件和图形文件的最大最小化

2.　工具栏

执行 AutoCAD 命令除了可以使用菜单外，还可以使用工具栏。工具栏是附着在窗口四周的长条，其中包含一些由图标表示的工具按钮，单击这些按钮则执行该按钮所代表的命令。

AutoCAD 2009 的工具栏采用浮动的放置方式，也就是说可以根据需要将它从原位置拖动，放置在其他位置上。工具栏可以放置在窗口中的任意位置，还可以通过自定义工具栏中的方式改变工具栏中的内容，可以隐藏或显示某些工具栏，方便用户使用自己最常用的工具栏。另外，工具栏中的工具显示与否可以通过选择"工具"|"工具栏"|"AutoCAD"命令，在弹出的子菜单中控制相应的工具栏的显示与否，也可以直接右击任意一个工具栏，在弹出的快捷菜单中选择是否选中即可。

3.　菜单栏

菜单栏通常位于标题栏下面，其中显示了可以使用的菜单命令。传统的 AutoCAD 包含 11 个主菜单项，用户也可以根据需要将自己或别人的自定义菜单加进去。单击任意菜单命令，将弹出一个下拉式菜单，可以选择其中的命令进行操作。

对于某些菜单项，如果后面跟有符号 …，则表示选择该选项将会弹出一个对话框，以提供进一步的选择和设置。如果菜单项右面跟有一个实心的小三角形 ▶，则表明该菜单项尚有若干子菜单，将光标移到该菜单项上，将弹出子菜单。如果某个菜单命令是灰色的，则表示在当前的条件下该项功能不能使用。

选定主菜单项有两种方法，一种是使用鼠标，另一种是使用键盘，具体使用哪种方法可根据个人的喜好而定。每个菜单和菜单项都定义有快捷键。快捷键用下画线标出，如 Save，表示如果该菜单项已经打开，只需按 S 键即可完成保存命令。下拉菜单中的子菜单项同样定义了快捷键。

在下拉菜单中的某些菜单项后还有组合键，如"打开"菜单项后的"Ctrl+O"组合键。

该组合键被称为快捷键，即不必打开下拉菜单，便可通过按该组合键来完成某项功能。例如，使用"Ctrl+O"组合键来打开图形文件，相当于选择"文件"|"打开"命令。AutoCAD 2009还提供了一种快捷菜单，当右击鼠标时将弹出快捷菜单。快捷菜单的选项因单击环境的不同而变化，快捷菜单提供了快速执行命令的方法。

 提示： 牢记常用的快捷键（比如保存命令的快捷键"Ctrl+S"等）有利于提高绘图效率。试着在不同的地方右击鼠标，看－看弹出的快捷菜单有什么不同。

4. 状态栏

状态栏位于 AutoCAD 2009 工作界面的底部，坐标显示区显示十字光标当前的坐标位置，鼠标左键单击一次，则呈灰度显示，固定当前坐标值，数值不再随光标的移动而改变，再次单击则恢复。辅助工具区集成了用于辅助制图的一些工具，常用工具区集成了一些在制图过程中经常会用到工具，其功能如图 1-6 所示。

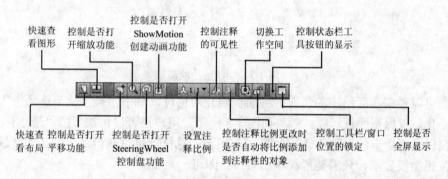

图 1-6　常用工具区各工具功能

5. 十字光标

十字光标用于定位点、选择和绘制对象，由定点设备（如鼠标、光笔）控制。当移动定点设备时，十字光标的位置会作相应的移动，这就像手工绘图中的笔一样方便，并且可以通过选择"工具"|"选项"命令，在弹出的"选项"对话框中改变十字光标的大小（默认大小是 5）。

6. 命令行提示区

命令行提示区是通过键盘输入的命令、数据等信息显示的地方，用户通过菜单和工具栏执行的命令也将在命令行中显示执行过程。每个图形文件都有自己的命令行，默认状态下，命令行位于系统窗口的下面，用户可以将其拖动到屏幕的任意位置。

7. 文本窗口

文本窗口是记录 AutoCAD 命令的窗口，是放大的命令行窗口，它记录了用户已执行的命令，也可以用来输入新命令。在 AutoCAD 2009 中，用户可以通过下面 3 种方式打开文本窗口：选择"视图"|"显示"|"文本窗口"命令；在命令行中执行 TEXTSCR 命令；按 F2 键。

1.1.2　功能区的使用

在"二维草图与注释"工作空间，2009版本新增了功能区。应该说，功能区就类似于2008版本的控制台，只是比控制台的功能有所增强。

功能区为与当前工作空间相关的操作提供了一个单一简洁的放置区域。使用功能区时无需显示多个工具栏，这使得应用程序窗口变得简洁有序。功能区由若干个选项卡组成，每个选项卡又有若干个面板组成，面板上放置了与面板名称相关的工具按钮，效果如图1-7所示。

图1-7　功能区功能演示

用户可以根据实际绘图的情况，将面板展开，也可以单击"最小化为选项卡"按钮将选项卡最小化，仅保留面板标题，效果如图1-8所示。用户还可以再次单击"最小化为选项卡"按钮，仅保留选项卡的名称，效果如图1-9所示，这样就可以获得最大的工作区域。当然，用户如果想面板显示，只需要再次单击该按钮即可。

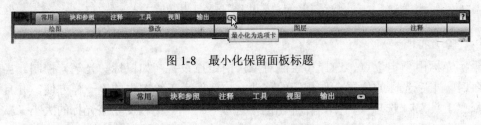

图1-8　最小化保留面板标题

图1-9　最小化保留选项卡的名称

功能区可以水平显示、垂直显示或显示为浮动选项板。创建或打开图形时，默认情况下，在图形窗口的顶部将显示水平的功能区。用户可以在选项卡标题、面板标题或者功能区标题单击鼠标右键，会弹出相关的快捷菜单，从而可以对选项卡、面板或者功能区进行操作，可以控制显示，可以控制是否浮动等。

1.2　绘制环境设置

在使用AutoCAD 2009绘图之前，首先需要设定图纸的尺寸和图形单位。本节将介绍如何设置绘图单位和图纸界限，以及图层管理等知识。

1.2.1 设置图形单位

在 AutoCAD 2009 中，可以使用任何实际单位进行绘图，如 mm、cm 和 m 等，国内机械制图中一般采用毫米（mm）作为绘图单位，详细内容将在下章介绍。不管采用何种单位，其只以图形单位来计算绘图尺寸。AutoCAD 的图形单位在默认情况下使用十进制单位进行数值显示或数据输入。可以根据具体工作需要设置单位类型和数据精度。

在 AutoCAD 2009 中设置图形单位最简单的方法是借助"图形单位"对话框。打开此对话框的方法有以下两种。

（1）选择"格式"|"单位"命令。

（2）在"命令："提示符下输入 DDUNITS，并按空格键或 Enter 键。

弹出"图形单位"对话框如图 1-10 所示。下面从长度、角度和方向几个方面来叙述"图形单位"对话框的设置。

1. "长度"选项组

在"图形单位"对话框的"长度"选项组中可以改变长度单位的格式。从"类型"下拉列表框中选择一个适当的格式，对于某个已选定的格式，可从"精度"下拉列表框中选择长度单位的显示精度。默认的单位类型是小数，精度是小数点后 4 位，即 0.0000。工程格式和建筑格式以英尺和英寸作为长度单位，在这两种格式中，每个图形单位代表 1 英寸（in）。其他格式，例如"科学"和"分数"则无这样的假定，每个图形单位可以代表任何真实的单位。

2. "角度"选项组

在"图形单位"对话框中，"角度"选项组可用来设置图形的角度单位格式。从"类型"下拉列表框中选择一个适当的格式，对于某个已选定的格式，可从该选项组中的"精度"下拉列表框中选择角度单位的显示精度。默认的单位类型是十进制度数，精度是个位，即 0。

3. "方向"按钮

单击"方向"按钮，弹出如图 1-11 所示的"方向控制"对话框，在该对话框中可以控制起始角度（0B）的方向。

图 1-10 "图形单位"对话框

图 1-11 "方向控制"对话框

在 AutoCAD 的默认设置中，0B 方向是指向右（亦即正东）的方向，逆时针方向为角度增加的正方向。在对话框中可以选中 5 个单选按钮中的任意一个来改变角度测量的起始位置。

选中"其他"单选按钮并单击"拾取"按钮，可以在图形窗口中拾取两个点来确定在 AutoCAD 中 0B 的方向。

在"图形单位"对话框中的"角度"选项组中，还有一个"顺时针"复选框。选中该复选框，表明角度测量方向是顺时针方向，不选中此复选框则角度测量方向为逆时针方向。角度测量的默认方向是按逆时针方向度量的。

完成在"图形单位"对话框中的所有设置后，单击"确定"按钮，关闭该对话框，完成对当前图形单位的设置。

1.2.2 设置绘图界限

在使用 AutoCAD 2009 绘图时，AutoCAD 系统对绘图范围没有限制，可以将绘图区看做是一幅无穷大的图纸，但所绘图形的大小是有限的。设置绘图的有效区域（称图限）将给绘图带来方便。

在 AutoCAD 2009 中，设置绘图界限的命令是 LIMITS。可通过以下两种方法来设置边界。

（1）选择"格式"|"图形界限"命令。

（2）在"命令:"提示符下输入 LIMITS，并按空格键或 Enter 键。

选择以上任一方法，此时命令行会出现如下提示：

指定左下角点或 [开(ON)/关(OFF)] <0.0000,0.0000>:

提示设置绘图界限左下角的位置，默认值为（0,0）。

按 Enter 键或按空格键接受其默认值或输入新值，AutoCAD 继续提示设置绘图界限右上角的位置：

指定右上角点 <420.0000,297.0000>:

同样可以接受其默认值或输入一个新值以确定绘图界限的右上角位置。

在进行上述设置的过程中，将出现 4 个选项，分别为"开"、"关"、"指定左下角点"和"指定右上角点"。"开"选项表示打开图限检查，如果所绘图形超出了图限，则系统不绘制出此图形并给出提示信息，从而保证了绘图的正确性；"关"选项表示关闭图限检查；"指定左下角点"选项表示设置图限左下角坐标；"指定右上角点"选项表示设置图限右上角坐标。另外，绘图界限也用于辅助栅格的显示和图形缩放。当打开栅格时，系统仅在图形界限内显示栅格，而将图形全部缩放时，系统将按图形界限缩放图形。

提示：模型空间和图纸空间的图形界限是相互独立的，需要分别进行设置。不过，模型空间和图纸空间的图形界限设置方法相同。

1.2.3 图层设置与管理

AutoCAD 2009 提供了图层设置的方法，将对象放在不同的图层上可以达到分类成组的目的，这与手工绘图时将复杂图形分离在不同的透明纸上并叠加在一起类似。手工绘图时只能在最顶层图纸上绘图，同样在 AutoCAD 中也只能在当前图层上绘图。而且 AutoCAD 2009 可以用 CHANGE 命令将所选对象从一个图层移到另一个图层（这两个图层都可以不是当前图层）。

图层是 AutoCAD 2009 中组织图形最有效的工具之一。AutoCAD 2009 的图形对象必须绘在某一图层上，它可能是默认的图层或自己创建的图层。图层由图层名来标识，它本身也是一个非图形对象。可以利用图层来组织自己的图形或利用图层的特性，如不同的颜色、线型和线宽来区分不同的对象。另外，AutoCAD 2009 还提供了大量的图层管理功能（打开/关闭、冻结/解冻、加锁/解锁等），使在组织图形时更加方便。

1. 图层的颜色、线型及线宽

引入图层的概念后，可以给每一图层指定绘图所用的线型、颜色和状态，并将具有相同线型和颜色的实体放到相应的图层上。本节将讲述图层的颜色、线型、线宽及打印模式。

（1）图层的颜色

所谓图层的颜色，是指该图层上面的实体颜色。图层的颜色用颜色号表示，颜色号为从 1~255 的整数。对不同的图层可以设置相同的颜色，也可以设置不同的颜色。

AutoCAD 2009 将前 7 个颜色号设为标准颜色，它们是：

- 颜色号为 1 的颜色是红色。
- 颜色号为 2 的颜色是黄色。
- 颜色号为 3 的颜色是绿色。
- 颜色号为 4 的颜色是青色。
- 颜色号为 5 的颜色是蓝色。
- 颜色号为 6 的颜色是洋红色。
- 颜色号为 7 的颜色是白或黑色。

8~255 之间的颜色号在一定程度上也是标准的，但依赖于显示器的颜色数。对于只能显示 8 种颜色的显示器，大于 7 的颜色号通常显示成白色。对于 16 种颜色的显示器，颜色号 8 通常是黑色或灰色，而 9~15 号的颜色通常是 1~7 号的增亮颜色。

（2）图层的线型

图层的线型是指在图层中绘图时所用的线型，每一图层都应有一个相应的线型。不同的图层可以设置为不同的线型，也可以设置为相同的线型。AutoCAD 提供了标准的线型库，该库文件为 ACADISO.LIN，可以从中选择线型，也可以定义自己专用的线型。

线型是由短线、点和空格组成的图案的重复。复杂的线型是由一些特殊符号与短线、点和空格组成的图案的重复。

在所有新建立的图层上，如果不指明线型，系统均按默认方式把该层的线型定义为 Continuous，即实线线型。

（3）图层的线宽

使用线宽特性，可以创建粗细（宽度）不一的线，分别用于不同的地方，这样就可以图形化地表示对象和信息。但是不能用线宽特性来精确表示对象的宽度，比如，如果想以 0.3 mm 的真实宽度来绘制一个对象，就不应该使用线宽特性，而是应该使用 0.3 mm 宽的多义线来精确地表示对象。如果从打印机输出图形，应该用颜色来控制图纸上图形的线宽。

2. 图层的基本操作

在 AutoCAD 中，所有关于图层的信息都在"图层特性管理器"中，如图 1-12 所示为某机械零件图的图层设置，可以通过该对话框进行图层的管理。

提示： 与以前版本的"图层特性管理器"有所不同，2009 版本的图层特性管理器可以即时的将图层特性更改应用到所在图层的对象，无需单击"应用"或"确定"按钮，更改就生效

在命令行中输入 LAYER（别名 LA）并按 Enter 键，或者选择"格式"|"图层"命令，或单击"图层"工具栏中的"图层特性管理器"按钮，都可打开"图层特性管理器"对话框。

（1）建立新的图层

打开"图层特性管理器"对话框，在对话框中单击"新建图层"按钮，或在图层列表中右击鼠标，然后在弹出的快捷菜单中选择"新建图层"命令。AutoCAD 将为每个新图层自动添加顺序编号，默认层名是"图层 1"（如果"图层 1"已经存在，则层名为"图层 2"，编号依次增加），用户可以在输入框中输入图层的名字，也可以根据需要修改新图层的特性和状态。单击"确定"按钮完成图层的创建。

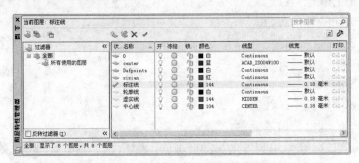

图 1-12 "图层特性管理器"对话框

（2）删除图层

在绘图过程中，单击"删除图层"按钮×可以删除不需要的图层以精简文件。另外，在图形绘制完成之后，一般也需要将不用的图层删除，规整图层可以方便下一次使用该图形文件。

提示： 不能删除当前图层、图层 0、依赖外部参照的图层或包含对象的图层。另外，被块定义参照的图层，以及包含名字为"定义点"的特殊图层即使不包含可见对象也不能被删除。

（3）改变图层名称

在绘图过程中可以随时对图层的名字进行更改。更改图层名称的步骤如下。

打开"图层特性管理器"对话框，在对话框中找到需要更改名字的图层，双击该图层的名称，此时原图层名变成可改写状态，输入新的名字按 Enter 键即可。对任何一幅图形，图层 0 名称不能被更改。

（4）设置图层的线型和线宽

在 AutoCAD 中，系统默认的线型是 Continuous，线宽也采用默认值 0 单位，该线型是连续的。在绘图过程中，如果用户希望绘制点画线、虚线等其他种类的线及线的宽度，就需要设置图层的线型和线宽。设置图层线型和线宽的步骤如下。

打开"图层特性管理器"对话框，在对话框中选中需要设置线型的图层，单击"线型"栏中的当前线型名称，弹出如图 1-13 所示的"选择线型"对话框，用户可以从已经加载的线型中选择需要的线型。默认状态下，"选择线型"对话框中只有 Continuous 一种线型。单击"加载"按钮，弹出如图 1-14 所示的"加载或重载线型"对话框，用户可以在"可用线型"列表框中选择所需要的线型，单击"确定"按钮返回"选择线型"对话框完成线型加载，选择需要的线型，单击"确定"按钮，返回到"图层特性管理器"对话框，完成线型的设定。

图 1-13　"选择线型"对话框

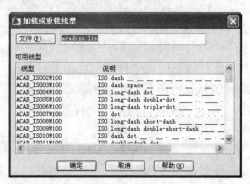

图 1-14　"加载或重载线型"对话框

在"图层特性管理器"对话框中单击"线宽"栏中的当前线宽显示数值，弹出如图 1-15 所示的"线宽"对话框，在"线宽"列表框中选择需要的线宽。单击"确定"按钮完成设置图层线型和线宽操作。

（5）　设置图层的颜色

在建立图层时，图层的颜色承接上一个图层的颜色，对于图层 0 系统默认的是 7 号颜色，该颜色相对于黑的背景显示白色，相对于白的背景显示黑色（仅该色例外，其他色不论背景为何种颜色，颜色不变）。在绘图过程中，需要对各个图层的对象进行区分，改变该图层的颜色，在默认状态下该图层的所有对象的颜色也随之改变。设置图层颜色的步骤如下。

单击"图层"工具栏中的"图层特性管理器"按钮，打开"图层特性管理器"对话框。

在"图层特性管理器"对话框中选中需要设置颜色的图层，单击"颜色"栏旁边的按钮，弹出"选择颜色"对话框，如图 1-16 所示。如果使用"索引颜色"选项卡，可以直接选择需要的颜色，也可以在"颜色"文本框中输入颜色号，然后单击"确定"按钮。

图 1-15　"线宽"对话框

图 1-16　"索引颜色"选项卡

如果使用"真彩色"选项卡中提供的方法，可以使用 RGB 和 HSL 两种模式选择颜色。两种模式确定颜色都需要 3 个参数，具体参数的含义请参考有关图像设计的书籍。

如果使用"配色系统"选项卡提供的方法，则可以从系统提供的颜色表中选择一个标准表，然后从色带滑块中选择所需要的颜色，这种方法适用于需要输出效果图的场合。

3. 控制图层状态

控制图层状态包括控制图层开关、图层冻结和图层锁定。

（1）图层的打开与关闭

当图层打开时，它在屏幕上是可见的，并且可以打印。当图层关闭时，它是不可见的，并且不能打印，即使"打印"选项是打开的。在"开"列表下，💡 图标表示图层处于打开状态，💡 图标表示图层处于关闭状态。单击 💡 图标，图标变为 💡，图层变为关闭状态，再单击一次，图标变回 💡，图层回到打开状态。

（2）图层的冻结与解冻

冻结图层可以加快 ZOOM、PAN 和许多其他操作的运行速度，增强对象选择的性能并减少复杂图形的重生成时间。当图层被冻结以后，该图层上的图形将不能显示在屏幕上，不能被编辑，不能被打印输出。在"冻结"列表下，◯ 图标表示图层处于解冻状态，❄ 图标表示图层处于冻结状态。冻结/解冻的操作同打开/关闭。

（3）图层的锁定与解锁

锁定图层后，选定图层上的对象将不能被编辑修改，但仍然显示在屏幕上，能被打印输出。在"锁定"列表下，🔓 图标表示图层处于解锁状态，🔒 图标表示图层处于锁定状态。解锁/锁定的控制与图层打开/关闭控制类似，不再赘述。

（4）打印的打开与关闭

图层打印样式是从 AutoCAD 2000 版本以后才引入的一个特性。AutoCAD 2008 可以控制某个图层中的图形输出时的外观。一般情况下，不对"打印样式"进行修改。

图层的可打印性是指某图层上的图形对象是否需要打印输出，系统默认是可以打印的。在"打印"列表下，打印特性图标有可打印 🖨 和不可打印 🖨 两种状态。当为 🖨 时，该层图形可打印；当为 🖨 时，该层图形不可打印，通过单击鼠标可进行切换。

1.2.4 机械制图图层设置高级技巧——使用新特性过滤器与反向过滤器

在使用 AutoCAD 2009 进行机械绘图时，由于线条的不同或者为了方便操作，提高绘图效率，需要设置不同的图层，来分别在上面绘制不同的零件部分。

早在 AutoCAD 2005 版本中的"图层特性管理器"对话框中就新增加了"新特性过滤器"按钮🗔。单击🗔按钮，弹出"图层过滤器特性"对话框。

根据实际绘图的需要可以在该对话框中设定过滤条件，比如在绘制机械制图后需要过滤掉"辅助线"图层，则可以单击"过滤器定义"列表框中的"名称"输入框，输入"辅助线"，则在下面的"过滤器预览"列表框中显示了"辅助线"图层的详细信息，如图 1-17 所示。

单击"确定"按钮，返回"图层特性管理器"对话框，发现左边列表中多了一个"特性过滤器 1"，并且当选中它时，右边视图栏中只有"辅助线"图层显示，如图 1-18 所示。

在机械制图时，最后往往不希望显示辅助线，所以需要再选中"反向过滤器"复选框。选中"反向过滤器"复选框后，在"图层特性管理器"对话框中，除了"辅助线"图层，其他图层都显示了出来，如图 1-19 所示。

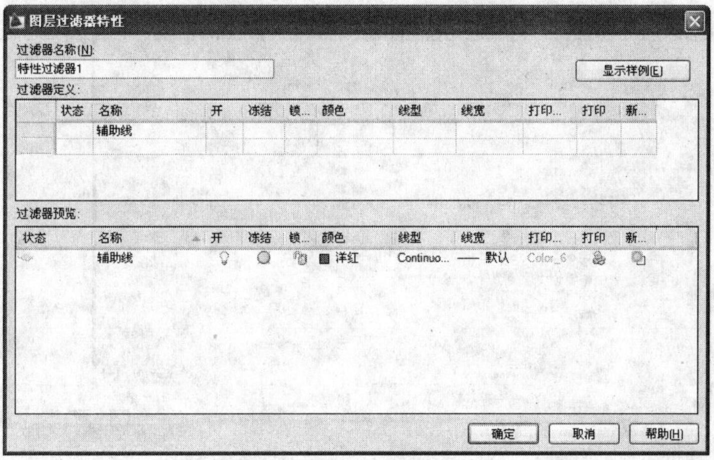

图 1-17　设定过滤器

图 1-18　过滤器效果

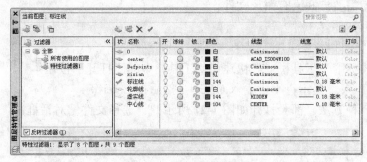

图 1-19　反向过滤器效果

1.3　创建新图形和打开旧图形

1.3.1　建立新图形

在使用 AutoCAD 2009 绘制机械图纸前需要建立一个新的图形文件，然后在其中绘制零件图。建立新图形的方法有以下 3 种。

（1）选择"文件"|"新建"命令。

（2）单击"标准"工具栏或者快速访问工具栏中的"新建"按钮 。

（3）在"命令:"提示符下，输入 NEW，然后按 Enter 键。

使用以上任一种方法，都会打开如图 1-20 所示的"选择样板"对话框。

打开对话框之后，系统自动定位到样板文件所在的文件夹，用户无需做更多设置，在样板列表中选择合适的样板，单击"打开"按钮即可。单击"打开"按钮右侧的下三角按钮，弹出附加菜单，用户可以采用英制或公制的无样板菜单创建新图形。执行"无样板打开"命令后，新建的图形不以任何样板为基础。

图 1-20　"选择样板"对话框

1.3.2　打开已有图形

在使用 AutoCAD 2009 进行设计和绘制图形的过程中，可能要对已有的图形文件进行改动或再设计，这就需要打开原有图形文件。

打开原有图形文件有 3 种方法：

（1）　选择"文件"|"打开"命令。

（2）　单击"标准"工具栏或者快速访问工具栏中的"打开"按钮 ⬚。

（3）　在"命令:"提示符下，输入 OPEN，然后按 Enter 键。

采用以上任一种方法，都会打开如图 1-21 所示的"选择文件"对话框。

图 1-21　"选择文件"对话框

在此对话框中，用户可以直接在"文件名"文本框中输入文件名，打开已有文件，也可在"名称"列表中双击需要打开的文件。在此对话框的右边有图形文件的"预览"框，可在此处查看选择图形文件的预览图，这样就可以很方便地找到所需的图形文件。选中"选择初始视图"复选框，目标图形文件将以定义过的第一个视窗方式打开。

1.3.3 保存绘制图形

保存图形文件的方法有 3 种，分别如下。

（1） 选择"文件"|"保存"命令。

（2） 单击"标准"工具栏或者快速访问工具栏中的"保存"按钮 。

（3） 在"命令："提示符下，输入 SAVE，然后按 Enter 键。

若当前的图形文件已经命名，则 SAVE 命令将直接以此名称保存文件；如果当前图形文件尚未命名，输入 SAVE 命令时，将出现如图 1-22 所示的"图形另存为"对话框，可选择合适的路径和名称对当前图形文件进行命名存盘。

图 1-22　"图形另存为"对话框

在"图形另存为"对话框中，"保存于"下拉列表框用于设置图形文件保存的路径；"文件名"文本框用于输入图形文件的名称；"文件类型"下拉列表框用于选择文件保存的格式。在保存格式中 DWG 是 AutoCAD 的图形文件，DWT 是 AutoCAD 样板文件，这两种格式最常用。

1.3.4 机械制图中常用的保存与恢复技巧

在使用 AutoCAD 2009 绘制图形的过程中，尤其是绘制比较复杂的大型机械装配图时，需要时间比较长，如果中间忘记了保存，又遇到突然断电或死机的情况，那之前所绘制的图形将付诸东流，实在可惜。针对此情况，AutoCAD 2009 提供了自动保存和使用备份文件的功能。

1. 自动保存

选择"工具"|"选项"命令，弹出如图 1-23 所示的"选项"对话框，打开"打开和保存"选项卡。

在"文件安全措施"选项组中的"保存间隔分钟数"文本框中输入适当的时间间隔，例如 5 或者 10，然后选中"自动保存"复选框，单击"确定"按钮完成设置，系统就会每隔 5 min 或 10 min 自动保存图形。

注意：自动保存时间的设置要适当，时间太长起不到自动保存的作用，时间太短又会导致正常的操作受影响。根据作者的实际绘图经验，认为设置自动保存时间为 10 min 比较合适。

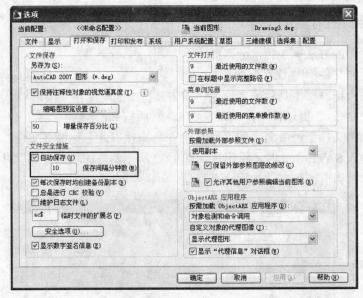

图 1-23　"选项"对话框

2.　使用备份文件

如果不慎错误地保存了图形，就可以使用系统生成的备份文件来恢复到保存前的状态。要从备份文件中恢复图形，可以设置系统的文件夹选项（依据操作系统的不同而有不同，Windows 2000 Professional 可以在文件夹的浏览窗口中选择"工具" | "文件夹选项"命令），确保"查看"选项卡中的"隐藏已知文件类型的扩展名"复选框未被选中，如图 1-24 所示。

然后在文件夹的浏览窗口中直接将以.BAK 为扩展名的同名文件的扩展名修改为.DWG，在 AutoCAD 2009 中直接打开，该文件就是所要恢复的图形文件。

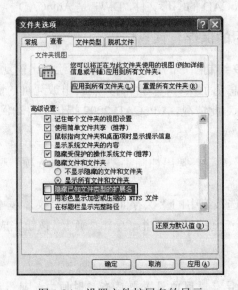

图 1-24　设置文件扩展名的显示

1.4 通过状态栏辅助绘图

在 AutoCAD 中，为了方便用户进行各种图形的绘制，在状态栏中提供了多种辅助工具以帮助用户快速准确的绘图，如图 1-25 所示。单击相应的功能按钮，对应的功能便能发挥作用。

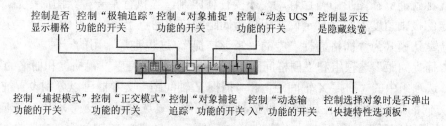

图 1-25 状态栏辅助绘图工具

1.4.1 设置捕捉、栅格

在绘图中，使用栅格和捕捉功能有助于创建和对齐图形中的对象。栅格是按照设置的间距显示在图形区域中的点，它能提供直观的距离和位置的参照，类似于坐标纸中的方格的作用，栅格只在图形界限以内显示。

捕捉则使光标只能停留在图形中指定的点上，这样就可以很方便地将图形放置在特殊点上，便于以后的编辑工作。栅格和捕捉这两个辅助绘图工具之间有着很多联系，尤其是两者间距的设置。有时为了方便绘图，可将栅格间距设置为与捕捉间距相同，或者使栅格间距为捕捉间距的倍数。

在状态栏的"捕捉"按钮 或者"栅格"按钮 上单击鼠标右键，在弹出的快捷菜单中选择"设置"命令，弹出如图 1-26 所示的"草图设置"对话框，当前显示的是"捕捉和栅格"选项卡。

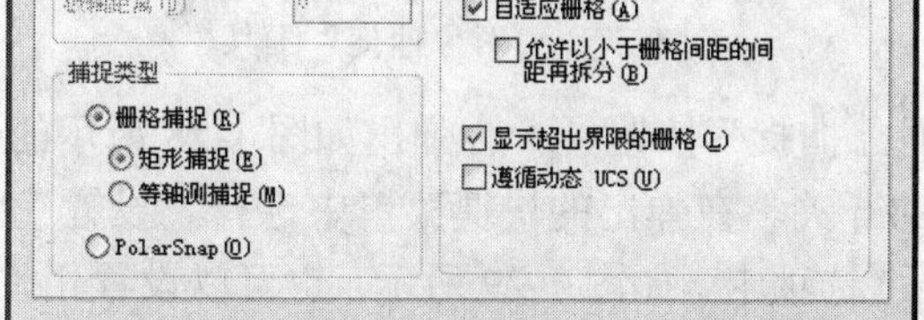

图 1-26 "草图设置"对话框

在"捕捉和栅格"选项卡中，选中"启用捕捉"或"启用栅格"复选框则可分别启动控制捕捉或栅格功能，用户也可以通过单击状态栏上的相应按钮来控制开启。

在"捕捉类型"选项组中，提供了"栅格捕捉"和"Polarsnap"两种类型供用户选择。"栅格捕捉"模式中包含了"矩形捕捉"和"等轴测捕捉"两种样式，在二维图形绘制中，通常使用的是矩形捕捉。

"Polarsnap"模式是一种相对捕捉，也就是相对于上一点的捕捉。如果当前未执行绘图命令，光标就能够在图形中自由移动，不受任何限制。当执行某一种绘图命令后，光标就只能在特定的极轴角度上，并且定位在距离为间距的倍数的点上。

系统默认模式为"栅格捕捉"中的"矩形捕捉"，这也是最常用的一种。

在"捕捉间距"选项组和"栅格间距"选项组中，用户可以设置捕捉和栅格的距离。"捕捉间距"选项组中的"捕捉 X 轴间距"和"捕捉 Y 轴间距"文本框可以分别设置捕捉在 X 方向和 Y 方向的单位间距，"X 轴间距和 Y 轴间距相等"复选框可以设置 X 和 Y 方向的间距是否相等。"栅格间距"选项组中的"栅格 X 轴间距"和"栅格 Y 轴间距"文本框可以分别设置栅格在 X 方向和 Y 方向的单位间距。

1.4.2　设置正交

正交辅助工具可以帮助用户绘制平行于 X 轴或 Y 轴的直线。当绘制众多正交直线时，通常要打开"正交"辅助工具。在状态工具栏中，单击"正交"按钮，即可打开"正交"辅助工具。

在打开"正交"辅助工具后，就只能在平面内平行于两个正交坐标轴的方向上绘制直线，并指定点的位置，而不用考虑屏幕上光标的位置。绘图的方向由当前光标在平行其中一条坐标轴（如 X 轴）方向上的距离值与在平行于另一条坐标轴（如 Y 轴）方向的距离值相比来确定的，如果沿 X 轴方向的距离大于沿 Y 轴方向的距离，AutoCAD 将绘制水平线；相反地，如果沿 Y 轴方向的距离大于沿 X 轴方向的距离，那么只能绘制垂直的线。同时，"正交"辅助工具并不影响从键盘上输入点。

1.4.3　设置对象捕捉

所谓对象捕捉，就是利用已经绘制的图形上的几何特征点定位新的点。在绘图区任意工具栏上，单击鼠标右键，在弹出的快捷菜单中选择"对象捕捉"命令，弹出如图 1-27 所示的"对象捕捉"工具栏。用户可以在工具栏中单击相应的按钮，以选择合适的对象捕捉模式。

图 1-27　"对象捕捉"工具栏

右击状态栏上的"对象捕捉"按钮，会弹出如图 1-28 所示的快捷菜单，用户可以直接控制各种对象捕捉模式的开关。在弹出的快捷菜单中选择"设置"命令，弹出"草图设置"对话框，打开"对象捕捉"选项卡，如图 1-29 所示。也可以设置相关的对象捕捉模式。在"对象捕捉"选项卡中"启用对象捕捉"复选框用于控制对象捕捉功能的开启。当对象捕捉打开时，在"对象捕捉模式"选项组中选定的对象捕捉处于活动状态。"启用对象捕捉追踪"复选框用于控制对象捕捉追踪的开启。

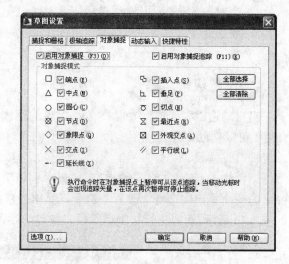

图 1-28　对象捕捉快捷菜单　　　　　　　　　图 1-29　"对象捕捉"选项卡

在"对象捕捉模式"选项组中，提供了 13 种捕捉模式，不同捕捉模式的意义如下。

- 端点：捕捉直线、圆弧、椭圆弧、多线、多段线线段的最近的端点，以及捕捉填充直线、图形或三维面域最近的封闭角点。
- 中点：捕捉直线、圆弧、椭圆弧、多线、多段线线段、参照线、图形或样条曲线的中点。
- 圆心：捕捉圆弧、圆、椭圆或椭圆弧的圆心。
- 节点：捕捉点对象。
- 象限点：捕捉圆、圆弧、椭圆或椭圆弧的象限点。象限点分别位于从圆或圆弧的圆心到 0°、90°、180°、270° 圆上的点。象限点的零度方向是由当前坐标系的 0° 方向确定的。
- 交点：捕捉两个对象的交点，包括圆弧、圆、椭圆、椭圆弧、直线、多线、多段线、射线、样条曲线或参照线。
- 范围（延伸）：当光标从一个对象的端点移出时，系统将显示并捕捉沿对象轨迹延伸出来的虚拟点。
- 插入：捕捉插入图形文件中的块、文本、属性及图形的插入点，即它们插入时的原点。
- 垂足：捕捉直线、圆弧、圆、椭圆弧、多线、多段线、射线、图形、样条曲线或参照线上的一点，而该点与用户指定的上一点形成一条直线，此直线与用户当前选择的对象正交（垂直）。但该点不一定在对象上，而有可能在对象的延长线上。
- 切点：捕捉圆弧、圆、椭圆或椭圆弧的切点。此切点与用户所指定的上一点形成一条直线，这条直线将与用户当前所选择的圆弧、圆、椭圆或椭圆弧相切。
- 最近点：捕捉对象上最近的一点，一般是端点、垂足或交点。
- 外观交点：捕捉 3D 空间中两个对象的视图交点（这两个对象实际上不一定相交，但看上去相交）。在 2D 空间中，外观交点捕捉模式与交点捕捉模式是等效的。
- 平行：绘制平行于另一对象的直线。首先是在指定了直线的第一点后，用光标选定一个对象（此时不用单击鼠标指定，AutoCAD 将自动帮助用户指定，并且可以选取多个对象），之后再移动光标，这时经过第一点且与选定的对象平行的方向上将出现一条参照线，这条参照线是可见的。在此方向上指定一点，那么该直线将平行于选定的对象。

1.4.4 设置极轴追踪

当自动追踪打开时，在绘图区将出现追踪线（追踪线可以是水平或垂直，也可以有一定角度）可以帮助用户精确确定位置和角度创建对象。AutoCAD 提供了极轴追踪和对象捕捉追踪两种追踪模式。

单击状态栏上的"极轴追踪"按钮 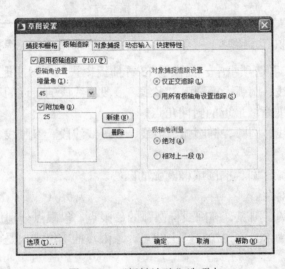 可打开极轴追踪功能，右击"极轴追踪"按钮，在弹出的快捷菜单中选择"设置"命令，弹出"草图设置"对话框，打开"极轴追踪"选项卡，如图 1-30 所示，可以进行极轴追踪模式参数的设置，追踪线由相对于起点和端点的极轴角定义。

图 1-30 "极轴追踪"选项卡

"极轴追踪"选项卡各选项含义如下。

- 增量角：设置极轴角度增量的模数，在绘图过程中所追踪到的极轴角度将为此模数的倍数。
- 附加角：在设置角度增量后，仍有一些角度不等于增量值的倍数。对于这些特定的角度值，用户可以单击"新建"按钮，添加新的角度，使追踪的极轴角度更加全面（最多只能添加十个附加角度）。
- 绝对：极轴角度绝对测量模式。选择此模式后，系统将以当前坐标系下的 X 轴为起始轴计算出所追踪到的角度。
- 相对上一段：极轴角度相对测量模式。选择此模式后，系统将以上一个创建的对象为起始轴计算出所追踪到的相对于此对象的角度。

单击状态栏中的"对象捕捉追踪"按钮 ∠，可以打开对象追踪功能，通过使用对象捕捉追踪可以使对象的某些特征点成为追踪的基准点，根据此基准点沿正交方向或极轴方向形成追踪线，进行追踪。

在"草图设置"对话框中打开"极轴追踪"选项卡，在"对象捕捉追踪设置"选项组中可对对象捕捉追踪进行设置。各参数含义如下。

- 仅正交追踪：表示仅在水平和垂直方向（即 X 轴和 Y 轴方向）对捕捉点进行追踪（但切线追踪、延长线追踪等不受影响）。
- 用所有极轴角设置追踪：表示可按极轴设置的角度进行追踪。

1.4.5 动态输入

使用 AutoCAD 提供的动态输入功能，可以在工具栏提示中直接输入坐标值或进行其他操作，而不必在命令行中进行输入，这样可以帮助用户专注于绘图区域。

单击状态栏上的 DYN 按钮可以打开和关闭"动态输入"。"动态输入"有三个组件：指针输入、标注输入和动态提示。在"动态输入"按钮 ╬ 上单击鼠标右键，在弹出的快捷菜单中选择"设置"命令，弹出如图 1-31 所示的"动态输入"对话框。

（1）指针输入

选中"启用指针输入"复选框，当有命令在执行时，十字光标的位置将在光标附近的工具栏提示中显示为坐标。用户可以在工具栏提示中输入坐标值，而不用在命令行中输入。

要输入坐标，用户可以按 Tab 键切换到下一个工具栏提示，然后输入下一个坐标值。在指定点时，第一个坐标是绝对坐标，第二个或下一个点的格式是相对极坐标。如果要输入绝对值，则需在值前加上前缀"#"符号。

单击"指针输入"选项组中的"设置"按钮，弹出如图 1-32 所示的"指针输入设置"对话框，"格式"选项组可以设置指针输入时第二个点或者后续点的默认格式，"可见性"选项组可以设置在什么情况下显示坐标工具栏提示。

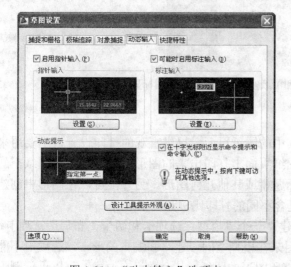

图 1-31 "动态输入"选项卡

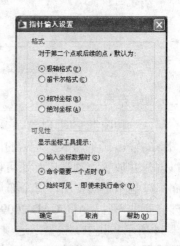

图 1-32 "指针输入设置"对话框

（2）标注输入

选中"可能时启用标注输入"复选框，当命令提示输入第二点时，工具栏提示将显示距离和角度值。在工具栏提示中的值将随着光标移动而改变。按 Tab 键可以移动到要更改的值。标注输入可用于 ARC、CIRCLE、ELLIPSE、LINE 和 PLINE 等命令。

启用"标注输入"后，坐标输入字段会与正在创建或编辑的几何图形上的标注绑定。

（3）　动态提示

选中"在十字光标附近显示命令提示和命令输入"复选框，可以在工具栏提示而不是命令行中输入命令，以及对提示做出响应。如果提示包含多个选项，可以按键盘上的下箭头键查看这些选项，然后单击选择一个选项。动态提示可以与指针输入和标注输入一起使用。

当用户使用夹点编辑对象时，标注输入工具栏提示可能会显示旧的长度、移动夹点时更新的长度、长度的改变、角度、移动夹点时角度的变化和圆弧的半径等信息。

1.5　使用布局

1.　模型空间和图纸空间

模型空间和图纸空间是 AutoCAD 2009 中两种不同的屏幕显示工具，前者主要用于绘制、查看和编辑模型，后者主要用于将在模型空间中绘制的三维或者二维物体按指定的观察方向正交投影为二维图形，并且可以按任意比例和数目剪切、粘贴在图形范围内的任何地方，主要用于输出。

在绘图工作中，可以通过 3 种方法来确认当前图形的工作空间：图形坐标系图标的显示、图形选项卡的指示和系统状态栏的提示。在模型空间和图纸空间中，坐标的图标显示形状是不同的，在模型空间中的坐标系统图标是两个相互垂直的箭头，而在图纸空间中则是一个三角形，如图 1-33 所示。

图 1-33　模型空间（左）和图纸空间（右）的坐标图标显示

2.　创建布局

布局是一种图纸空间环境，它模拟现实中的图纸页面，提供直观的打印设置，主要用来控制图形的输出。布局中所显示的图形与图纸页面上打印出来的图形完全一样。在图纸空间中可以创建并放置浮动视口，还可以添加标题栏或其他几何图形。另外，可以在图形中创建多个布局以显示不同视图，每个布局可以包含不同的打印比例和图纸尺寸。

建立新图形时，AutoCAD 2009 会自动建立一个"模型"选项卡和两个"布局"选项卡，如图 1-34 所示。其中"模型"选项卡可以用来在模型空间中建立和编辑图形，该选项卡不能被删除或重命名；"布局"选项卡用来编辑打印图形的图纸，其个数没有要求，可以进行删除和重命名操作。

自行建立新的布局可以使用以下 3 种方法：从开始建立布局、利用样板建立布局和利用向导建立布局。建立新布局的操作步骤如下。

使用鼠标在"布局 2"选项卡上右击鼠标，在弹出的快捷菜单中选择"新建布局"命令，系统会自动添加一个命名为"布局 3"的布局。右击新建的"布局 3"选项卡，在弹出的快捷菜单中选择"重命名"命令，布局名称则变为可编辑状态，如图 1-35 所示，输入新的布局名称，按 Enter 键则对布局重命名完成。

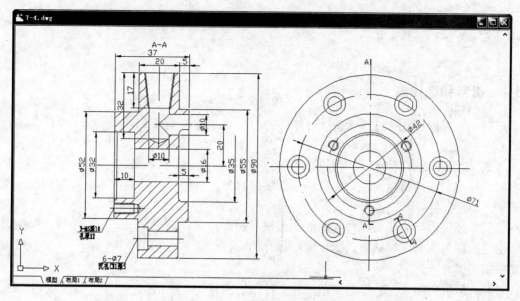

图1-34 系统自动建立的"模型"选项卡和"布局"选项卡

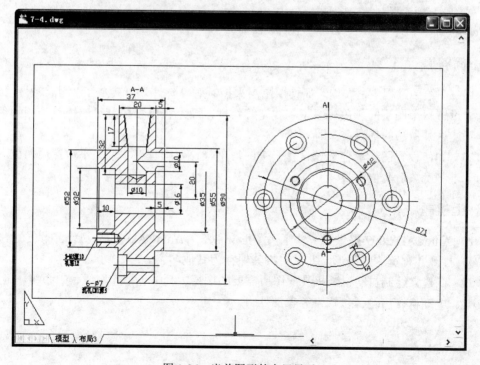

图1-35 重命名布局

右击"布局1"选项卡,从弹出的快捷菜单中选择"删除"命令将"布局1"选项卡删除,使用同样的操作将"布局2"删除。这样,新的布局就已经建立,如图1-36所示,可以设置布局的特性,从而使其适应图形输出的要求。

图1-36 当前图形的布局显示

1.6 习题

1.6.1 填空和选择题

（1）在 AutoCAD 中，系统默认的线型是_____，线宽也采用默认值 0 单位，该线型是_____（中断或连续）的。

（2）如果将图层锁定后，该层上的对象_____（能或不能）显示，_____（能或不能）打印，能向该层添加对象，但是该层的对象_____（能或不能）被选择，不能被删除。

（3）如果用户需要将已经存储的图形换名保存，可以选择_____选项，系统仍然会弹出"图形另存为"对话框，指定所要保存的文件位置和名称，单击_____按钮就可以完成换名保存。

（4）机械制图中，当绘制完图纸需要打印输出时，一般都在_____空间内完成。

（5）完成图形的编辑工作，或者需要保存阶段性的成果，都可以选择"文件"｜"保存"命令，或者直接按下快捷键_____。

    A. Ctrl+S   B. Ctrl+V   C. Ctrl+D

（6）已经创建了的图形，可以通过选择"格式"｜"单位"命令来设置单位，也可以直接在命令行执行_____命令。

    A. UNITS   B. THICKNESS   C. UNIT

（7）绘图界限检查功能除了限制输入的点或拾取的点的坐标不能超出绘图范围的限制外，_____限制整个图形。

    A. 能   B. 不能

1.6.2 简答题

（1）在绘图过程中，人们习惯使用图层来控制对象特性，也就是在"图层特性管理器"对话框中设置每个图层的颜色、线型和线宽等特性，而不再单独控制每一种对象的颜色等特性。试阐述这种做法的优缺点。

（2）如何设置图形单位？试设置一个图形单位，要求长度单位为小数点后两位，角度单位为十进制度数后两位小数。

1.6.3 上机题

（1）AutoCAD 2009 提供了一些示例图形文件（在 AutoCAD 2009 安装目录下的 Sample 子目录），打开并浏览这些图形，并试着将其保存为其他名字。

（2）试建立绘制自动包装机装配图所需要的图层，其中包括轮廓线、中心线、剖面线，以及支架、电动机、齿轮、传输带等零部件。

第 2 章

机械制图必备基础知识

教学目标：

为了科学地进行生产和管理，各工业部门对图纸的各个方面，如视图安排、尺寸注法、图纸大小、图线粗细等，都做了一个统一的规定，这些规定就叫制图标准。我国的国家标准《机械制图》是 1959 年颁布的，试行之后在 1970 年、1974 年和 1984 年做了修改。用 AutoCAD 2009 进行机械制图，了解相关的国家标准是首先要进行的工作。当然，AutoCAD 2009 各种设置也都考虑到了标准的问题。下面介绍一下这方面最基本的知识。

教学重点与难点：

1. 图纸幅面及标题栏。
2. 图线、字体及比例。
3. 机械制图中的尺寸标注。
4. 机械制图中的特有标注符号。

2.1 图纸幅面及标题栏

《技术制图 图纸幅面和格式》（GB/T 14689—1993）对图纸幅面和格式做了规定，同时《机械制图》中对标题栏也有严格的规定。

2.1.1 国标规定

根据国家标准，绘制图样时应该优先考虑以下所规定的幅面，横放和竖放均可，具体见表 2-1 所示。

表 2-1　图纸幅面的尺寸（单位:mm）

幅面代号	A0	A1	A2	A3	A4	A5
$B \times L$	841×1189	594×841	420×594	297×420	210×297	148×210
a			25			
c		10			5	
e		20			10	

表中各项参数的含义如下。

（1）B、L：图纸的总长度和宽度。

（2）a：留给装订的一边的空余宽度。

（3）c：其他 3 条边的空余宽度。

（4）e：无装订边时的各边空余宽度。

格式分留装订边（图 2-1）和不留装订边（图 2-2）两种，但同一产品的图样只能采用同一种格式，并均应画出图框线及标题栏。图框线用粗实线绘制，一般情况下，标题栏位于图纸右下角，同时也允许位于图纸右上角。标题栏中文字书写方向即为看图方向。

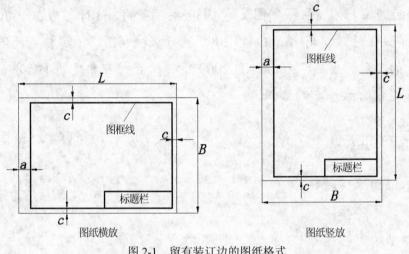

图 2-1　留有装订边的图纸格式

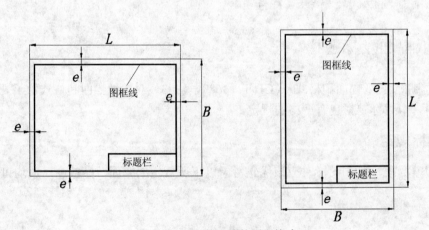

图 2-2　不留装订边的图纸格式

每张图纸都必须有标题栏，标题栏的格式和尺寸应符合 GB10609.1－1989 的规定，如图 2-3 所示。标题栏的外边框是粗实线，其右边的底线与图纸边框重合，其余是细实线，文字方向为看图的方向。

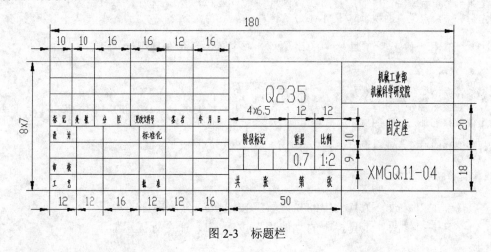

图 2-3　标题栏

2.1.2　设置和调用方法

下面介绍两种图纸幅面和标题栏的设置和调用方法：自定义和使用模板直接插入。

1.　使用模板直接插入

机械制图中，当绘制完图纸需要打印输出时，一般都在图纸空间中进行，这时候最方便的方法就是使用 AutoCAD 2009 提供的模板来直接完成，当然也可以自己制作图块放入其中（下面会介绍）。

操作步骤如下。

（1）　选择"绘图"｜"块"命令。

（2）　如图 2-4 所示，在弹出的"插入"对话框中单击"浏览"按钮，在弹出的"选择图形文件"对话框中选择需要插入的模板。

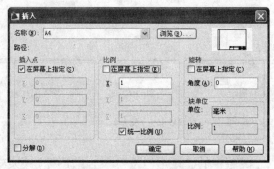

图 2-4　"插入"对话框

（3）　选择需要插入的图纸幅面，插入即可。具体的调整方法在后面将详细介绍。

2.　自定义图纸幅面和标题栏

这里以绘制 A4 图纸为例介绍图纸幅面和标题栏的绘制方法，具体步骤如下。

（1）单击"绘图"工具栏中的"矩形"按钮▢，绘制A4图纸，绘制过程如下：

命令：_rectang
指定第一个角点或 [倒角(C)/标高(E)/圆角(F)/厚度(T)/宽度(W)]：//任意选中一点
指定另一个角点或 [面积(A)/尺寸(D)/旋转(R)]：@297,210 //绘制A4图纸大小的矩形

（2）单击"修改"工具栏中的"偏移"按钮▣，命令行提示如下：

命令：offset
当前设置：删除源=否 图层=源 OFFSETGAPTYPE=0
指定偏移距离或 [通过(T)/删除(E)/图层(L)] <1.0000>:5//输入偏移距离
选择要偏移的对象，或 [退出(E)/放弃(U)] <退出>://选择步骤1绘制的矩形
指定要偏移的那一侧上的点，或 [退出(E)/多个(M)/放弃(U)] <退出>://在步骤1绘制的矩形内侧拾取一点
选择要偏移的对象，或 [退出(E)/放弃(U)] <退出>://按Enter键，完成偏移。

效果如图 2-5 所示。

（3）单击"修改"工具栏中的"分解"按钮▣，分解内部的矩形。

（4）单击"修改"工具栏中的"偏移"按钮▣，命令行提示如下：

命令：_offset
当前设置：删除源=否 图层=源 OFFSETGAPTYPE=0
指定偏移距离或 [通过(T)/删除(E)/图层(L)] <1.0000>: 20 //输入偏移距离
选择要偏移的对象或 <退出>://选择步骤4分解矩形的左边
指定要偏移的那一侧上的点，或 [退出(E)/多个(M)/放弃(U)] <退出>://向右侧偏移
选择要偏移的对象，或 [退出(E)/放弃(U)] <退出>://按Enter键，完成偏移

得到的效果如图 2-6 所示。

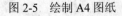

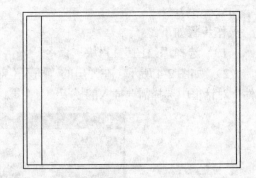

图 2-5　绘制 A4 图纸　　　　　　　　　　　图 2-6　偏移边

（5）删除多余线条，并修改内部线条宽度后，图纸面幅如图 2-7 所示，为横排放置的 A4 纸。

（6）单击"绘图"工具栏中的"矩形"按钮▢，绘制标题栏边框。绘制过程如下：

命令：_rectang
指定第一个角点或 [倒角(C)/标高(E)/圆角(F)/厚度(T)/宽度(W)]：//在绘图区任意拾取一点
指定另一个角点或 [面积(A)/尺寸(D)/旋转(R)]：@180,56//输入第二点的相对坐标绘制矩形

（7）单击"修改"工具栏中的"分解"按钮▣，分解步骤（6）绘制的矩形。

（8）单击"修改"工具栏中的"偏移"按钮⬚，命令行提示如下：

```
命令：_offset
当前设置：删除源=否 图层=源 OFFSETGAPTYPE=0
指定偏移距离或 [通过(T)/删除(E)/图层(L)] <20.0000>:80//输入偏移距离
选择要偏移的对象或 <退出>://选择步骤7分解矩形的左边
指定要偏移的那一侧上的点，或 [退出(E)/多个(M)/放弃(U)] <退出>://向右侧偏移
选择要偏移的对象，或 [退出(E)/放弃(U)] <退出>：*取消*//按Esc键取消
命令： offset//再次执行偏移命令
当前设置：删除源=否 图层=源 OFFSETGAPTYPE=0
指定偏移距离或 [通过(T)/删除(E)/图层(L)] <80.0000>：50//输入偏移距离
选择要偏移的对象或 <退出>://选择上一步偏移形成的直线
指定要偏移的那一侧上的点，或 [退出(E)/多个(M)/放弃(U)] <退出>://向右侧偏移
选择要偏移的对象，或 [退出(E)/放弃(U)] <退出>：*取消*//按Ecs键取消
```

得到的效果如图 2-8 所示。

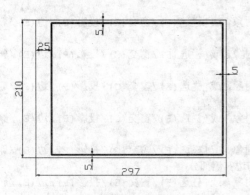

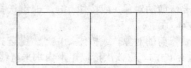

图 2-7　A4 横向图纸　　　　　　　　　　　　　　图 2-8　偏移边线

（9）单击"修改"工具栏中的"阵列"按钮⬚，弹出如图 2-9 所示的"阵列"对话框，选择 180×56 矩形的上边为阵列对象，其他具体设置如图 2-9 所示。

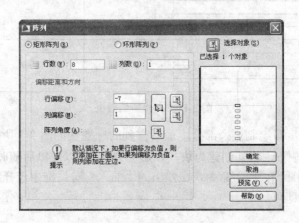

图 2-9　"阵列"对话框

单击"确定"按钮，得到的效果如图 2-10 所示。

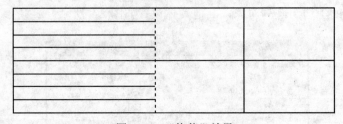

图 2-10 "阵列"效果

（10） 单击"修改"工具栏中的"修剪"按钮，命令行提示如下：

命令：_trim
当前设置:投影=UCS,边=无
选择剪切边...
选择对象：找到 1 个 //选中图2-11中虚线边作为修剪边界线
选择对象://按Enter键，完成剪切边选择
选择要修剪的对象，或按住 Shift 键选择要延伸的对象，或[栏选(F)/窗交(C)/投影(P)/边(E)/删除(R)/放弃(U)]：
　选择要修剪的对象，或按住 Shift 键选择要延伸的对象，或[栏选(F)/窗交(C)/投影(P)/边(E)/删除(R)/放弃(U)]：
　选择要修剪的对象，或按住 Shift 键选择要延伸的对象，或[栏选(F)/窗交(C)/投影(P)/边(E)/删除(R)/放弃(U)]：
　选择要修剪的对象，或按住 Shift 键选择要延伸的对象，或[栏选(F)/窗交(C)/投影(P)/边(E)/删除(R)/放弃(U)]：
　选择要修剪的对象，或按住 Shift 键选择要延伸的对象，或[栏选(F)/窗交(C)/投影(P)/边(E)/删除(R)/放弃(U)]：
　选择要修剪的对象，或按住 Shift 键选择要延伸的对象，或[栏选(F)/窗交(C)/投影(P)/边(E)/删除(R)/放弃(U)]://依次拾取矩形内水平直线在选择剪切边右侧部分
　选择要修剪的对象，或按住 Shift 键选择要延伸的对象，或[栏选(F)/窗交(C)/投影(P)/边(E)/删除(R)/放弃(U)]：*取消* //按Enter键，完成修剪

得到的效果如图 2-11 所示。

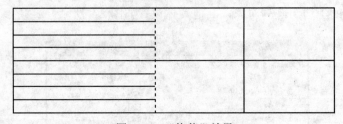

图 2-11 "修剪"效果

（11） 按照以上步骤绘制剩余部分，最后得到的标题栏如图 2-3 所示，单击"绘图"工具栏中的"创建块"按钮 将其创建为块（以后会介绍），以便以后随时调用。

（12） 选择"绘图"|"块"命令，在弹出的"插入"对话框中选择刚才定义的图块插入图 2-7 所示的 A4 图纸即可。

2.2 图线、字体和比例

本节主要介绍机械制图中关于图线、字体和比例的规定。

2.2.1　图线的国标规定

机械制图中，图线的类型包含了一定的信息。常见的线型见表 2-2。

表 2-2　图线规范

图线名称及代号	图线宽度	一般应用
粗实线（A）	b（0.5~2 mm）	A1　可见轮廓线 A2　可见过渡线
细实线（B）	约 b/3	B1　尺寸线及尺寸界线 B2　剖面线 B3　重合剖面的轮廓线 B4　螺纹的牙底线及齿轮的齿根线 B5　引出线 B6　分界线及范围线 B7　弯折线 B8　辅助线 B9　不连续的同一表面的连线 B10　成规律分布的相同要素的连线
波浪线（C）	约 b/3	C1　断裂处的边界线 C2　视图和剖视的分界线
双折线（D）	约 b/3	D1　断裂处的边界线
虚线（F）	约 b/3	F1　不可见轮廓线 F2　不可见过渡线
细点画线（G）	约 b/3	G1　轴线 G2　对称中心线 G3　轨迹线 G4　节圆及节线
粗点画线（J）	B	J1　有特殊要求的线或表面的表示线
双点画线（K）	约 b/3	K1　相邻辅助零件的轮廓线 K2　极限位置的轮廓线 K3　坯料的轮廓线或毛坯图中制成品的轮廓线 K4　假想投影轮廓线 K5　试验或工艺用结构（成品上不存在）的轮廓线 K6　中断线

机械工程图样中的图线宽度有粗、细两种，其线宽比为 2:1。推荐线宽为：0.13、0.18、0.25、0.35、0.5、0.7、1、1.4、2（mm）。

绘制图线时应注意以下问题：

（1）　同一图样中同类图线的线宽应保持一致。

（2）　虚线、点画线、双点画线的线段、短画线长度和间隔应各自大致相等。

（3）　绘制圆的中心线时，圆心应为点画线线段的交点。点画线的首末两端应为线段而不是短画，且超出圆弧 2 mm～3 mm，不可任意画长。

另外，机械制图中图线相交的画法如图 2-12 所示。

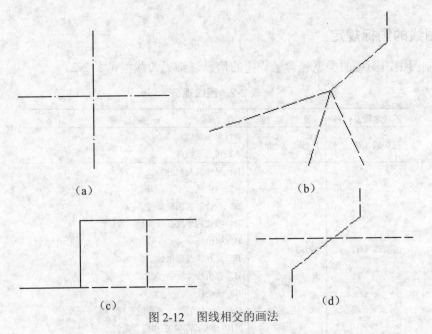

（a）   （b）

（c）   （d）

图 2-12　图线相交的画法

在 AutoCAD 2009 中，图线的应用主要通过以下途径来实现。

（1） 通过选择"对象特性"工具栏中的线宽下拉列表框中的选项来决定线宽，需要先选中对象，然后再从下拉列表框中选择需要的线宽，如图 2-13 所示。

图 2-13　"对象特性"工具栏

如图 2-14 左图所示，在机械制图中内圆螺纹齿底需要使用细线表示，此时可以使用"对象特性"工具栏来进行修改。选中需要修改的圆后，再在如图 2-13 所示的下拉列表框中选择"0.00 毫米"线宽，得到的效果如图 2-14 右图所示。

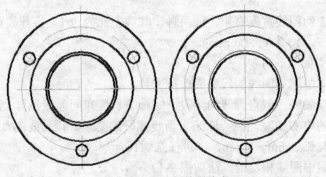

图 2-14　修改零件图线宽

（2） 在设置图层时进行线宽设置。如图 2-15 所示，在"图层特性管理器"对话框中显示了零件图各个图层的线宽设定，这样在绘制图形的过程中就需要选定不同的图层来绘制相应的零件部分，比如轮廓线在 0.30 毫米线宽的图层中绘制，螺纹齿底在 0.00 毫米线宽的图层中绘制。

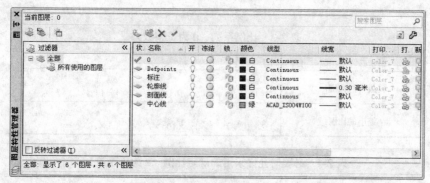

图 2-15　"图层特性管理器"对话框

设置好如图 2-15 所示的图层及线型、线宽后，绘制如图 2-16 所示的阻尼器零件图。

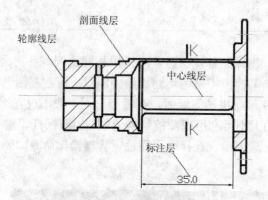

图 2-16　图层及线型、线宽设置

2.2.2　字体的国标规定

《技术制图 字体》GB/T 14691－1993 规定了图样中汉字、数字、字母的书写格式。汉字为长仿宋体，并采用国家正式公布的简化字，字宽约为字高的 2/3。字高不应小于 3.5 号，以避免字迹不清。用做指数、分数、极限偏差、注脚等的数字及字母，一般采用小一号的字体，如图 2-17 所示，其他应用如图 2-18 所示。

10^3　S^{-1}　D_i　T_d

$\phi 20\ ^{+0.010}_{-0.023}$　$7°\ ^{+1'}_{-2'}$　$\dfrac{3}{5}$

图 2-17　指数、分数、极限偏差、注脚等的数字及字母

$10JS5(\pm 0.003)$　$M24\text{-}6h$

$\phi 25\dfrac{H6}{m5}$　$\dfrac{II}{2:1}$　$\dfrac{B\text{-}B}{5:1}$

$\dfrac{6.3}{\diagdown}$　$R8$　5%　$\dfrac{3.50}{\diagdown}$

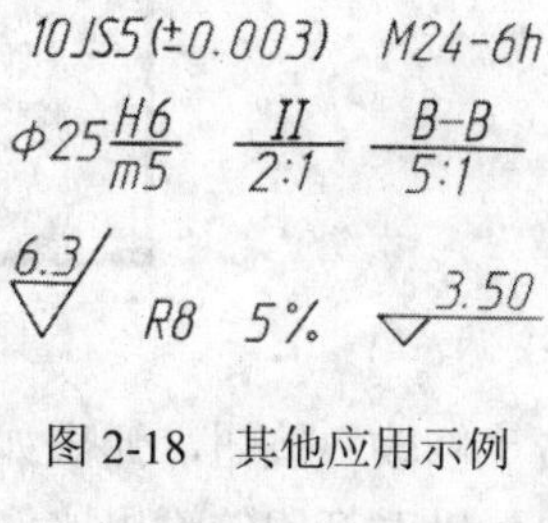

图 2-18　其他应用示例

2.2.3　比例的国标规定

《技术制图　比例》GB/T 14690－1993 对比例的选用做了规定。比例为图样中机件要素的线性尺寸与实际机件相应要素的线性尺寸之比。绘制图样时应优先选取表 2-3 和表 2-4 中所规定的比例。

表 2-3　比例系列（a 为正整数）

与实际物体相同	1:1		
放大的比例	5:1 5×10^a:1	2:1 2×10^a:1	1×10^a:1
缩小的比例	1:2 $1:2\times10^a$	1:5 $1:5\times10^a$	$1:1\times10^a$

表 2-4　必要时允许采用的规定比例（a 为正整数）

与实际物体相同	1:1				
放大的比例	4:1 4×10^a:1	2.5:1 2.5×10^a:1			
缩小的比例	1:1.5 $1:1.5\times10^a$	1:2.5 $1:2.5\times10^a$	1:3 $1:3\times10^a$	1:4 $1:4\times10^a$	1:6 $1:6\times10^a$

机械制图中绘制同一物体的各视图时，应采用相同比例，并将采用的比例统一填写在标题栏的"比例"项内。当某视图需采用不同比例绘制时，可在视图名称的下方进行标注。

使用 AutoCAD 2009 绘制机械图纸时，在模型空间一般不设置比例，采用默认的 1:1 比例进行绘制。图形显示的大小可利用视图控制来调整，当图纸打印输出时可以设置打印比例。

右击图纸的"布局"选项卡，选择"页面设置管理器"命令，弹出如图 2-19 所示的"页面设置管理器"对话框。

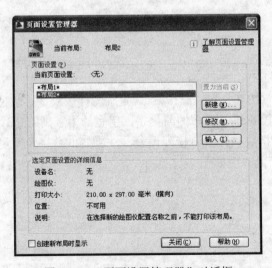

图 2-19　"页面设置管理器"对话框

单击"修改"按钮，弹出如图 2-20 所示的"页面设置-布局 2"对话框，在"打印比例"选项组中可以对打印的输出比例进行控制。

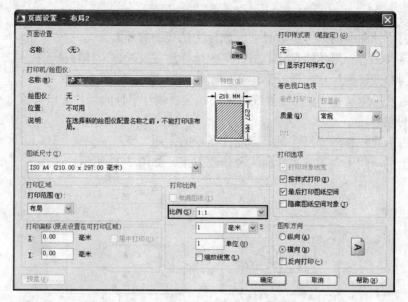

图 2-20　修改打印比例

2.3　机械制图尺寸标注

机械制图的尺寸标注有严格的国家标准，不熟悉的用户建议查阅相关的书籍（比如高等教育出版社的《机械制图》）或者有关规定（"国家标准 GB/T 4458.4－1984《机械制图尺寸注法》"）。

2.3.1　尺寸标注基本要求与规则

在具体进行尺寸标注时，应遵循以下基本规则。

（1）　图样中所注尺寸的数值表示物体的真实大小，与绘图比例、绘图的准确度无关。

（2）　在同一图样中，每个尺寸一般只标注一次，并应标注在反映该结构最清晰的图形上。

（3）　图样中的尺寸以毫米（mm）为单位时，不需注明；若采用其他单位时，必须注明单位的代号或名称。

尺寸标注样图如图 2-21 所示。

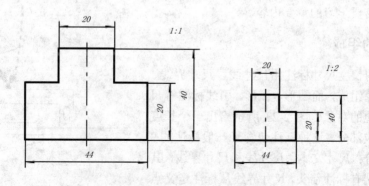

图 2-21　尺寸标注基本规则

在遵照国家规定的基础上，一般应注意以下几点：

（1）为了使图面清晰，多数尺寸应该标注在视图的外面。

（2）零件上每一形体的尺寸，最好集中地标注在反映该形体特征的视图上。

（3）同心圆柱的尺寸，最好标注在非圆的视图上。

（4）尽量避免尺寸线、尺寸界线之间的相交，相互平行的尺寸应该按照大小顺序排列，小的在内大的在外。

（5）内形尺寸和外形尺寸最好标注在图形的两侧。

下面给出了一些不合理的尺寸标注及修改方案，如图 2-22 所示。

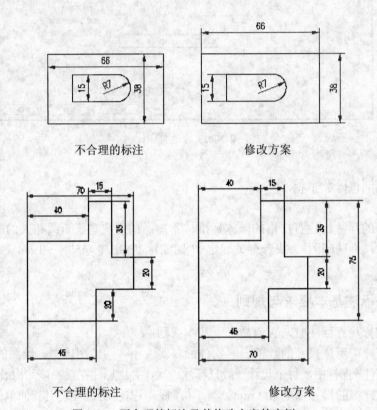

图 2-22　不合理的标注及其修改方案的实例

机械制图的标注规则和惯例很多，应该在实际制图过程中体会和学习，制图的经验和软件的用法都是需要学习的重要内容。

2.3.2　尺寸的组成

一个完整的长度尺寸标注由尺寸线、尺寸界线、尺寸箭头等对象组成，而圆形、弧形、引线标注等尺寸标注还有其他的对象。图 2-23 所示给出一个长度标注的基本组成部分，这种标注包含了一般标注的 3 个主要组成部分：尺寸文本、尺寸线和尺寸界线，其中尺寸线的两端有标注箭头，尺寸界线从标注定义点引出。

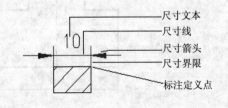

图 2-23　标注的组成

各个组成部分的说明如下。

（1）尺寸线：尺寸线一般由一条两端带箭头的线段组成，有时也可能是两条带单箭头的线段。角度标注时，尺寸线是一条两端带箭头的圆弧。

（2）尺寸界线：尺寸界线通常出现在标注对象的两端，用来表示尺寸线的开始和结束。尺寸界线一般从标注定义点引出，超出尺寸线一定距离，将尺寸线标注在图形之外。在复杂图形的标注中，可以利用中心线或者图形的轮廓线来代替尺寸界线。

（3）尺寸箭头：尺寸箭头通常出现在尺寸线与尺寸界线的两个交点上，用来表示尺寸线的起始位置，以及尺寸线相对于图形实体的位置。

（4）尺寸文本：尺寸文本是一个文字实体，用来标明两个尺寸界线之间的距离或角度。尺寸文本可以是基本尺寸，也可以是极限尺寸或带公差的尺寸。需要注意的是，尺寸文本所显示的数据不一定就是两条尺寸界线之间的实际距离，这是由于标注尺寸时可能使用了尺寸标注比例。

（5）标注定义点：用户标注图形对象的端点，可能也作为尺寸界线的端点。拾取尺寸标注的整体对象时，标注定义点会作为夹点显示出来，可以使用夹点编辑进行操作。

2.4 机械制图中特有的标注符号

机械制图中特有的标注符号有表面粗糙度和形位公差等，需要着重注意。

2.4.1 表面粗糙度

表面粗糙度反映了零件表面的光滑程度。零件各个表面的作用不同，所需的光滑程度也不一样。表面粗糙度是衡量零件质量的标准之一，对零件的配合、耐磨程度、抗疲劳强度、抗腐蚀性及外观等都有影响。

最常用的表面粗糙度参数是"轮廓算术平均偏差"，记作 R_a。R_a 的规定数值及其他有关要求见表 2-5。

表 2-5　粗糙度参数设置

代　号	含　义
	$a1$，$a2$——粗糙度高度参数代号及其数值（单位为微米）
	b——加工要求、镀覆、涂覆、表面处理或其他说明
	c——取样长度（单位为毫米）或波纹度（单位为微米）
	d——加工纹理方向符号
	e——加工余量
	f——粗糙度间距参数值（单位为毫米）或轮廓支撑长度率

表面粗糙度代（符）号一般标注在可见轮廓线、尺寸界线、引出线或它们的延长线上；在同一图样上，一个表面一般只标注一次；当零件大多数表面或所有表面具有相同的表面粗糙度要求时，其代号可在图样的右上角统一标注。关于更详细的标注规定，可查阅相关国家标准：GB/T 3505—2000 与 GB/T 131—1993。

表面粗糙度符号的绘制将在第 3 章图块的创建中讲解。

2.4.2 形位公差

在图样中，形位公差的内容（特征项目符号、公差值、基准要素字母及其他要求）在公差框格中给出。用带箭头的指引线（细实线）将框格与被测要素相连。有基准要求时，相对于被测要素的基准用基准符号表示。基准符号由带小圆（细实线）的大写字母和与其用细实线相连的粗短横线组成。表示基准的字母也应注在公差框格中。

公差特性符号按意义分为形状公差和位置公差，按类型又分为定位、定向、形状、轮廓和跳动，系统提供了 12 种符号，详见第 5 章的形位公差部分。

2.5 习题

2.5.1 填空和选择题

（1）每张图纸都必须有标题栏，标题栏的格式和尺寸应符合 GB10609.1—1989 的规定，标题栏线宽也是有规定的，其中标题栏的外边框是_____，其余是_____。

（2） AutoCAD 2009 中有两种图纸幅面和标题栏的设置、调用方法：自定义和使用_____直接插入。

（3） 在实际绘图时，绘制圆的中心线时，圆心应为_____。点画线的首末两端应为线段而不是短画，且超出圆弧_____，不可任意画长。

（4） 机械制图中常用的 A4 图纸的幅面是_____。

    A. 297×210   B. 420×297

2.5.2 简答题

（1） 什么是表面粗糙度？它通常标注在图样的什么地方？

（2） 特有符号的标注是否可有其他更简单的方法？

第 3 章

机械设计中的二维绘图

教学目标：

AutoCAD 在机械制图中应用最为广泛的领域就是二维绘图，因为大部分机械设计中所应用到的都是平面图纸，比如零件图或装配图。这些图纸都是由一些基本的实体组成的，或者经过编辑得到的。本章将介绍机械设计中常用的二维绘图命令。

教学重点与难点：

1. 基本绘图命令。
2. 高级绘图命令。
3. 块。
4. 创建和编辑表格。
5. 图形编辑。
6. 绘制机械工程图的过程。

3.1　基本绘图命令

基本绘图命令包括绘制直线、圆、圆弧、矩形、正多边形等命令，这些图形是组成复杂实体的基本元素，尤其在机械制图中的应用更为广泛，需要好好掌握。

3.1.1　绘制直线

直线段是 AutoCAD 2009 中最基本的图形，也是机械制图中最常用的基本单元。本节将介绍机械制图中常用的直线命令的不同使用方式。

1. 常用模式

直线命令的调用方法为：选择 "绘图" | "直线" 命令，或者在命令行提示中输入 LINE

或者 L，并按 Enter 键。

绘制一条由直线段组成的折线的命令行，提示如下：

```
命令：l
LINE 指定第一点：     //指定点A
指定下一点或 [放弃(U)]：    //指定点B
指定下一点或 [放弃(U)]：    //指定点C
指定下一点或 [闭合(C)/放弃(U)]：    //指定点D
指定下一点或 [闭合(C)/放弃(U)]：    //指定点F
指定下一点或 [闭合(C)/放弃(U)]：    //按Enter键或者按ESC键
```

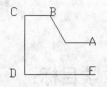

按照这个命令绘制出来的直线如图 3-1 所示。这样绘制出来的直线，完全是由光标随意指定的，缺乏精确定位。需要绘制精确定位的直线，则需要采用其他方法。

图 3-1　绘制直线段

2. 方向距离模式

对于规则且边长为精确数值的几何图形的绘制，方向距离模式绘制直线这种方法很有效。

使用直线命令绘制如图 3-2 所示的定位压盖的肋板的命令行提示如下：

```
命令：_line 指定第一点：<对象捕捉 开> //打开捕捉功能，选中起点
指定下一点或 [放弃(U)]：<对象捕捉 关>23.25 //移动光标到45°角时，极轴追踪效果如图3-3所示，此时在命令行中输入直线距离数值23.25
指定下一点或 [放弃(U)]：//按Enter键确定
```

通过这样的操作，可以绘制出指定方向的长度为 23.25，与水平线夹角为 45° 的如图 3-3 所示的直线。

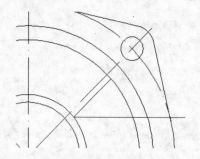

图 3-2　直线命令绘制定位压盖的肋板

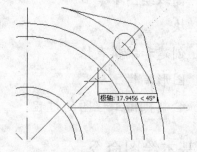

图 3-3　使用极轴捕捉确定角度

注意： 由于要绘制的直线与水平线的夹角是 45°，而 AutoCAD 2009 默认的极轴捕捉的"增量角"为 90°，所以需要将"增量角"修改为 45°，如图 3-4 所示。

3. 绝对坐标方式

指定点除了光标拾取以外，还可以通过在命令行提示中直接输入点的坐标。输入格式为：x,y。这里的 x 和 y 分别表示笛卡儿坐标系的横坐标和纵坐标。

绘制如图 3-5 所示的台阶状图形的命令行提示如下：

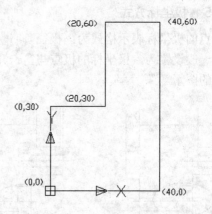

图 3-4　修改"增量角"　　　　　　　　　　图 3-5　点的绝对坐标

命令：_line 指定第一点：0,0　　　　//依次指定点的绝对坐标
指定下一点或［放弃(U)］：0,30
指定下一点或［放弃(U)］：20,30
指定下一点或［闭合(C)/放弃(U)］：20,60
指定下一点或［闭合(C)/放弃(U)］：40,60
指定下一点或［闭合(C)/放弃(U)］：40,0
指定下一点或［闭合(C)/放弃(U)］：c　　//自动闭合线段

注意：使用坐标系是精确绘图必不可少的要求，这不仅在绘制直线中常用到，在其他绘图中也会使用。

4. 相对坐标方式

点的相对坐标输入方式，格式为：@x,y。其中 x，y 是相对于前一个点的笛卡儿坐标系的横坐标和纵坐标，坐标系的方向和单位与绝对坐标完全一样。用户可以根据绘图的实际情况选择相对坐标来简化点的选取，与图 3-5 所示相同的绘图可以通过相对坐标来完成：

```
LINE 指定第一点：0,0
指定下一点或 ［放弃(U)］：@0,30    //相对坐标是相对于前一点而言
指定下一点或 ［闭合(C)/放弃(U)］：@20,0
指定下一点或 ［闭合(C)/放弃(U)］：@0,30
指定下一点或 ［闭合(C)/放弃(U)］：@20,0
指定下一点或 ［闭合(C)/放弃(U)］：@0,-60
指定下一点或 ［闭合(C)/放弃(U)］：c     //输入c自动闭合
```

在机械制图中，很多时候使用绝对坐标绘图并不是很适合，因为当图形已经存在一部分时，要获得图形某一个确定点的绝对坐标是比较困难的。使用相对坐标就好一些，可以寻找合适的点作为参照，得到所需的点，同时相对坐标还常常配合对象捕捉功能使用。

下面举一个简单的相对坐标应用的例子，如图 3-6 所示。绘制过程如下：

```
命令：_line 指定第一点：    //选中水平直线右端点
指定下一点或 ［放弃(U)］：@0,-11
指定下一点或 ［放弃(U)］：@-5,0
指定下一点或 ［闭合(C)/放弃(U)］：
```

5. 极坐标方式

点的极坐标表示格式为：极径<向量角

一般设置为，极坐标的极点与笛卡儿坐标系的原点在同一位置，如图 3-7 所示为一个极坐标的图示。

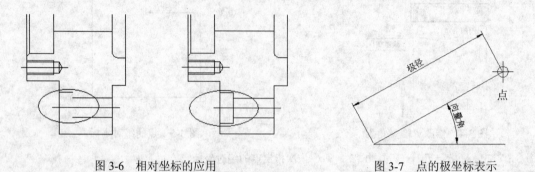

图 3-6　相对坐标的应用　　　　　　图 3-7　点的极坐标表示

极坐标也有相对坐标的形式，格式为：@极径<向量角

此时表示以上一个点为极点的极坐标点。极坐标在直线命令中的使用与直角坐标类似。

3.1.2　绘制圆

圆命令的调用方法：选择"绘图" | "圆"命令，或者在命令行中执行 CIRCLE（简写为 C）命令。

可以使用多种方法创建圆，默认方法是指定圆心和半径。AutoCAD 还提供了其他绘制圆的方法，包括两点定义直径、三点定义圆周和两个切点加一个半径等有 6 种具体的参数选择方式，如图 3-8 所示。

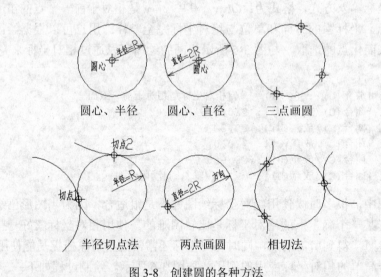

图 3-8　创建圆的各种方法

1. 圆心、半径（直径）方式

选择"绘图" | "圆" | "圆心、半径"命令，或者选择"绘图" | "圆" | "圆心、直径"命令，然后依次指定圆心和半径（可选为直径），便可以通过"圆心、半径（直径）方式"绘

制圆，也可以在命令行提示中输入 CIRCLE 来运行。

使用"圆心、半径（直径）方式"绘制圆的命令行提示如下：

```
命令：_circle
指定圆的圆心或 [三点(3P)/两点(2P)/相切、相切、半径(T)]：  //光标指定圆心
指定圆的半径或 [直径(D)]：   //通过输入d按Enter键可以改为指定直径模式
```

得到效果如图 3-9 所示。

2.　两（三）点方式

二维平面上的圆具有 3 个自由度，可以通过不共线的 3 个点进行确定。指定三点的方式正是通过指定 3 个点来确定所绘制圆的位置，而指定两点则是把两点作为圆的直径而确定圆的。

选择"绘图"|"圆"|"两点"命令，或者选择"绘图"|"圆"|"三点"命令就可以以这种模式运行圆命令，在命令行提示中进行相应选择也可以达到相同的效果，命令行提示如下：

```
命令：c    //c为命令简写
CIRCLE 指定圆的圆心或 [三点(3P)/两点(2P)/相切、相切、半径(T)]：3p //选择"三点"模式
指定圆上的第一个点：   //指定第一个点
指定圆上的第二个点：   //指定第二个点
指定圆上的第三个点：   //指定第三个点
```

得到的图形如图 3-10 所示的圆。

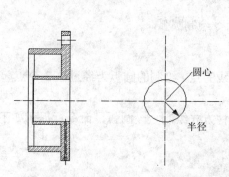

图 3-9　圆的两个要素：圆心和半径

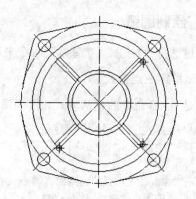

图 3-10　三点确定一个圆

3.　相切对象方式

相切对象方式主要包括"相切、相切、相切"和"相切、相切、半径"两种方式。操作过程为：依次用光标选择第一个相切对象和第二个相切对象，然后指定第三个相切对象或者指定圆的半径。这里所指的相切对象应该是线对象。另外，指定 3 个相切对象的内嵌命令为 3P，但是随后的拾取都应该加上 TAN 命令。

使用这种方法绘制已知三角形的内切圆。分别指定三角形的 3 条边作为相切对象即可，命令行提示如下：

```
命令：_circle 指定圆的圆心或 [三点(3P)/两点(2P)/相切、相切、半径(T)]：_3p
```

指定圆上的第一个点：_tan 到   //_tan是单击"绘图"|"圆"|"相切、相切、相切"以后系统自动加上的，此时指定第一个相切对象

指定圆上的第二个点：_tan 到   //指定第二个相切对象

指定圆上的第三个点：_tan 到   //指定第三个相切对象

绘制出的三角形的内切圆如图 3-11 所示。

机械制图中经常使用"相切、相切、半径"方式来完成一些特定的作图，比如有些零件轮廓线上不同圆弧之间的平滑连接，如图 3-12 所示。

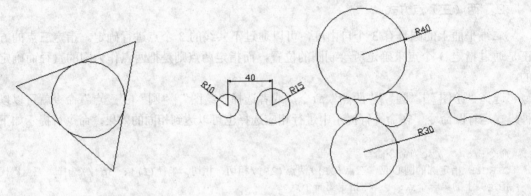

图 3-11　绘制三角形的内切圆　　　　图 3-12　"相切、相切、半径"的应用

先绘制两个连接圆，确定半径及圆心距；然后使用绘制"相切、相切、半径"方式绘制与两个连接圆都相切的外圆弧；使用修剪命令完成绘制效果，删除多余线段。

3.1.3　绘制圆弧

通过选择"绘图"|"圆弧"命令来运行 ARC 命令绘制圆弧。

1.　指定三点方式

这是 ARC 命令的默认方式，依次指定 3 个不共线的点，绘制的圆弧为经过这 3 个点起于第 1 个点止于第 3 个点的圆弧。

选择"绘图"|"圆弧"|"三点"命令，使用这种方式绘制一段圆弧，命令行提示如下：

命令：ARC 指定圆弧的起点或 [圆心(C)]：//选中点1
指定圆弧的第二个点或 [圆心(C)/端点(E)]：//选中点2
指定圆弧的端点：//选中点3

按照提示，用户依次指定 3 个点作为圆弧的起点、中间通过点和端点，效果如图 3-13 所示。

2.　指定起点、圆心，以及另一参数方式

起点就是圆弧的起始点，圆心是圆弧所在圆的圆心，前两个参数已经将圆弧所在的圆确定了，另一参数可选下面中的任意一种。

（1）　端点：端点是圆弧终止的点。

（2）　角度：从起点到终点的圆弧角度，键盘输入或者由光标当前极坐标向量角指定。可以为负，正负的意义遵照初始的图纸设定，一般正角度对应于逆时针方向。

（3） 长度：圆弧的弦长，可以用键盘输入或光标拾取，光标拾取就是光标当前位置与圆弧起始点的距离。一个弦长一般对应于两个圆弧，绘图中默认的是不大于半圆的圆弧。

各参数如图 3-14 所示。

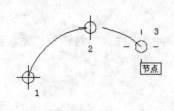

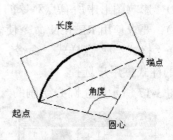

图 3-13 三点确定一段圆弧   图 3-14 圆弧各参数意义

在命令行提示中输入 ARC 命令并通过输入字母代号的方式来实现同样的操作。

命令：arc
指定圆弧的起点或 [圆心(C)]://输入圆弧的起点坐标
指定圆弧的第二个点或 [圆心(C)/端点(E)]：c//输入c表示要求指定圆弧所在圆的圆心
指定圆弧的圆心://在绘图区拾取或者输入坐标指定圆的圆心
指定圆弧的端点或 [角度(A)/弦长(L)]：l//输入l，要求输入弦长
指定弦长://输入圆弧的弦长

按照每一步的提示输入参数或者选择对象即可。

3.　指定起点、端点，以及另一参数方式

起点为圆弧起始点，端点为圆弧终止点，此时圆弧所在圆的圆心已经被确定在一条直线上，第 3 个参数如下。

（1） 角度：使用键盘输入或者光标指定。注意区分方向，以及角度的正负，指定互为相反数的两个角度将会绘制出一对互补的优弧和劣弧。

（2） 方向：光标与起始点连线的方向，指定圆弧在起始点处的切线方向。此种方式适用于绘制与确定对象相切于确定点的圆弧。

（3） 半径：以光标到终止点的距离指定圆弧的半径，可键盘输入。这个半径应该不小于起始点到终止点距离的一半。

4.　继续方式

选择"绘图"|"圆弧"|"继续"命令，或者在命令行提示中键入 A（ARC）再输入 CONTINUE，就可以采用继续方式绘制圆弧。这种方式所绘制的圆弧，其起点重合于上一段圆弧的终点，并且始终与上一段圆弧相切，用户只需指定圆弧的终点即可。在机械制图中，反复运行这个命令，就可以绘制出一段连续相切的圆弧，如图 3-15 所示。

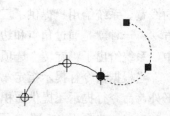

图 3-15 连续绘制圆弧

3.1.4 绘制点

点命令的调用方法：选择"绘图"|"点"|"单点"命令，或者在命令行中执行 POINT

命令。绘制点之前，可以相对于屏幕或使用绝对单位设置点的样式和大小，修改点的样式具有如下意义。

（1）使它们有更好的可见性并更容易地与栅格点区分。

（2）影响图形中所有点对象的显示。

（3）要求使用 REGEN 命令使修改可见。

选择"格式"|"点样式"命令，弹出如图 3-16 所示的"点样式"对话框，系统给出了 20 种点的样式供用户选择。

如图 3-17 所示为在圆心绘制的一个点的标记。

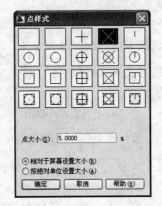

图 3-16　设置点的样式

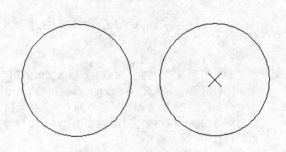

图 3-17　绘制点标记

3.1.5　绘制矩形

通过选择"绘图"|"矩形"命令来运行 RECTANGLE 命令（简称为 REC）绘制矩形。REC 命令中包含有一些选项，其中标高、厚度涉及到三维实体，将在后面章节中介绍，这里简单介绍一下其他一些选项。

选择"绘图"|"矩形"命令，命令行提示如下。

```
命令: _rectang
指定第一个角点或 [倒角(C)/标高(E)/圆角(F)/厚度(T)/宽度(W)]://指定矩形的第一个角点坐标
指定另一个角点或 [面积(A)/尺寸(D)/旋转(R)]://指定矩形的第二个角点坐标
```

命令行提示中的"倒角"选项用于设置矩形倒角的值，即从两个边上分别切去的长度；"圆角"选项用于设置矩形 4 个圆角的半径，用于绘制圆角矩形；"宽度"选项用于设置矩形的线宽。系统给用户提供了三种绘制矩形的方法，一种是通过两个角点绘制矩形，这是默认方法；一种就是通过角点和边长确定矩形；另外一种方法是通过面积来确认矩形。在命令行中，系统给出了"旋转"选项，用于绘制带一定角度的矩形。下面对各种方法予以介绍：

当根据命令行提示指定第一角点后，除了可以采用默认的指定第二个角点的坐标确定矩形外，命令行提示还提供面积（A）、尺寸（D）和旋转（R）三种方式创建矩形。

（1）"面积（A）"表示使用面积和长度或宽度二者之一创建矩形。如要创建一个面积为 400 的矩形（采用图形单位），其命令行提示如下：

```
命令: _rectang
指定第一个角点或 [倒角(C)/标高(E)/圆角(F)/厚度(T)/宽度(W)]://指定矩形第一个角点
指定另一个角点或 [面积(A)/尺寸(D)/旋转(R)]:A  //选择以面积的方式
```

输入以当前单位计算的矩形面积 <100.0000>：400 //输入要绘制的矩形的面积，输入一个正值
计算矩形标注时依据 [长度(L)/宽度(W)] <长度>:L //再选择长度或宽度
输入矩形长度 <10.0000>：40 //输入一个非零值

（2）"尺寸（D）"表示使用长度和宽度来创建矩形。如要创建一个面积为 40×10＝400 的矩形（采用图形单位），其命令行提示如下：

......
指定另一个角点或 [面积(A)/尺寸(D)/旋转(R)]:D //选择以矩形的尺寸的方式绘制
输入矩形的长度 <0.0000>：40 //输入一个非零值
输入矩形的宽度 <0.0000>：10 //输入一个非零值

（3）"旋转（R）"表示按照指定的旋转角度创建矩形。如要创建一个面积为 400，与 X 轴成 30° 夹角的矩形（采用图形单位），其命令行提示如下：

......
指定另一个角点或 [面积(A)/尺寸(D)/旋转(R)]:R //选择以旋转角的方式绘制矩形
指定旋转角度或 [拾取点(P)] <0>：30 //输入旋转角30°，或在绘图区上拾取合适的点
指定另一个角点或 [面积(A)/尺寸(D)/旋转(R)]：D //可以继续使用尺寸或面积方式完成矩形的绘制
输入矩形的长度 <0.0000>：40 //输入一个非零值
输入矩形的宽度 <0.0000>：10 //输入一个非零值

 注意：命令行提示显示的矩形的"长"和"宽"，并不是指边长中长的一条和短的一条，而是 X 轴方向和 Y 轴方向的边长。

3.1.6 绘制正多边形

通过选择"绘图"|"正多边形"命令来运行 POLYGON 命令（可简写为 POL），绘制正多边形。

绘制正多边形的方法有 3 种（图 3-18）。

（1）内切圆方式：多边形的各边与假设圆相切，需要指定边数和半径。

（2）外接圆方式：多边形的顶点均位于假设圆的弧上，需要指定边数和半径。

（3）边长方式：上面两种方式是以假设圆的大小来确定多边形的边长，而边长方式则直接给出边长的大小和方向。

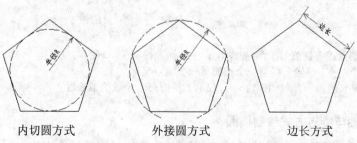

内切圆方式　　　　　外接圆方式　　　　　边长方式

图 3-18　正多边形的几种方式

下面以机械制图中使用外接圆法绘制正多边形螺母为例来进行说明。单击"绘图"工具

栏中的"正多边形"按钮 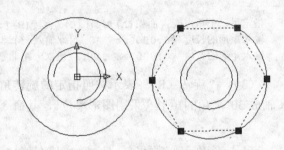，或者在命令行中执行 POLYGON 命令。命令行提示如下：

```
命令：_polygon 输入边的数目 <4>：6//输入多边形的边数
指定正多边形的中心点或 [边(E)]://捕捉圆的圆心为多边形的中心点
输入选项 [内接于圆(I)/外切于圆(C)] <I>：//按Enter键
指定圆的半径：//使用"最近点"捕捉方式选中圆弧上的点或者输入外圆半径数值
```

得到的螺母如图 3-19 所示。

3.1.7 绘制椭圆与椭圆弧

选择"绘图"|"椭圆"命令来运行
ELLIPSE 命令（可简写为 EL），有 3 种方式
可用于绘制精确的椭圆或者椭圆弧。

图 3-19 外接圆法绘制螺母

1. 指定长轴与短轴方式绘制椭圆

椭圆由定义其长度和宽度的两条轴决
定。较长的轴称为长轴，较短的轴称为短轴。椭圆在坐标系中具有 3 个自由度，EL 命令是通
过确定长轴的位置和长度，以及短轴长度来确定椭圆，如图 3-20 所示。

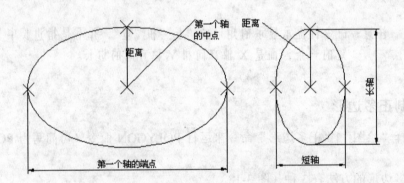

图 3-20 "长轴、短轴"绘制椭圆

在命令行提示中输入 ELLIPSE，按照默认的顺序依次指定长轴的两个端点和另一条半轴
的长度，其中长轴是通过两个端点来确定的，已经限定了两个自由度，只需要给出另外一个
轴的长度就可以确定椭圆了。

```
命令：el
ELLIPSE
指定椭圆的轴端点或 [圆弧(A)/中心点(C)]://输入椭圆一个轴的端点坐标
指定轴的另一个端点://输入椭圆一个轴的另一个端点坐标
指定另一条半轴长度或 [旋转(R)]：   //输入椭圆另一个轴的半长度
```

2. 指定长轴与旋转方式绘制椭圆

激活椭圆命令，选取长轴，然后按 R 键进入由旋转确定短轴的方式，输入旋转角度或光
标拾取。即把一个圆在空间上绕长轴转动一定的角度以后投影在二维平面上的图形。命令行
提示如下：

```
命令：ELLIPSE
指定椭圆的轴端点或 [圆弧(A)/中心点(C)]://输入椭圆长轴的一个端点
指定轴的另一个端点:// 输入椭圆长轴的另一个端点
指定另一条半轴长度或 [旋转(R)]: r//输入r，要求输入旋转角度
指定绕长轴旋转的角度：60//输入绕长轴旋转的角度
```

特殊的旋转角度对应着特殊的椭圆，例如 0º 是圆、60º 是长短轴之比为 2 的椭圆、90º 则为一条线段，如图 3-21 所示。

3. 椭圆弧

绘制椭圆弧是绘制椭圆命令的一个选项，执行椭圆命令后按 A 键，然后按命令行提示进行操作即可，同样可以采用键盘输入和光标拾取两种方法。命令行提示如下：

```
命令：el
ELLIPSE
指定椭圆的轴端点或 [圆弧(A)/中心点(C)]: a//输入a，表示绘制椭圆弧
指定椭圆弧的轴端点或 [中心点(C)]:// 输入椭圆一个轴的端点坐标
指定轴的另一个端点:// 输入椭圆一个轴的另一个端点坐标
指定另一条半轴长度或 [旋转(R)]:// 输入椭圆另一个轴的半长度
指定起始角度或 [参数(P)]: 0//输入椭圆弧起始角度
指定终止角度或 [参数(P)/包含角度(I)]: 60//输入椭圆弧的终止角度
```

上面的命令，绘制的是一段 0º 到 60º 的椭圆弧，如图 3-22 所示。

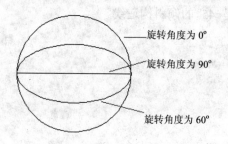

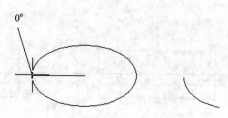

图 3-21　"旋转角度"绘制椭圆 　　　　　　　图 3-22　绘制椭圆弧

3.2　高级绘图命令

高级绘图命令主要包括构造线、多段线、样条曲线、剖面线、多线、修订云线，以及表格等机械制图中比较常用的命令。

3.2.1　构造线

向两个方向无限延伸的直线称为构造线。它的执行方法：选择"绘图"|"构造线"命令，或者单击"绘图"工具栏中的"构造线"按钮，或者在命令行中执行 XLINE 命令。激活构造线命令后，命令行提示如下：

```
命令：_xline 指定点或 [水平(H)/垂直(V)/角度(A)/二等分(B)/偏移(O)]:
```

下面介绍一下构造线在机械制图中最常用的 3 种方式。

1. 指定点

该选项是默认项，可用来绘制通过指定两点的构造线。如果输入一点坐标，命令行将提示输入构造线通过的第二点，输入通过点坐标后，生成过此两点的构造线，命令行继续提示定义通过点，再输入点后，通过该点与第一点又生成一条构造线，这种方法可绘出经过第一点的多条构造线。

2. 水平（垂直）

输入 H（V）后按 Enter 键，AutoCAD 2009 提示定义通过点，指定点后便会生成一条过该点的水平（垂直）构造线。继续提示定义通过点，输入点后会再生成一条水平（垂直）构造线。这样可绘制出多条水平（垂直）构造线。按 Enter 键或按空格键结束命令。如图 3-23 所示为支架零件图中的两条水平构造线与一条垂直构造线。

3. 角度

该选项用于绘制与水平方向或参考方向成一定角度的构造线。输入 A 后 AutoCAD 2009 提示"输入构造线的角度（0）或[参照（R）]"，默认为角度。命令行提示如下：

命令：_xline 指定点或 [水平(H)/垂直(V)/角度(A)/二等分(B)/偏移(O)]：a//输入a，要求设定构造线角度
输入构造线的角度 (0) 或 [参照(R)]：-45//输入构造线的角度

如图 3-24 所示为连接件零件图与水平方向夹角呈-45º的倾斜构造线。

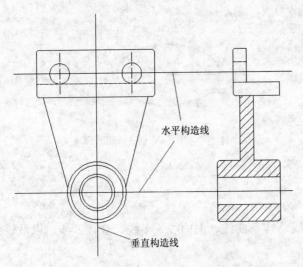

图 3-23 零件图中的水平和垂直构造线

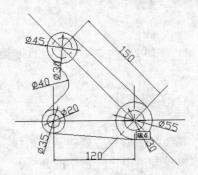

图 3-24 零件图中的倾斜构造线

3.2.2 多段线

多段线是作为单个对象创建的、相互连接的序列线段。可以创建直线段、弧线段或两者的组合线段。多段线中的线条可以设置成不同的线宽、不同的线型，其具有很强的实用性。AutoCAD 2009 中绘制多段线的命令是 PLINE，在机械制图中主要有以下两种方式。

1. 单段和闭合多段线

多用于绘制闭合的图形，然后再旋转出实体，省去了使用 PEDIT 命令合并的麻烦。打开"栅格"模式，执行多段线命令，绘制旋转出齿轮用的平面图，命令行提示如下：

```
命令: _pline
指定起点: //选中点1
当前线宽为 0.0000
指定下一个点或 [圆弧(A)/半宽(H)/长度(L)/放弃(U)/宽度(W)]: //选中点2
指定下一点或 [圆弧(A)/闭合(C)/半宽(H)/长度(L)/放弃(U)/宽度(W)]: <对象捕捉 关>
<正交 关> //选中点3
指定下一点或 [圆弧(A)/闭合(C)/半宽(H)/长度(L)/放弃(U)/宽度(W)]: //选中点4
指定下一点或 [圆弧(A)/闭合(C)/半宽(H)/长度(L)/放弃(U)/宽度(W)]: //选中点5
指定下一点或 [圆弧(A)/闭合(C)/半宽(H)/长度(L)/放弃(U)/宽度(W)]: //选中点6
指定下一点或 [圆弧(A)/闭合(C)/半宽(H)/长度(L)/放弃(U)/宽度(W)]: //选中点7
指定下一点或 [圆弧(A)/闭合(C)/半宽(H)/长度(L)/放弃(U)/宽度(W)]: //选中点8
指定下一点或 [圆弧(A)/闭合(C)/半宽(H)/长度(L)/放弃(U)/宽度(W)]: //选中点9
指定下一点或 [圆弧(A)/闭合(C)/半宽(H)/长度(L)/放弃(U)/宽度(W)]: //选中点10
指定下一点或 [圆弧(A)/闭合(C)/半宽(H)/长度(L)/放弃(U)/宽度(W)]: //选中点11
指定下一点或 [圆弧(A)/闭合(C)/半宽(H)/长度(L)/放弃(U)/宽度(W)]: //选中点12
指定下一点或 [圆弧(A)/闭合(C)/半宽(H)/长度(L)/放弃(U)/宽度(W)]:c
```

得到的效果如图 3-25 所示。

旋转 360° 后效果如图 3-26 所示，具体步骤将在后面内容中介绍。

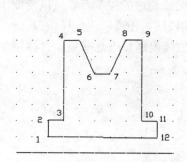

图 3-25　绘制旋转出齿轮用的平面图

图 3-26　旋转效果

2. 圆弧多段线

圆弧多段线在机械制图中经常被用来绘制直线和圆组合的轮廓线。如图 3-27 所示的零件的轮廓线就是一些直线和圆弧的平滑连接，使用多段线命令绘制是很合理的。命令的执行过程如下：

```
命令: pl
PLINE
指定起点:     //指定左下角端点为起点
当前线宽为 0.0000    //保持默认设置
```

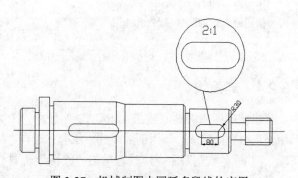

图 3-27　机械制图中圆弧多段线的应用

指定下一个点或 [圆弧(A)/半宽(H)/长度(L)/放弃(U)/宽度(W)]: @80,0   //相对坐标
指定下一点或 [圆弧(A)/闭合(C)/半宽(H)/长度(L)/放弃(U)/宽度(W)]: a //改换为圆弧多段线
指定圆弧的端点或[角度(A)/圆心(CE)/闭合(CL)/方向(D)/半宽(H)/直线(L)/半径(R)/第二个点(S)/放弃(U)/宽度(W)]: r   //使用指定半径的方式
指定圆弧的半径: 30   //指定半径
指定圆弧的端点或 [角度(A)]: a   //选择"指定角度"
指定包含角: 180   //半圆,包含角为180º
指定圆弧的弦方向 <90>:   //用光标在图中指定
指定圆弧的端点或[角度(A)/圆心(CE)/闭合(CL)/方向(D)/半宽(H)/直线(L)/半径(R)/第二个点(S)/放弃(U)/宽度(W)]: l   //输入L,返回直线多段线
指定下一点或 [圆弧(A)/闭合(C)/半宽(H)/长度(L)/放弃(U)/宽度(W)]: @-80,0
指定下一点或 [圆弧(A)/闭合(C)/半宽(H)/长度(L)/放弃(U)/宽度(W)]: a //改换为圆弧多段线
指定圆弧的端点或[角度(A)/圆心(CE)/闭合(CL)/方向(D)/半宽(H)/直线(L)/半径(R)/第二个点(S)/放弃(U)/宽度(W)]: r   //使用指定半径的方式
指定圆弧的半径: 30   //指定半径
指定圆弧的端点或 [角度(A)]: a   //选择"指定角度"
指定包含角: -180   //半圆,包含角为-180º
指定圆弧的弦方向 <90>:   //用光标在图中指定

3.2.3 样条曲线

样条曲线是通过一系列指定点的光滑曲线。在绘制光滑曲线时,如汽车外形的流线设计,使用样条曲线是非常方便的。AutoCAD 2009 中绘制样条曲线的命令为 SPLINE。

使用 SPLINE 命令绘制样条曲线时,需要指定样条曲线通过的控制点。可以绘制闭合的样条曲线,它的起点和终点重合或是相切。在绘制样条曲线时,还可以改变样条拟合的偏差,以改变样条与指定拟合点的距离。此偏差值越小,样条曲线就越靠近这些点。直接绘制样条曲线的命令行提示如下:

```
命令: _spline
指定第一个点或 [对象(O)]: //选中1点
指定下一点: //选中2点
指定下一点或 [闭合(C)/拟合公差(F)] <起点切向>: //选中3点
指定下一点或 [闭合(C)/拟合公差(F)] <起点切向>: //选中4点
指定下一点或 [闭合(C)/拟合公差(F)] <起点切向>: //选中5点
指定下一点或 [闭合(C)/拟合公差(F)] <起点切向>: //按Enter键
指定起点切向: //按Enter键
指定端点切向: //按Enter键
```

完成以上操作后,得到的图形如图 3-28 所示。

3.2.4 剖面线

机械制图中的剖面线在 AutoCAD 中使用"图案填充"命令来完成。调用剖面线的方法有:选择"绘图"|"图案填充"命令,或者单击"绘图"工具栏中的"图案填充"按钮 ⬚ ,或者在命令行中执行

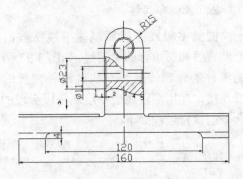

图 3-28　直接绘制样条曲线

BHATCH 命令。执行以上操作后都会弹出如图 3-29 所示的"图案填充和渐变色"对话框。

其中"图案填充"选项卡包括 6 个选项组:"类型和图案"、"角度和比例"、"图案填充原点"、"边界"、"选项"和"继承特性"。下面分别介绍这几个选项组的含义。

（1）类型和图案

在"类型和图案"选项组中可以设置填充图案的类型，其中:

- "类型"下拉列表框包括"预定义"、"用户定义"和"自定义"3 种图案类型。其中"预定义"类型是指 AutoCAD 存储在产品附带的 acad.pat 或 acadiso.pat 文件中的预先定义的图案，是制图中的常用类型。

- "图案"下拉列表框控制对填充图案的选择，下拉列表显示填充图案的名称，并且最近使用的 6 个用户预定义图案出现在列表顶部。单击 ... 按钮，弹出"填充图案选项板"对话框，如图 3-30 所示，通过该对话框选择合适的填充图案类型。

- "样例"列表框显示选定图案的预览。

- "自定义图案"下拉列表框在选择"自定义"图案类型时可用，其中列出可用的自定义图案，6 个最近使用的自定义图案将出现在列表顶部。

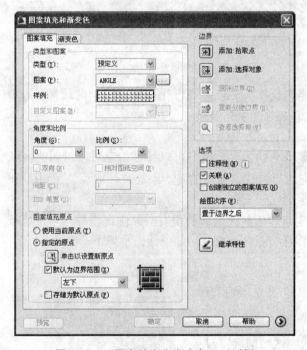

图 3-29 "图案填充和渐变色"对话框

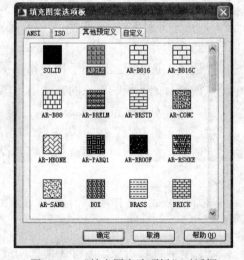

图 3-30 "填充图案选项板"对话框

（2）角度和比例

在"角度和比例"选项组中包含"角度"、"比例"、"间距"和"ISO 笔宽"4 部分内容。主要控制填充的疏密程度和倾斜程度。

- "角度"下拉列表框可以设置填充图案的角度，"双向"复选框设置当填充图案选择"用户定义"时采用的当前线型的线条布置是单向还是双向。

- "比例"下拉列表框用于设置填充图案的比例值。图 3-31 为选择 AR-BRSTD 填充图案进行不同角度和比例值填充的效果。

角度 0，比例 1

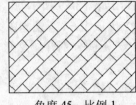
角度 45，比例 1

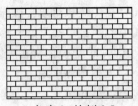
角度 0，比例 0.5

图 3-31　角度和比例的控制效果

- "间距"文本框用于设置当用户选择"用户定义"填充图案类型时采用的当前线型的线条的间距。输入不同的间距值将得到不同的效果，如图 3-32 所示。

角度 0，间距 100

角度 45，间距 100，双向

角度 0，间距 50

图 3-32　"用户定义"角度、间距和双向的控制效果

- "ISO 笔宽"下拉列表框主要针对用户选择"预定义"填充图案类型，同时选择了 ISO 预定义图案时，可以同过改变笔宽值来改变填充效果。

（3）边界

"边界"选项组主要用于用户指定图案填充的边界，用户可以通过指定对象封闭的区域中的点或者封闭区域的对象的方法确定填充边界，通常使用的是"添加：拾取点"按钮和"添加：选择对象"按钮。

"添加：拾取点"按钮根据围绕指定点构成封闭区域的现有对象确定边界。单击该按钮，此时对话框将暂时关闭，系统将会提示用户拾取一个点。命令行提示如下：

命令：_bhatch
拾取内部点或 [选择对象(S)/删除边界(B)]：　正在选择所有对象...

"添加：选择对象"按钮根据构成封闭区域的选定对象确定边界。单击该按钮，对话框将暂时关闭，系统将会提示用户选择对象，命令行提示如下：

命令：_bhatch
选择对象或 [拾取内部点(K)/删除边界(B)]：　//选择对象边界

用户单击"图案填充和渐变色"对话框的展开按钮，展开对话框如图 3-33 所示，在使用"添加：拾取点"按钮

图 3-33　展开的对话框

确定边界时，不同的孤岛设置，产生的填充效果是不一样的。

在"孤岛"选项组中，选中"孤岛检测"复选框，则在进行填充时，系统将根据选择的孤岛显示模式检测孤岛来填充图案，所谓"孤岛检测"是指最外层边界内的封闭区域对象将被检测为孤岛，系统提供了 3 种检测模式："普通"孤岛检测、"外部"孤岛检测和"忽略"孤岛检测。

- "普通"填充模式从最外层边界向内部填充，对第一个内部岛形区域进行填充，间隔一个图形区域，转向下一个检测到的区域进行填充，如此反复交替进行。
- "外部"填充模式从最外层的边界向内部填充，只对第一个检测到的区域进行填充，填充后就终止该操作。
- "忽略"填充模式从最外层边界开始，不再进行内部边界检测，对整个区域进行填充，忽略其中存在的孤岛。

系统默认的检测模式是普通填充模式。3 种不同填充模式效果的对比，如图 3-34 所示。

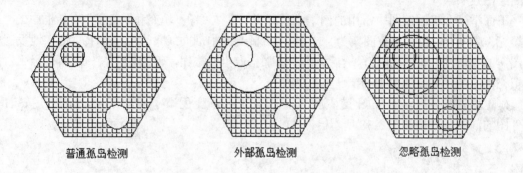

普通孤岛检测　　　　　　外部孤岛检测　　　　　　忽略孤岛检测

图 3-34　三种不同的孤岛检测模式的效果

（4）图案填充原点

在默认情况下，填充图案始终相互对齐。但是有时用户可能需要移动图案填充的起点(称为原点)，在这种情况下，需要在"图案填充原点"选项组中重新设置图案填充原点。选中"指定的原点"单选按钮后，用户单击 按钮，在绘图区用光标拾取新原点，或者选中"默认为边界范围"复选框，并在下拉菜单中选择所需点作为填充原点即可实现。

以砖形图案填充建筑立面图为例，希望在填充区域的左下角以完整的砖块开始填充图案，重新指定原点，设置如图 3-35 所示，使用默认填充原点和新的指定原点的对比效果如图 3-36 所示。

　　　　　　　　　　　　　　　　　默认图案填充原点　　　　　新的图案填充原点

图 3-35　设置"图案填充原点"选项组　　　　图 3-36　改变图案填充原点效果

（5）选项

"选项"选项组主要包括 3 方面的内容，即"关联"、"创建独立的图案填充"和"绘图次序"。

- "关联"复选框用于控制填充图案与边界"关联"或"非关联"。关联图案填充随边界的更改自动更新，而非关联的图案填充则不会随边界的更改而自动更新，默认情况下，使用 hatch 创建的图案填充区域是关联的。
- "创建独立的图案填充"复选框用于当选择了多个封闭的边界进行填充时，控制是创建单个图案填充对象，还是创建多个图案填充对象。
- "绘图次序"下拉列表框主要为图案填充或填充指定绘图次序。图案填充可以放在所有其他对象之后、所有其他对象之前、图案填充边界之后或图案填充边界之前。

（6） 继承特性

"继承特性"按钮，是指使用选定图案填充对象的图案填充或填充特性对指定的边界进行图案填充或填充。单击该按钮，然后选择源图案填充，再选择目标对象，这样可以节省选择填充图案类型、角度、比例、原点位置等参数设置的时间，直接使用源图案填充的参数，提高绘图效率。

下面举一个机械制图中常用的例子来进行说明。在"图案填充和渐变色"对话框中的"图案填充"选项卡中设置填充图案为 ANSI31（机械制图中剖面线常用 ANSI31），适当地设置填充图案的"角度"和"比例"，然后单击"添加拾取点"按钮，返回绘图窗口，用鼠标确定需要填充的区域，如图 3-37 所示。

确定填充区域后，按 Enter 键，返回"图案填充和渐变色"对话框。单击"确定"按钮后，零件图的剖面线效果如图 3-38 所示。

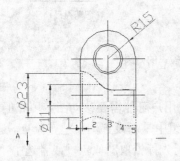
图 3-37 确定需要填充的区域

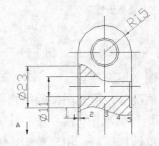
图 3-38 填充剖面线后的效果

3.2.5 面域和边界

面域是使用形成闭合环的对象创建的二维闭合区域。环可以是直线、多段线、圆、圆弧、椭圆、椭圆弧和样条曲线的组合。组成环的对象必须闭合或通过与其他对象共享端点而形成闭合的区域，最重要的应用是拉伸以形成实体，或者作为平面进行填充和着色处理。

选择"绘图"|"面域"命令或单击"二维绘图"面板中的"面域"按钮，或在命令行中输入 region，均可执行面域命令，命令行提示如下：

```
命令：_region
选择对象：找到 1 个//使用对象选择方法并在完成选择后按Enter键
选择对象：
已提取 1 个环。
```

已创建 1 个面域。//将包含封闭区域的对象转换为面域对象

图 3-39　"边界创建"对话框

用户也可以通过 boundary 命令创建面域，选择"绘图"|"边界"命令或在命令行中输入 boundary，执行该命令，弹出如图 3-39 所示的"边界创建"对话框，可以从封闭区域创建面域或多段线。

该对话框使用由对象封闭的区域内的指定点，定义用于创建面域或多段线的对象类型、边界集和孤岛检测方法，其参数含义如下。

- "拾取点"按钮：用于在绘图区拾取点，根据围绕拾取点构成封闭区域的现有对象来确定边界。
- "孤岛检测"复选框：用于控制 boundary 是否检测内部闭合边界，该边界称为孤岛。
- "对象类型"下拉列表框：用于控制新边界对象的类型。boundary 将边界作为面域或多段线对象创建。
- "边界集"选项组：用于定义通过指定点定义边界时，boundary 要分析的对象集。
- "当前视口"选项：根据当前视口范围中的所有对象定义边界集 选择此选项将放弃当前所有边界集。
- "新建"按钮：提示用户选择用来定义边界集的对象。

在创建完成面域之后，用户可以通过结合、减去或查找面域的交点创建组合面域。形成这些更复杂的面域后，可以应用填充或者分析它们的面积，或者在三维空间拉伸形成实体。

（1）使用 UNION 命令，可以通过添加操作合并选定面域；

```
命令：_union
选择对象：指定对角点：找到 2 个//选择需要合并的面域
选择对象：//按Enter键，完成选择，图3-40所示为面域并集效果演示
```

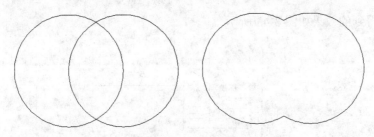

图 3-40　面域并集效果

（2）使用 SUBTRACT 命令，可以通过减操作合并选定的面域；

```
命令：_subtract 选择要从中减去的实体或面域...
选择对象：找到 1 个//选择要从中减去的面域
选择对象：//按Enter键，完成选择
选择要减去的实体或面域 ..
选择对象：找到 1 个//选择要减去的面域
选择对象：// 按Enter键，完成选择，图3-41所示为面域差集效果演示
```

（3）使用 INTERSECT 命令，可以从两个或多个实体或面域的交集中创建复合实体或面域，然后删除交集外的区域。

命令： _intersect
选择对象：找到 1 个
选择对象：找到 1 个，总计 2 个//选择需要创建交集的面域
选择对象：// 按Enter键，完成选择，图3-42所示为面域交集效果演示

图 3-41　面域差集效果　　　　　　　　　　　　　图 3-42　面域交集效果

3.2.6　修订云线

REVCLOUD 命令用于创建由连续圆弧组成的多段线，以构成修订云线对象。在检查或圈阅图形时，可以使用修订云线功能亮显标记以提高工作效率。可以通过选择"绘图"|"修订云线"命令或者单击"绘图"工具栏中的"修订云线"按钮 来执行该命令。

使用 REVCLOUD 命令后，命令行提示如下：

命令： _revcloud
最小弧长：15　最大弧长：15　样式：普通
指定起点或 [弧长(A)/对象(O)/样式(S)] <对象>：
沿云线路径引导十字光标...
修订云线完成。

以上操作得到的效果如图 3-43 所示。

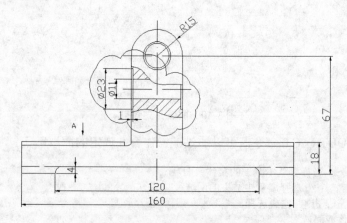

图 3-43　用修订云线圈出局部剖视图

3.2.7　表格

表格功能是 AutoCAD 在 2005 版本以后才开始推出的，在 2005 版本及更低版本，是没有

表格功能的，表格功能的出现很好地满足了实际工程制图中的需要。在实际工程制图中，譬如工程制图中的明细栏，都需要表格功能来完成。如果没有表格功能，使用单行文字和直线来绘制表格是很繁琐的。在 2009 版本中，表格功能得到了空前的加强和完善，本节将对表格进行详细讲解。在 2009 版本中，表格的一些操作都可以通过功能区"注释"选项卡的"表格"面板来实现，如图 3-44 所示，具体使用方法将在下面各节给予讲解。

1. 表格样式的创建

表格的外观由表格样式控制，表格样式可以指定标题、列标题和数据行的格式。选择"格式"|"表格样式"命令，或者单击"表格"面板中的"表格样式"按钮，弹出如图 3-45 所示的"表格样式"对话框，"样式"列表中显示了已创建的表格样式。

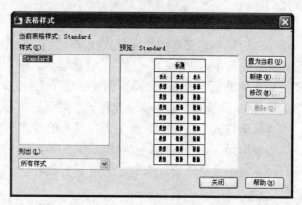

图 3-44　"表格"面板　　　　　　　　图 3-45　"表格样式"对话框

AutoCAD 在表格样式中预设 Standard 样式，该样式第一行是标题行，由文字居中的合并单元行组成，第二行是表头，其他行都是数据行。用户创建自己的表格样式时，就是设定标题、表头和数据行的格式。单击"新建"按钮，弹出如图 3-46 所示的"创建新的表格样式"对话框。在"新样式名"文本框中可以输入表格样式名称，在"基础样式"下拉列表框中选择一个表格样式为新的表格样式提供默认设置，单击"继续"按钮，弹出如图 3-47 所示的"新建表格样式：图纸表格"对话框，可以对样式进行具体设置。

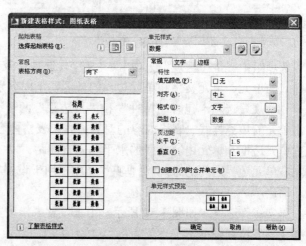

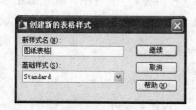

图 3-46　"创建新的表格样式"对话框　　　　图 3-47　"新建表格样式：图纸表格"对话框

"新建表格样式：图纸表格"对话框由"起始表格"、"常规"、"单元样式"和"单元样式预览"4个选项组组成，下面分别介绍。

（1）"起始表格"选项组

该选项组允许用户在图形中指定一个表格用做样例来设置此表格样式的格式。单击选择表格按钮 ，返回到绘图区选择表格后，可以指定要从该表格复制到表格样式的结构和内容。单击"删除表格"按钮 ，可以将表格从当前指定的表格样式中删除。

（2）"常规"选项组

该选项组用于更改表格方向，通过选择"向下"或"向上"来设置表格方向，"向上"创建由下而上读取的表格，标题行和列标题行都在表格的底部；"预览"框显示当前表格样式设置效果的样例。

（3）"单元样式"选项组

该选项组用于定义新的单元样式或修改现有单元样式，可以创建任意数量的单元样式。"单元样式"菜单列表 数据 显示表格中的单元样式，系统默认提供了数据、标题和表头3种单元样式，用户需要创建新的单元样式，可以单击"创建新单元样式"按钮 ，弹出如图3-48所示的"创建新单元样式"对话框。在"新样式名"文本框中输入单元样式名称，在"基础样式"下拉列表框中选择现有的样式作为参考单元样式，单击"继续"按钮。单击"管理单元样式"按钮 ，弹出如图3-49所示的"管理单元格式"对话框，在该对话框中用户可以对单元格式进行添加、删除和重命名。

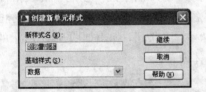

图3-48 "创建新单元样式"对话框   图3-49 "管理单元格式"对话框

选项组中提供"常规"选项卡、"文字"选项卡或"边框"选项卡用于设置用户创建的单元样式的单元、单元文字和单元边界的外观，下面分别详细讲解。

"常规"选项卡包含"特性"和"页边距"两个选项组，其中"特性"选项组用于设置表格单元的填充样式、表格内容的对齐方式、表格内容的格式和类型，"页边距"选项组用于设置单元边框和单元内容之间的水平和垂直间距。"水平"文本框用于设置单元中的文字或块与左右单元边界之间的距离。"垂直"文本框用于设置单元中的文字或块与上下单元边界之间的距离。

"文字"选项卡如图3-50所示，用来设置表格中文字的样式、高度、颜色、角度等。"文字样式"下拉列表框用于设置表格中文字的文字样式。单击 按钮将显示"文字样式"对话框，从中可以创建新的文字样式；"文字高度"文本框用于设置文字高度。数据和列标题单元的默认文字高度为 0.1800。表标题的默认文字高度为 0.25；"文字颜色"下拉列表框用于指定文字颜色。用户可以在列表框中选择合适的颜色或者选择"选择颜色"命令以显示"选择颜色"对话框设置颜色；"文字角度"文本框用于设置文字角度，默认的文字角度为 0º，可以输入-359º~359º之间的任意角度。

"边框"选项卡如图 3-51 所示，用于设置表格边框的线宽、线型、颜色和间距。"线宽"、"线型"和"颜色"下拉列表框在前面多次提到过，这里就不再赘述。选中"双线"复选框表示将表格边界显示为双线，此时"间距"文本框可输入，用于输入双线边界的间距，默认间距为 0.1800。边界按钮用于控制单元边界的外观，具体用法如下。

图 3-50　"文字"选项卡

图 3-51　"边框"选项卡

"所有边框"按钮⊞：单击该按钮，将边界特性设置应用于所有数据单元、表头单元或标题单元的所有边界。

"外边框"按钮⊡：单击该按钮，将边界特性设置应用于所有数据单元、表头单元或标题单元的外部边界。

"内边框"按钮⊞：单击该按钮将边界特性设置应用于所有数据单元或表头单元的内部边界。此选项不适用于标题单元。

"无边框"按钮⊞：单击该按钮将隐藏数据单元、表头单元或标题单元的边界。

"底部边框"按钮⊟：单击该按钮将边界特性设置应用于所有数据单元、表头单元或标题单元的底边界。同样"左边框"、"上边框"和"右边框"3 个按钮⊟ ⊟ ⊟表示设置其他三个方向的边界。

2. 表格的创建

单击"表格"按钮⊞或者选择"绘图"|"表格"命令，弹出如图 3-52 所示的"插入表格"对话框。

"插入表格"对话框提供了 3 种插入表格的方式，在"插入选项"选项组中提供了 3 种插入表格的方式。

- "从空表格开始"单选按钮表示创建可以手动填充数据的空表格。
- "自数据链接"单选按钮表示从外部电子表格中的数据创建表格。
- "自图形中的对象数据"单选按钮表示启动"数据提取"向导来创建表格。

下面对前两种创建方式进行比较详细的讲解。当选中"从空表格开始"单选按钮时，"插入表格"对话框如图 3-52 所示，可以设置表格的各种参数，具体设置如下：

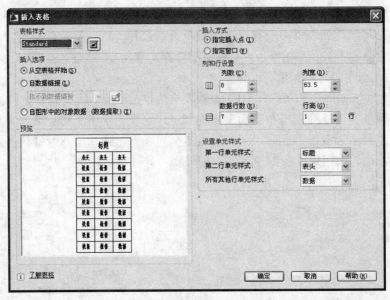

图 3-52　"插入表格"对话框

（1）　"表格样式"下拉列表框用于设置表格采用的样式，默认样式为 Standard。

（2）　"预览"窗口显示当前选中表格样式的预览形状。

（3）　"插入方式"选项组用于设置表格插入的具体方式。选中"指定插入点"单选按钮时，需指定表左上角的位置。如果表样式将表的方向设置为由下而上读取，则插入点位于表的左下角。选中"指定窗口"单选按钮时，需指定表的大小和位置。选定此选项时，行数、列数、列宽和行高取决于窗口的大小，以及列和行设置。

（4）　"列和行设置"选项组设置列和行的数目和大小。

- "列数"文本框用于设置表格列数。选定"指定窗口"选项并指定列宽时，则选定了"自动"选项，且列数由表的宽度控制。
- "列宽"文本框用于设置列的宽度。选定"指定窗口"选项并指定列数时，则选定了"自动"选项，且列宽由表的宽度控制，最小列宽为一个字符。
- "数据行数"文本框用于设定表格行数。选定"指定窗口"选项并指定行高时，则选定了"自动"选项，且行数由表的高度控制。
- "行高"文本框按照文字行高指定表的行高。文字行高基于文字高度和单元边距，这两项均在表样式中设置。选定"指定窗口"选项并指定行数时，则选定了"自动"选项，且行高由表的高度控制。

（5）　"设置单元样式"选项组用于对那些不包含起始表格的表格样式，指定新表格中行的单元格式。"第一行单元样式"下拉列表用于指定表格中第一行的单元样式，默认情况下，使用标题单元样式；"第二行单元样式"下拉列表用于指定表格中第二行的单元样式，默认情况下，使用表头单元样式；"所有其他行单元样式"下拉列表用于指定表格中所有其他行的单元样式，默认情况下，使用数据单元样式。

设置完参数后，单击"确定"按钮，用户可以在绘图区插入表格，效果如图 3-53 所示。

当选中"自数据链接"单选按钮时，"插入表格"对话框仅"指定插入点"可选，效果如图 3-54 所示。

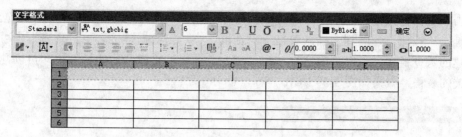

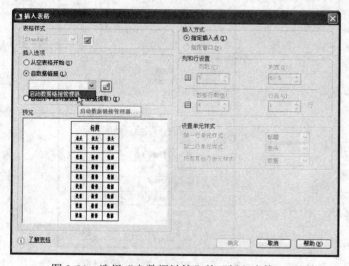

图 3-53　空表格内容输入状态

用户单击"启动数据链接管理器"按钮 或者单击"表格"面板的"数据连接管理器"按钮 ，均可打开"选择数据链接"对话框，效果如图 3-55 所示。

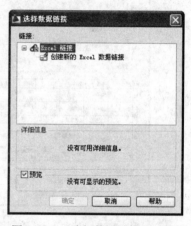

图 3-54　选择"自数据链接"的"插入表格"对话框　　　　图 3-55　"选择数据链接"对话框

选择"创建新的 Excel 数据链接"选项，弹出如图 3-56 所示的"输入数据链接名称"对话框，在"名称"文本框中输入数据链接名称，单击"确定"按钮，弹出如图 3-57 所示的"新建 Excel 数据链接：零件表"对话框，单击 按钮，在弹出的"另存为"对话框中选择需要作为数据链接文件的 Excel 文件，单击"确定"按钮，返回到"新建 Excel 数据链接"对话框，效果如图 3-58 所示。

图 3-56　"输入数据链接名称"对话框　　　　　图 3-57　查找 Excel 数据链接

单击"确定"按钮，返回到"选择数据链接"对话框，可以看到创建完成的数据链接，单击"确定"按钮，返回到"插入表格"对话框，在"自数据链接"下拉列表框中可以选择刚才创建的数据链接，单击"确定"按钮，进入绘图区，拾取合适的插入点即可创建与数据链接相关的表格，效果如图 3-59 所示。

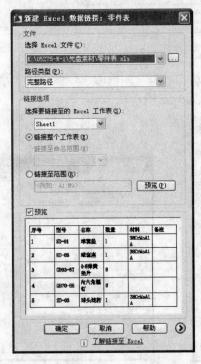

图 3-58　创建 Excel 数据链接

图 3-59　创建完成数据链接

3. 表格的编辑

表格创建完成后，用户可以单击该表格上的任意网格线以选中该表格，然后通过使用"特性"选项板或夹点来修改该表格。单击网格的边框线选中该表格，将显示如图 3-60 所示的夹点模式。各个夹点的功能如下。

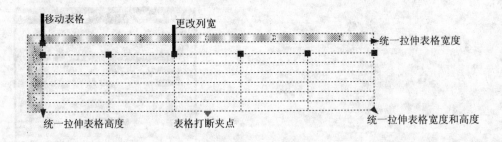

图 3-60　表格的夹点编辑模式

- 左上夹点：移动表格。
- 右上夹点：修改表宽并按比例修改所有列。
- 左下夹点：修改表高并按比例修改所有行。

- 右下夹点：修改表高和表宽并按比例修改行和列。
- 列夹点：在表头行的顶部，将列的宽度修改到夹点的左侧，并加宽或缩小表格以适应此修改。

更改表格的高度或宽度时，只有与所选夹点相邻的行或列将会更改。表格的高度或宽度保持不变。如果需要根据正在编辑的行或列的大小按比例更改表格的大小，在使用列夹点时按住 Ctrl 键即可。在 2009 版本中，新增加了"表格打断"夹点，该夹点可以将包含大量数据的表格打断成主要和次要的表格片断，使用表格底部的表格打断夹点，可以使表格覆盖图形中的多列或操作已创建的不同的表格部分。

在 2009 版本中，当用户选择表格中的单元格时，表格状态如图 3-61 所示，用户可以对表格中的单元格进行编辑处理，在表格上方的"表格"工具栏中提供了各种各样的对表格单元格进行编辑的工具。

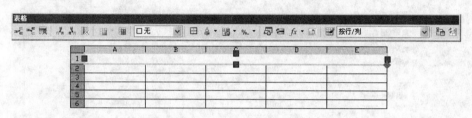

图 3-61　单元格选中状态

当选中表格中的单元格后，单元边框的中央将显示夹点，效果如图 3-62 所示。在另一个单元内单击可以将选中的内容移到该单元，拖动单元上的夹点可以使单元及其列或行更宽或更小。

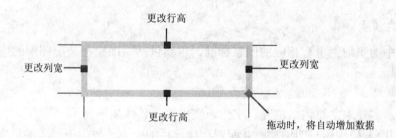

图 3-62　单元格夹点

如果用户要选择多个单元，请单击并在多个单元上拖动。按住 Shift 键并在另一个单元内单击，可以同时选中这两个单元及它们之间的所有单元，单元格被选中后，可以使用"表格"工具栏中的工具，或者执行如图 3-63 所示的右键快捷菜单中的命令，对单元格进行操作。

使用"表格"工具栏或者表格右键快捷菜单，可以执行以下操作：

- 编辑行和列。
- 合并和取消合并单元。
- 改变单元边框的外观。
- 编辑数据格式和对齐。
- 锁定和解锁编辑单元。
- 插入块、字段和公式。

- 创建和编辑单元样式。
- 将表格链接至外部数据。

在快捷菜单中选择"特性"命令，弹出如图 3-64 所示的"特性"选项板，可以设置单元宽度、单元高度、对齐、内容、文字样式、文字高度、文字颜色等内容。

图 3-63　快捷菜单编辑方式

图 3-64　特性选项板编辑方式

4. 明细栏创建

机械制图中的明细栏也有相应的国家标准，主要包括明细栏在装配图中的位置、内容和格式等方面。

（1）基本要求

明细栏的基本要求主要包括位置、字体、线型等，具体如下。

- 装配图中一般应该有明细栏，并配置在标题栏的上方，按由下而上的顺序填写，其格数应根据需要而定。当由下而上延伸的位置不够时，可以在紧靠标题栏的左边由下而上延续。
- 当装配图中不能在标题栏的上方配置明细栏时，可以将明细栏作为装配图的续页按 A4 幅面单独给出，且其顺序应该变为由上而下延伸。可以连续加页，但是应该在明细栏的下方配置标题栏，并且在标题栏中填写与装配图相一致的名称和代号。
- 当同一图样代号的装配图有两张或两张以上的图纸时，明细栏应该放置在第一张装配图上。
- 明细栏中的字体应该符合 GB4457.3－1984 中的规定。
- 明细栏中的线型应按 GB4457.4－1984 中规定的粗实线和细实线的要求进行绘制。

（2）明细栏的内容和格式

明细栏的内容和格式要求如下：

- 机械制图中的明细栏一般由代号、序号、名称、数量、材料、重量（单件、总计）、分区、备注等内容组成。可以根据实际需要增加或者减少。
- 明细栏放置在装配图中时格式应该遵守图纸的要求。

（3）明细栏中项目的填写

明细栏中的项目是指每栏应该填写的内容，具体包括如下内容：

- 代号一栏中应填写图样中相应组成部分的图样代号或标准号。
- 序号一栏中应填写图样中相应组成部分的序号。
- 名称一栏中应填写图样中相应组成部分的名称。必要时，还应写出其型号和尺寸。
- 数量一栏中应填写图样中相应组成部分在装配中所需要的数量。
- 重量一栏中应填写图样中相应组成部分单件和总件数的计算重量，以 kg 为计量单位时，可以不写出其计量单位。
- 备注一栏中应填写各项的附加说明或其他有关的内容。若需要，分区代号可按有关规定填写在备注栏中。

下面通过实例讲述使用"从空表格开始"方法创建明细栏，创建的表格最终效果如图 3-65 所示。

序号	代号	名称	材料	数量	单件	总计	备注
6	GB/T 5783	六角头全螺纹螺栓 M12X60	钢	12			
5	HLK-12	下部支柱		3	7.8000	23.4000	
4	GB/T 93	标准弹簧垫圈12	橡胶	9			
3	HLK-9	连杆总成	钢	3	5.5000	16.5000	
2	GB/T 70	内六角圆柱头螺钉 M48X30	钢8.8	12			
1	GB/T 119	圆柱销A6X30	35号钢	12			

图 3-65　明细栏效果

具体操作步骤如下。

（1）在菜单栏中选择"格式"|"表格样式"命令，弹出如图 3-66 所示的"表格样式"对话框，单击"新建"按钮，弹出"创建新的表格样式"对话框，在"新样式名"文本框中输入"装配图明细栏"，如图 3-67 所示。

（2）单击"继续"按钮，弹出"新建表格样式"对话框，按图 3-68 所示设置"表格方向"为"向上"，设置数据对齐方式为"正中"，水平和垂直页边距分别为 1.5，效果如图 3-68 所示。切换到"文字"选项卡，在"文字样式"下拉列表框中选择文字样式"GB3"，如图 3-69 所示。

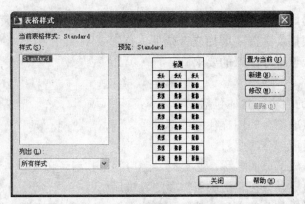

图 3-66 "表格样式"对话框

图 3-67 新建"装配图明细栏"表格样式

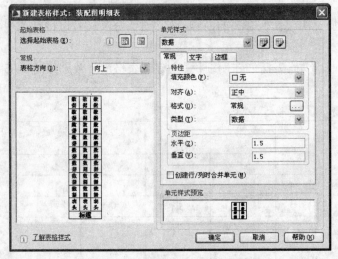

图 3-68 "新建表格样式"对话框

图 3-69 设置"数据"单元"文字"特性

（3）在"单元样式"下拉列表框中选择"标题"选项，如图 3-70 所示设置对齐方式为"正中"，水平和垂直页边距为 1.5，切换到"文字"选项卡，选择文字样式为"GB3"，效果如图 3-71 所示。

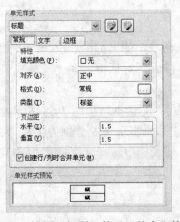

图 3-70 设置"标题"单元"基本"特性

图 3-71 设置"标题"单元"文字"特性

（4）单击"确定"按钮，返回到"表格样式"文本框，如图 3-72 所示"样式"列表中出现"装配图明细栏"样式，单击"关闭"按钮。

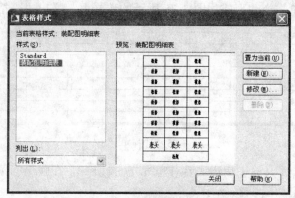

图 3-72　创建完成"装配图明细栏"表格样式

（5）　在菜单栏中选择"绘图"|"表格"命令，弹出"插入表格"对话框，在"表格样式"下拉列表框中选择"装配图明细栏"样式，设置列数为 8，列宽为 22.5（按照国家规定，应与标题栏宽度相等，此处设置等于 A3 图纸的标题栏宽度），数据行数为 6，行高为 1，设置"第一行单元格式"和"第二行单元格式"为"数据"，设置如图 3-73 所示。

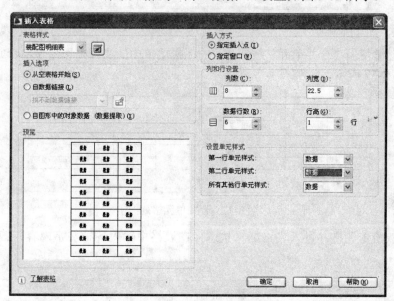

图 3-73　设置表格参数

（6）　单击"确定"按钮，命令行提示"指定插入点:"，在实际绘图中选择标题栏的左上角定点作为放置点放置明细栏如图 3-74 所示。

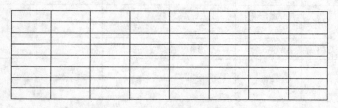

图 3-74　在绘图区指定表格的插入点

（7） 指定完成插入点后，进入表格编辑状态，与多行文字编辑器类似。

（8） 使用光标单击拖动形成如图 3-75 所示的选择框，弹出"表格"工具栏。

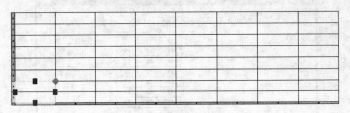

图 3-75　选择单元格

（9） 在"表格"工具栏中单击"合并单元" 按钮，在弹出的菜单中选择"按列"命令，单元格合并后效果如图 3-76 所示。

图 3-76　合并后的表格

（10） 继续使用"合并单元"按钮的下拉菜单中的"按列"命令，合并其他的单元格，效果如图 3-77 所示。

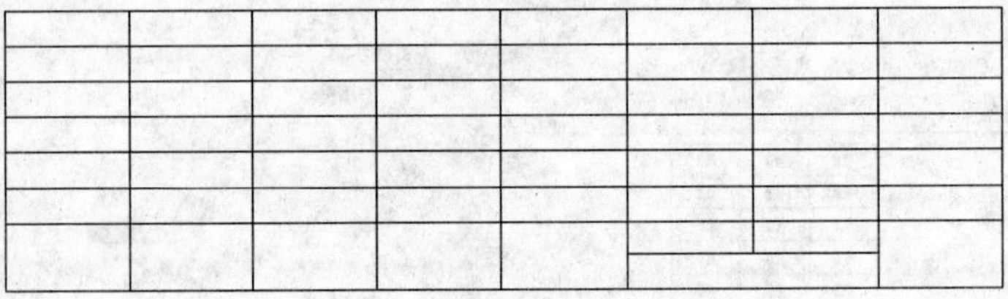

图 3-77　合并单元格列

（11） 双击单元格，进入表格编辑状态，在表格中输入各种文字内容，效果如图 3-78 所示。

序号	代号	名称	材料	数量	单件	总计	备注
6	GB/T 5783	六角头全螺纹螺栓 M12X60	钢	12			
5	HLX-12	下部支柱		3	7.8000	23.4000	
4	GB/T 93	标准弹簧垫圈12	橡胶	9			
3	HLX-9	连杆总成	钢	3	5.5000	16.5000	
2	GB/T70	内六角圆柱头螺钉 M48X30	钢8.8	12			
1	GB/T 119	圆柱销A6X30	35好钢	12			
序号	代号	名称	材料	数量	重量		备注

图 3-78　创建表格内容

（12）编辑"序号"行文字高度，在表格中双击"序号"，弹出如图 3-79 所示的"文字格式"工具栏，选中文字"序号"，在"文字高度"下拉列表框 中输入 5，单击"确定"按钮，完成文字高度编辑。使用相同的方法编辑"代号"、"名称"、"材料"、"数量"和"备注"的文字高度，编辑完成后效果如图 3-80 所示。

图 3-79　"文字格式"工具栏

6	GB/T 5783	六角头全螺纹螺栓 M12X60	钢	12			
5	HLK-12	下部支柱		3	7.8000	23.4000	
4	GB/T 93	标准弹簧垫圈12	橡胶	9			
3	HLK-9	连杆总成	钢	3	5.5000	16.5000	
2	GB/T 70	内六角圆柱头螺钉 M48X30	钢8.8	12			
1	GB/T 119	圆柱销A6X30	35号钢	12			
序号	代号	名称	材料	数量	单件 重量	总计	备注

图 3-80　编辑文字高度

提示：用户也可以选中多个需要编辑文字高度的文字，然后单击鼠标右键，在弹出的"特性"选项板的"文字高度"文本框中输入"5"完成修改。

3.3　块

作为 AutoCAD 的一种图形对象，块在 AutoCAD 2009 绘图中起着很重要的作用。在图块中，各图形实体都有各自的图层、线性及颜色等特性，只是 AutoCAD 将图块作为一个单独、完整的对象来操作。并且图块可以像普通图形对象那样进行复制、移动、镜像和阵列等操作。

3.3.1　块的功能

在机械制图过程中使用图块，不仅能够提高绘图效率，还具有如下功能。

1. 设立常用符号、部件的标准库

在机械设计中常会用到一些重复出现的图形（如螺栓、螺母等）。如果将这些常用的图形做成图块，存储在图形库中，使用时就可以直接插入，避免了大量的重复工作，还有利于提高图形的标准化程度。

2. 节省磁盘存储空间

图形中的每一个实体对象都会有其特征参数，如图层、位置坐标及颜色等。在存储图形时，这些特征参数都被记录在磁盘中。而图块作为一个整体对象，在每次插入图形中时，AutoCAD 只保存该图块的特征参数（如图块名、插入点坐标、缩放比例及旋转角度等），而不需要保存该图块具体每一个实体的特征参数，因此在绘制复杂图形时，就能节省大量的磁盘空间。

3. 便于图形的修改

用于指导加工的设计图纸，可能会根据实际情况进行多次修改。如果在图形中使用了图块，只要对图块进行重定义，图形中插入的所有该图块的实例对象均会自动地进行修改，从而节省了时间。

4. 便于携带属性

某些图形中需要一些文本信息，以满足生产与管理上的需要。AutoCAD 允许用户为图块建立属性，即插入文本信息。在每次插入图块时，用户都可以根据需要改变其属性值，也可以从图中提取这些信息并将其传送到数据库中。

3.3.2 块的创建

选择"绘图"|"块"|"创建"命令，或者在命令行中输入 Block 命令，弹出如图 3-81 所示的"块定义"对话框，用户在各选项组中可以设置相应的参数，创建一个内部图块。

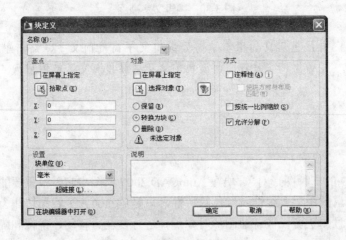

图 3-81 "块定义"对话框

"块定义"对话框包括"名称"下拉列表框，"基点"、"对象"、"设置"、"方式" 4 个选项组和"在块编辑器中打开"复选框，下面介绍各参数含义。

（1）"名称"下拉列表框

该下拉列表框用于输入或选择当前要创建的块的名称。

（2）"基点"选项组

该选项组用于指定块的插入基点，默认值是(0,0,0)，即将来该块的插入基准点，也是块在插入过程中旋转或缩放的基点。用户可以分别在 X、Y、Z 文本框中输入坐标值确定基点，也可以单击"拾取点"按钮，暂时关闭对话框以使用户能在当前图形中拾取插入基点。

（3）"对象"选项组

该选项组用于指定新块中要包含的对象，以及创建块之后如何处理这些对象，是保留还是删除选定的对象或者是将它们转换成块实例，各参数含义如下。

- 单击"选择对象"按钮，暂时关闭"块定义"对话框，允许用户到绘图区选择块对象，完成选择对象后，按 Enter 键重新显示"块定义"对话框。
- 单击"快速选择"按钮，显示"快速选择"对话框，该对话框定义选择集。
- "保留"单选按钮用于设定创建块以后，是否将选定对象保留在图形中作为区别对象。
- "转换为块"单选按钮用于设定创建块以后，是否将选定对象转换成图形中的块实例。
- "删除"单选按钮用于设定创建块以后，是否从图形中删除选定的对象。
- "选定的对象"选项显示选定对象的数目，未选择对象时，显示"未选定对象"。

（4）"设置"选项组

该选项组主要指定块的设置，其中"块单位"下拉列表框可以提供用户选择块参照插入的单位；"超链接"按钮用于打开"插入超链接"对话框，用户可以使用该对话框将某个超链接与块定义相关联。

（5）"在块编辑器中打开"复选框

选择中该复选框后，当用户单击"确定"按钮后，将在块编辑器中打开当前的块定义，一般用于动态块的创建和编辑。

（6）"方式"选项组

该选项组用于指定块的行为。"按统一比例缩放"复选框用于指定块参照按统一比例缩放，即各方向按指定的相同比例缩放；"允许分解"复选框指定块参照是否可以被分解；"说明"文本框用于指定块的文字说明；

3.3.3 将块保存为文件

在命令行中输入 WBLOCK 命令，弹出如图 3-82 所示的"写块"对话框，该对话框将对象保存到文件或将块转换为文件，从而创建一个外部图块，方便绘制其他图纸时调用。

在"写块"对话框中，"源"选项组用于指定块和对象，将其保存为文件并指定插入点。当选中"块"单选按钮时，用户可以从下拉列表框中选择现有块保存为文件，此时"基点"和"对象"选项组不可用；当选中"整个图形"单选按钮时，将会选择当前图形作为一个块定义为外部文件，此时

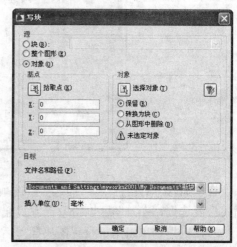

图 3-82　"写块"对话框

"基点"和"对象"选项组也不可用；当选中"对象"单选按钮时，需要选择图形对象，指定基点创建图块。

"目标"选项组用于指定文件的新名称和新位置，以及插入块时所用的测量单位。用户可以在"文件名和路径"下拉列表框中直接输入指定文件名和保存块或对象的路径，或者单击下拉列表框后面的 按钮，在弹出的"浏览图形文件"对话框中保存外部块，在"保存于"下拉列表框中选择保存路径，在"文件名"文本框中设置名称。"插入单位"下拉列表框用于设置将其作为块插入到使用不同单位的图形中时用于自动缩放的单位值。

3.3.4 块的插入

完成块的定义后，就可以将块插入到图形中。插入块或图形文件时，用户一般需要确定块的 4 组特征参数，即要插入的块名、插入点的位置、插入的比例系数和块的旋转角度等。

单击"绘图"工具栏中的"插入块"按钮 ，或者选择"插入"|"块"命令，或者在命令行中输入 IBSERT 命令，都会弹出如图 3-83 所示的"插入"对话框，设置相应的参数，单击"确定"按钮，就可以插入内部图块或者外部图块。

图 3-83 "插入"对话框

在"名称"下拉列表框中选择已定义的需要插入到图形中的内部图块，或者单击"浏览"按钮，弹出如图 3-84 所示的"选择图形文件"对话框，找到要插入的外部图块所在的位置，单击"打开"按钮，返回"插入"对话框进行其他参数设置。

图 3-84 "选择图形文件"对话框

在"插入"对话框中，"插入点"选项组用于指定图块的插入位置，通常选中"在屏幕上指定"复选框，在绘图区以拾取点方式配合"对象捕捉"功能指定。

"比例"选项组用于设置图块插入后的比例。选中"在屏幕上指定"复选框，则可以在命令行中指定缩放比例，用户也可以直接在"X"文本框、"Y"文本框和"Z"文本框中输入数值，以指定各个方向上的缩放比例。"统一比例"复选框用于设定图块在 X、Y、Z 方向上缩放是否一致。

"旋转"选项组用于设定图块插入后的角度。选中"在屏幕上指定"复选框，则可以在命令行里指定旋转角度，否则用户就可以直接在"角度"文本框中输入数值来指定旋转角度。

"分解"复选框用于控制插入后图块是否自动分解为基本的图元。

插入图片的方法和创建块基本相同，不再详述。插入多个图形得到的效果如图 3-85 所示。

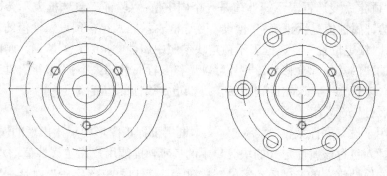

图 3-85　插入多个图形效果图

3.3.5　块的分解

作为一个对象来处理的块，在少数情况下需要对块中的个别元素进行修改，此时就需要进行块的分解。

单击"修改"工具栏中的"分解"按钮，然后选中需要分解的块，按 Enter 键即可将块分解为多个图形独立元素对象。

注意：按统一比例缩放的块可分解为组成块的原始对象；而对缩放比例不一的块，分解时会出现不可预料的结果。

3.3.6　块属性

图块的属性是图块的一个组成部分，它是块的非图形的附加信息，包含于块中的文字对象。图块的属性可以增加图块的功能，文字信息又可以说明图块的类型、数目等。当用户插入一个块时，其属性也一起插入到图中；当用户对块进行操作时，其属性也将改变。块的属性由属性标签和属性值两部分组成，属性标签就是指一个项目名称，属性值就是指具体的项目情况。

1.　定义图块属性

选择"绘图"|"块"|"定义属性"命令或者在命令行中输入 Attdef 命令，弹出如图 3-86 所示的"属性定义"对话框。

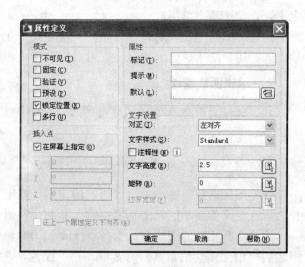

图 3-86　"属性定义"对话框

在"属性定义"对话框中，包含"模式"、"属性"、"插入点"和"文字设置"4个选项组，以及"在上一个属性定义下对齐"复选框，用于定义属性模式、属性标记、属性提示、属性值、插入点，以及属性的文字选项。下面分别介绍各个参数的含义。

（1）"模式"选项组

该选项组用于设置属性模式。"不可见"复选框表示插入图块，输入属性值后，属性值不在图中显示；"固定"复选框表示属性值是一个固定值；"验证"复选框表示会提示输入两次属性值，以便验证属性值是否正确；"预设"复选框表示插入包含预设属性值的块时，将属性设置为默认值；"锁定位置"复选框表示锁定块参照中属性的位置，若解锁，属性可以相对于使用夹点编辑的块的其他部分移动，并且可以调整多行属性的大小；"多行"复选框用于指定属性值可以包含多行文字，选定此选项后，可以指定属性的边界宽度。

（2）"属性"选项组

该选项组用于设置属性数据。"标记"文本框用于标识图形中每次出现的属性；"提示"文本框指定在插入包含该属性定义的块时显示的提示，提醒用户指定属性值；"默认"文本框用于指定默认的属性值。单击"插入字段"按钮 ⬛，可以打开"字段"对话框插入一个字段作为属性的全部或部分值。

（3）"插入点"选项组

该选项组用于指定图块属性的位置。选中"在屏幕上指定"复选框，则在绘图区中指定插入点；用户也可以直接在"X"、"Y"、"Z"文本框中输入坐标值确定插入点。一般采用"在屏幕上指定"方式。

（4）"文字设置"选项组

该选项组用于设置属性文字的对正、样式、高度和旋转。"对正"下拉列表框用于设定属性值的对正方式；"文字样式"下拉列表框用于设定属性值的文字样式；"高度"文本框用于设定属性值的高度；"旋转"文本框用于设定属性值的旋转角度；"边界宽度"文本框用于指定"多行"复选框设定的文字行的最大长度。

（5）"在上一个属性定义下对齐"复选框

选中该复选框，将属性标记直接置于定义的上一个属性的下面。如果之前没有创建属性定义，则此选项不可用。

通过"属性定义"对话框，用户只能定义一个属性，但是并不能指定该属性属于哪个图块，因此用户必须通过"块定义"对话框将图块和定义的属性重新定义为一个新的图块。

2. 编辑图块属性

在命令行中输入 Attedit 命令，命令行提示如下：

```
命令：ATTEDIT
选择块参照：        //要求指定需要编辑属性值的图块
```

在绘图区选择需要编辑属性值的图块后，弹出"编辑属性"对话框，如图 3-87 所示，用户可以在定义的提示信息文本框中输入新的属性值，单击"确定"按钮完成修改。

用户选择相应的图块后，选择"修改"|"对象"|"属性"|"单个"命令，弹出如图 3-88 所示的"增强属性编辑器"对话框。在"属性"选项卡中，用户可以在"值"文本框中修改属性的值。在如图 3-89 所示的"文字选项"选项卡中，可以修改文字属性，包括文字样式、

对正、高度等属性，其中"反向"和"倒置"主要用于镜像后进行的修改。在如图 3-90 所示"特性"选项卡，可以对属性所在图层、线型、颜色和线宽等进行设置。

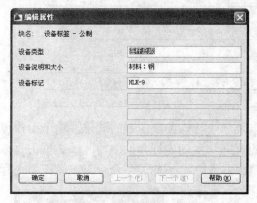

图 3-87　"编辑属性"对话框

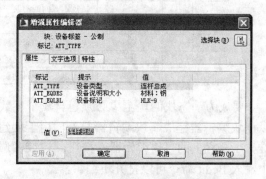

图 3-88　"增强属性编辑器"对话框

图 3-89　"文字选项"选项卡

图 3-90　"特性"选项卡

用户还可以通过"特性"工具选项板来编辑图块的属性。先选择要编辑的图块，单击鼠标右键，在弹出的快捷菜单中选择"特性"命令，弹出"特性"选项板，如图 3-91 所示。在选项板的"其他"卷展栏中可以修改旋转角度，在"属性"卷展栏可以修改属性值。

3.3.7　创建动态块

动态块功能是 AutoCAD 从 2006 版本开始提供的一个新功能，通过动态块功能，用户可以自定义夹点或自定义特性来操作几何图形，这使得用户可以根据需要方便地调整块参照，而不用搜索另一个块以插入或重定义现有的块。

默认情况下，动态块的自定义夹点的颜色与标准夹点的颜色和样式不同。表 3-1 显示了可以包含在动态块中的不同类型的自定义夹点。如果分解或按非统一缩放某个动态块参照，它就会丢失其动态特性。

图 3-91　属性"特性"选项板

表 3-1　夹点操作方式表

夹点类型	图　样	夹点在图形中的操作方式
标准	■	平面内的任意方向
线性	▶	按规定方向或沿某一条轴往返移动
旋转	●	围绕某一条轴
翻转	◀	单击以翻转动态块参照
对齐	▷▶	平面内的任意方向；如果在某个对象上移动，则使块参照与该对象对齐
查寻	▼	单击以显示项目列表

　　要成为动态块的块至少必须包含一个参数，以及一个与该参数关联的动作，这个动作可以由块编辑器完成，块编辑器是专门用于创建块定义并添加动态行为的编写区域。单击"标准"工具栏上的"块编辑器"按钮，或者选择"工具"|"块编辑器"命令，或者在命令行中输入 Bedit 命令可以打开块编辑器。

　　单击"标准"工具栏上的"块编辑器"按钮，弹出如图 3-92 所示的"编辑块定义"对话框。在"要创建或编辑的块"文本框中可以选择已经定义的块，也可以选择当前图形创建的新动态块，如果选择"<当前图形>"选项，当前图形将在块编辑器中打开。在图形中添加动态元素后，可以保存图形并将其作为动态块参照插入到另一个图形中。同时用户可以在"预览"窗口查看选择的块，"说明"栏将显示关于该块的一些信息。

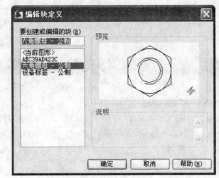

图 3-92　"编辑块定义"对话框

　　单击"编辑块定义"对话框的"确定"按钮，即可进入"块编辑器"，如图 3-93 所示。"块编辑器"由块编辑工具栏、块编写选项板和编写区域。

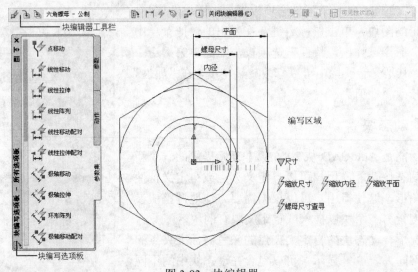

图 3-93　块编辑器

下面详细介绍各组成部分作用。

（1）块编辑器工具栏

块编辑器工具栏位于整个编辑区的正上方，提供了在块编辑器中使用、用于创建动态块，以及设置可见性状态的工具，包括如下一些选项功能。

- "编辑或创建块定义"按钮 ：单击该按钮，将会弹出"编辑块定义"对话框，用户可以重新选择需要创建的动态块。
- "保存块定义"按钮 ：单击该按钮，保存当前块定义。
- "将块另存为"按钮 ：单击该按钮，将弹出"将块另存为"对话框，用户可以重新输入块名称另存。
- "名称"文本框：该文本框显示当前块的名称。
- "编写选项板"按钮 ：单击该按钮，可以控制"块编写选项板"的开关。
- "参数"按钮 ：单击该按钮，将向动态块定义中添加参数。
- "动作"按钮 ：单击该按钮，将向动态块定义中添加动作。
- "属性"按钮 ：单击该按钮，将弹出"属性定义"对话框，从中可以定义模式、属性标记、提示、值、插入点和属性的文字选项。
- "更新参数动作文字大小"按钮 ：单击该按钮，将在块编辑器中重新生成显示动态块，并更新块参数和动作的文字、箭头、图标，以及夹点大小。在块编辑器中进行缩放时，文字、箭头、图标和夹点大小将根据缩放比例发生相应的变化。
- "了解动态块"按钮 ：单击该按钮，显示"新功能专题研习"创建动态块的演示。
- "关闭块编辑器"按钮：单击该按钮，将关闭块编辑器返回到绘图区域。

（2）块编写选项板

块编写选项板中包含用于创建动态块的工具，它包含"参数"、"动作"和"参数集"3个选项卡。

"参数"选项卡，如图 3-94 所示，用于向块编辑器中的动态块添加参数，动态块的参数包括点参数、线性参数、极轴参数、XY 参数、旋转参数、对齐参数、翻转参数、可见性参数、查寻参数和基点参数。"动作"选项卡，如图 3-95 所示，用于向块编辑器中的动态块添加动作，包括移动动作、缩放动作、拉伸动作、极轴拉伸动作、旋转动作、翻转动作、阵列动作和查寻动作。"参数集"选项卡，如图 3-96 所示，用于在块编辑器中向动态块定义中添加一个参数和至少一个动作的工具，是创建动态块的一种快捷方式。

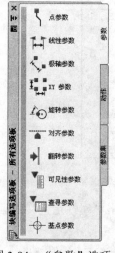

图 3-94　"参数"选项卡

图 3-95　"动作"选项卡

图 3-96　"参数集"选项卡

（3） 在编写区域编写动态块

编写区域类似于绘图区域，用户可以在编写区域进行缩放操作，可以给要编写的块添加参数和动作。用户在"块编写选项板"的"参数"选项卡上选择添加给块的参数，出现的感叹号图标 ![]，表示该参数还没有相关联的动作。然后在"动作"选项卡上选择相应的动作，命令行会提示用户选择参数，选择参数后，选择动作对象，最后设置动作位置，以闪电符号 ![] 标记。不同的动作，操作均不相同。

3.3.8 块使用示例

在绘制装配图后，需要用户对零件进行编号（编写如图 3-97 所示的零件序号），具体操作步骤如下。

（1） 单击"二维绘图"面板的"圆"按钮 ⊙，在绘图区任意拾取一点为圆心，绘制半径为 11 的圆，命令提示如下：

命令：__circle 指定圆的圆心或指定圆的圆心或[三点（3P）/两点（2P）/相切、相切、半径（T）]：
//用光标在绘图区拾取一点
　　指定圆的半径或[直径（D）]〈0.0000〉：11　//输入圆的半径，如图 3-98 所示

图 3-97　零件序号图块　　　　　　　　　　　　　　　　　　图 3-98　绘制圆

（2） 在菜单栏中选择"格式"|"文字样式"命令，弹出"文字样式"对话框，设置其"宽度因子"为 1.2000，其他选项保持系统默认设置，如图 3-99 所示。

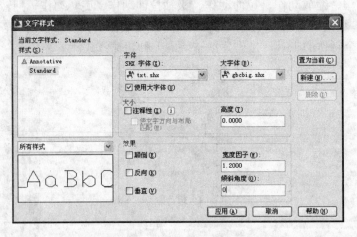

图 3-99　设置参数

（3） 在菜单栏中选择"绘图"|"块"|"定义属性"命令，弹出"属性定义"对话框，在该对话框中设置如图 3-100 所示的参数。

（4） 单击"确定"按钮，所绘制的圆图形定义属性，命令行提示"指定起点："，拾取圆心为起点，属性结果如图 3-101 所示。

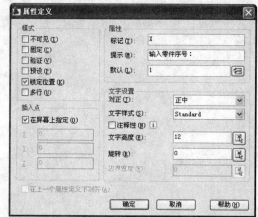

图 3-100　设置属性　　　　　　　　　　　　　　　　图 3-101　设置属性效果

（5）　在菜单栏中选择"绘图"|"块"|"创建"命令，弹出"块定义"对话框，将所绘制的圆图形及定义的属性创建为图块，块的基点为圆的下象限点，其对话框中各参数设置如图 3-102 所示。单击"确定"按钮，弹出如图 3-103 所示的"编辑属性"对话框，不做设置，单击"确定"按钮完成零件编号图块的创建，效果如图 3-104 所示。

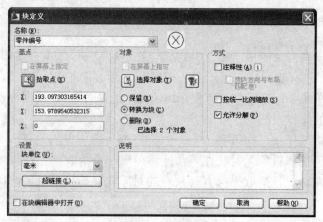

图 3-102　创建图块

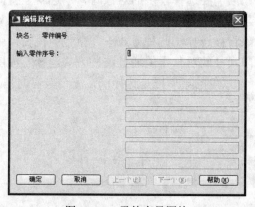

图 3-103　零件序号图块

图 3-104　零件序号图块

（6）在菜单栏中选择"修改"|"属性"|"单个"命令，选择上步骤创建块后，系统弹出"属性编辑"对话框，在该对话框中的"值"文本框中修改属性的值，如图 3-105 所示，单击"确定"按钮即可，结果如图 3-106 所示。

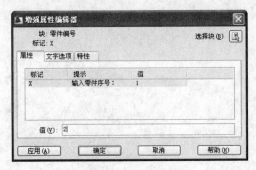

图 3-105　设置参数

图 3-106　修改编号后效果

3.4　图形编辑

AutoCAD 2009 中的编辑命令和绘图命令是绘制图纸的必要工具，熟练地使用编辑命令可以提高绘图的效率。

3.4.1　对象选择

选择集用于将一些对象组成一组，并选定。在进行复制、粘贴等编辑操作时，都需要选择对象，也就是构造选择集。建立了一个选择集后，就可将这组对象作为一个整体进行操作。需要选择对象时，在命令行提示中会有提示，比如"选择对象"，根据提示选取线段、圆弧等对象，以进行后面的操作。

（1）单击直接选择

当命令行提示"选择对象"时，在工作区将出现一个拾取框光标。将拾取光标置于某个对象上，单击鼠标左键，与拾取光标有公共点的对象就被选择到对象选择集。被选中的对象在屏幕上亮显。

（2）窗口（左选）选择

选择少量的对象时，使用单选方式比较简捷；当需要选择较多的对象时，单选就显得比较繁琐，此时可以使用窗口选择方式。此种选择方式与 Windows 一般窗口选择类似，按照从左到右的顺序选择窗口的对角点，在窗口中的对象将被选择。此种方式下完全包容在窗口中的对象被选中，射线、结构线（直线）等具有无限尺寸的对象不能通过这种方式选择。如图 3-107 所示，对零件的下面局部图形进行窗口选择，黑色的矩形框是选择框，完全包容的是 5 条线段对象，所以这 5 条线段被选择，圆弧未被选择。

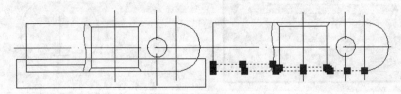

图 3-107　窗口选择

（3）交叉窗口（右选）选择

和窗口选择方式类似，交叉窗口方式也是通过窗口框住对象来选择的，区别在于，使用交叉窗口选择方式时，只要与交叉窗口相交或者被交叉窗口包容的对象，都将被选择。使用交叉窗口的选择方式，光标应该从右到左移动，拖出选择矩形窗口，如图 3-108 所示，选取图中的 3 个对象，只需要用光标在中间确定一个较小的交叉选择窗口即可。交叉窗口和窗口在线型上也有区别，交叉窗口是虚线而窗口则是实线。

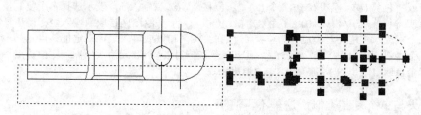

图 3-108　交叉窗口选择

3.4.2　基本图形编辑

本节主要介绍常用的一些编辑命令：撤销、恢复、删除、复制、修剪、粘贴、镜像、偏移、阵列、旋转、移动、缩放、倒角、圆角、修剪、延伸和打断等。

1. 复制命令

选择"修改"|"复制"命令，或在"二维绘图"面板中单击"复制"按钮 ，或在命令行中输入 COPY，可以执行复制命令。"复制"命令中提供了"模式"选项来控制将对象复制一次还是多次，下面分别讲解。

（1）单个复制

执行"复制"命令，命令行提示如下：

```
命令：_copy
选择对象：找到 1 个//在绘图去选择需要复制的对象
选择对象：//按 Enter 键，完成对象选择
当前设置：复制模式 = 多个
指定基点或 [位移(D)/模式(O)] <位移>：o//输入 o，表示选择复制模式
输入复制模式选项 [单个(S)/多个(M)] <多个>：s//输入 s，表示复制一个对象
指定基点或 [位移(D)/模式(O)/多个(M)] <位移>： //在绘图区拾取或输入坐标确认复制对象的基点
指定第二个点或 <使用第一个点作为位移>://在绘图区拾取或输入坐标确定位移点
```

图 3-109 演示了单个复制圆的过程。

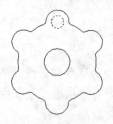 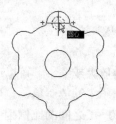 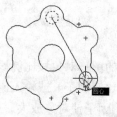 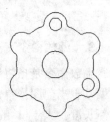

选择复制对象　　　　捕捉对象基点　　　　指定插入基点　　　　完成复制效果

图 3-109　复制对象过程演示

（2）多个复制

执行"复制"命令，命令行提示如下：

命令：_copy
选择对象：找到 1 个//在绘图去选择需要复制的对象
选择对象：//按 Enter 键，完成对象选择
当前设置： 复制模式 = 单个
指定基点或 [位移(D)/模式(O)/多个(M)] <位移>：m //输入 m，表示选择多个复制模式
指定基点或 [位移(D)/模式(O)/多个(M)] <位移>：//在绘图区拾取或输入坐标确认复制对象基点
指定第二个点或 <使用第一个点作为位移>://在绘图区拾取或输入坐标确定位移点
指定第二个点或 [退出(E)/放弃(U)] <退出>://在绘图区拾取或输入坐标确定位移点
指定第二个点或 [退出(E)/放弃(U)] <退出>：

复制效果与单个复制类似，这里不再演示。

2. 移动命令

移动命令可以将一个或多个对象平移到新的位置，相当于删除源对象的复制和粘贴。在机械制图中，移动命令的使用比较频繁。选择"修改"|"移动"命令，或单击"移动"按钮✣，或在命令行中输入 MOVE 来执行移动命令。单击"移动"按钮✣，命令行提示如下。

命令：_move
选择对象：指定对角点：找到 31 个//选择需要移动的对象
选择对象：//按 Enter 键，完成选择
指定基点或 [位移(D)] <位移>： //输入绝对坐标或者绘图区拾取点作为基点
指定第二个点或 <使用第一个点作为位移>://输入相对或绝对坐标，或者拾取点，确定移动的目标位置点

图 3-110 演示了移动对象的过程。

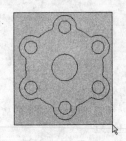 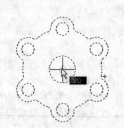 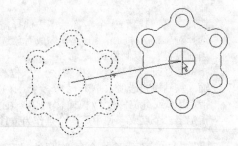

选择移动对象　　　　　　　　指定基点　　　　　　　　指定位移目标点

图 3-110　移动对象过程

3. 缩放命令

缩放命令是指将选择的图形对象按比例均匀地放大或缩小，可以通过指定基点和长度（被用做基于当前图形单位的比例因子）或输入比例因子来缩放对象，也可以为对象指定当前长度和新长度。大于 1 的比例因子使对象放大，介于 0~1 之间的比例因子使对象缩小。

选择"修改"|"缩放"命令，或单击"缩放"按钮🔲，或在命令行中输入 SCALE 来执行该命令。单击"缩放"按钮🔲，命令行提示如下：

命令：_scale
选择对象：指定对角点：找到 10 个//选择缩放对象
选择对象：// 按 Enter 键，完成选择
指定基点：//指定缩放的基点
指定比例因子或 [复制(C)/参照(R)] <1.0000>：0.5//输入缩放比例

图 3-111 演示了缩放命令的基本操作过程。

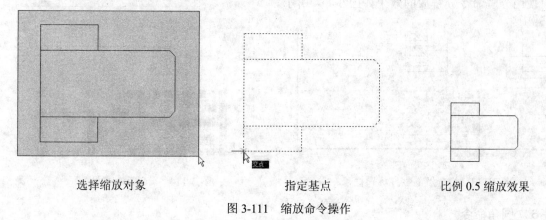

选择缩放对象   指定基点   比例 0.5 缩放效果

图 3-111   缩放命令操作

4. 打断命令

打断命令，可通过选择"修改"|"打断"命令，或者单击"打断"按钮 来执行 BREAK 命令。打断命令用于删除某个对象的中间部分，从而使之断开。

激活打断命令后，按照提示依次指定打断对象和打断点，如果使用光标单击选择对象，在选择对象的同时将选择点作为第一个打断点，接下来继续指定第二个打断点或输入 F 改换第一个打断点。

同样的操作可以通过"修改"工具栏中的"打断于点"按钮来实现，这实际上是打断命令的另一种执行方式。在机械制图中，这种打断非常有用。图 3-112 所示最终绘制的是一个 T 形截面的肋板的剖面图，中间需要断开并且要绘制断面线，以省略中间重复的形状，避免浪费图纸幅面。使用打断命令在 A 点和 B 点处对轮廓线进行打断，然后使用移动命令将打断的两部分轮廓线拉开，最后绘制断面曲线和剖面线。

打断于A、B两点   移动开一段距离   绘制断面并且完成

图 3-112   打断命令的应用

提示：打断命令必须在 A 点和 B 点分别执行，均为"打断于点"方式，而不是打断于 A、B 两个点。

5. 分解命令

分解命令，可通过选择"修改"|"分解"命令，或者单击"分解"按钮 来执行 EXPLODE 命令。分解命令主要用于把一个对象分解为多个单一的对象。

如图 3-113 所示为零件图的标题栏和边框，由于标题栏和边框是作为一个图块存在的。所以，如果想要修改标题栏中的文字，就需要先分解该图块。

使用分解命令分解后的效果如图 3-114 所示。

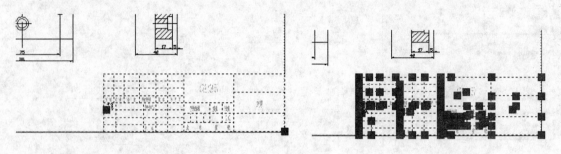

图 3-113 待分解的零件标题栏　　　　　　图 3-114 分解后的效果

6. 圆角命令

圆角命令，可通过选择"修改"|"圆角"命令，或者单击"圆角"按钮 来执行 FILLET 命令。圆角命令用来生成零件轮廓角点处的圆角。

很多需要超精加工和抛光的零件都具有锋利的拐角，圆角就是把折线拐角用圆弧替代。除了美观和避免伤害以外，圆角还有工艺上的作用。直线连接的零件轮廓，容易在连接处出现应力集中，机械冲击或者温度变化都可能破坏连接处，使其出现裂缝。圆角命令的本质就是使用圆弧将两段相交的直线连接起来，如果直接使用圆弧命令来绘制则非常繁琐，圆角命令可以方便地完成这个过程。

激活圆角命令后，根据命令行提示设定半径参数和指定角的两条边，就可完成对这个角的圆角，如图 3-115 所示。

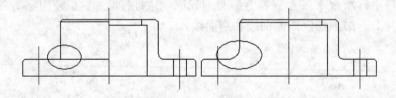

图 3-115 为法兰盘倒圆角

命令的执行过程如下：

```
命令: _fillet
当前设置: 模式 = 修剪, 半径 = 0.0000
选择第一个对象或 [放弃(U)/多段线(P)/半径(R)/修剪(T)/多个(M)]: r//输入r设置圆角半径
指定圆角半径 <0.0000>: 5//输入圆角半径
选择第一个对象或 [放弃(U)/多段线(P)/半径(R)/修剪(T)/多个(M)]://选择第一个圆角对象
选择第二个对象, 或按住 Shift 键选择要应用角点的对象://选择第二个圆角对象
```

在命令行提示中，还提供了"多段线(P)"、"修剪(T)"和"多个(M)"等选项供用户选择，下面分别介绍各选项的含义。

（1）"多段线（P）"选项用于对整个二维多段线倒角，相交多段线线段在每个多段线顶点被倒角，倒角成为多段线的新线段。如果多段线包含的线段过短以至于无法容纳倒角距离，则不对这些线段倒角。

（2）"修剪（T）"选项用于设置是否采用修剪模式执行"圆角"命令，即圆角后是否还保留原来的边线，采用与不采用修剪模式的效果如图 3-116 所示。

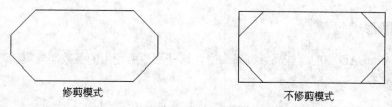

图 3-116　修剪与不修剪模式倒角

（3）"多个（M）"选项用于设置连续操作圆角，不必重新启动命令。

7．倒角命令

倒角命令，可通过选择"修改"|"倒角"命令，或者单击"倒角"按钮 □ 来执行 CHAMFER 命令。倒角与圆角相似，不过倒角操作代替尖锐拐角的是直线段而不是圆弧。

执行倒角命令时，需要依次指定角的两边、设定倒角在两条边上的距离，倒角的尺寸由这两个距离所决定，倒角的效果如图 3-117 所示。

机械制图中还经常使用"角度"方式倒角，此时倒角的角度指定方式比较重要，因为很多倒角是通过角度来指定的，而机械制图中角度一般是 45°。下面是一个机械制图中按照角度方式给出倒角尺寸的例子。

执行倒角命令后，命令行提示如下：

```
选择第一条直线或 [放弃(U)/多段线(P)/距离(D)/角度(A)/修剪(T)/方式(E)/多个(M)]: a//
指定第一条直线的倒角长度 <0.0000>: 1//
指定第一条直线的倒角角度 <0>: 45//
```

通过输入如下的命令行切换角度和距离方式：

```
命令: _chamfer
("修剪"模式) 当前倒角距离 1 = 5.0000, 距离 2 = 5.0000
选择第一条直线或 [放弃(U)/多段线(P)/距离(D)/角度(A)/修剪(T)/方式(E)/多个(M)]: d//
输入d，设置倒角距离
指定第一个倒角距离 <5.0000>: 0.5//设置第一个倒角距离
指定第二个倒角距离 <5.0000>: 0.5//设置第二个倒角距离
选择第一条直线或 [放弃(U)/多段线(P)/距离(D)/角度(A)/修剪(T)/方式(E)/多个(M)]://选择
第一条倒角直线
选择第二条直线，或按住 Shift 键选择要应用角点的直线://选择第二条倒角直线
```

得到的效果如图 3-118 所示。

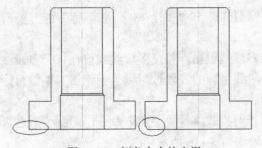

图 3-117　倒角命令的应用

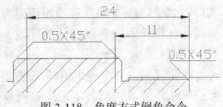

图 3-118　角度方式倒角命令

3.4.3　高级图形编辑

下面介绍 AutoCAD 中的一些高级编辑命令，这些命令所使用的参数需要灵活理解并掌握。

1.　镜像命令

镜像命令，可通过选择"修改"|"镜像"命令，或者单击"镜像"按钮 ⚠ 来执行 MIRROR 命令。

机械制图中的轴对称图形非常多，如图 3-119 所示为一个上下对称，并且内部有通孔的零件，可以先绘制出它的上半部分，然后再通过镜像命令来生成另外一半，从而构成全部图形（圆与半圆弧可以直接绘出比较方便）。在命令行提示中输入 mirror，命令行提示如下：

```
命令: _mirror
选择对象: 指定对角点: 找到 9 个
选择对象:   //按Enter键确定
指定镜像线的第一点: 指定镜像线的第二点:   //用到对象捕捉选择中轴线
是否删除源对象? [是(Y)/否(N)] <N>://按Enter键，保留原图
```

效果如图 3-119 右图所示。

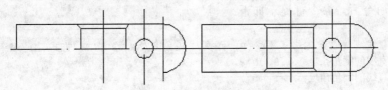

图 3-119　保留原对象的镜像命令

注意: 可以通过修改系统变量 MIRRTEXT 来控制镜像命令对文字对象的执行效果。当 MIRRTEXT 取值为 0 时，镜像命令对文字只产生文字插入位置的镜像，而文字的顺序和形状不发生改变；当 MIRRTEXT 取值为 1 时，则把文字看成简单的图形对象，直接进行几何上的镜像处理。

2.　阵列命令

阵列命令，可通过选择"修改"|"阵列"命令，或者单击"阵列"按钮 ⊞ 来执行 ARRAY 命令。阵列命令可以复制一个或者多个对象，然后将其按照矩形或者环形的分布粘贴多次，构成以对象为单位的矩形或者环形阵列。执行阵列命令后将会弹出"阵列"对话框，如图 3-120 所示。

在对话框中可以选择阵列的方式：矩形阵列或者环形阵列，这要根据所绘制的零件结构决定。设置好参数后，单击"选择对象"按钮，返回绘图窗口；选择需要阵列的对象，选择完成后按 Enter 键，返回"阵列"对话框。

注意：选择对象后也可以设置阵列参数，包括环形阵列和矩形阵列。

对话框中其他选项的含义如下。
- "行数"文本框：指定阵列行数，Y 方向为行。
- "列数"文本框：指定阵列列数，X 方向为列。
- "行偏移"文本框：指定阵列的行间距。如果输入间距为负值，阵列将从上往下布置行。
- "列偏移"文本框：指定阵列的列间距。如果输入间距为负值，阵列将从右向左布置列。
- "阵列角度"文本框：指定阵列的角度。一般此角度设置为零，此时阵列的行和列分别平行于当前坐标系下的 X 轴和 Y 轴。

如果选中"环形阵列"单选按钮，对话框如图 3-121 所示。

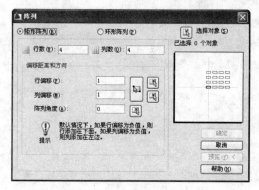

图 3-120 "阵列"对话框

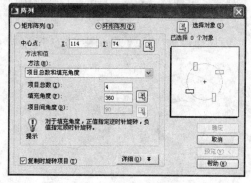

图 3-121 环形阵列

对话框中各选项含义如下。
- "中心点"选项：指定环形阵列的中心点。用户可直接在 X 和 Y 文本框中输入中心点的 X 轴与 Y 轴的坐标数值，也可单击此文本框右侧的"拾取中心点"按钮，在绘图窗口中指定中心点。
- "方法"下拉列表：用于设定图形的定位方式。此选项将影响到下面相关数值设定项的不同。例如，如果选择的定位方式为"项目总数和填充角度"，那么"项目总数"与"填充角度"两个文本框为可设定状态，而"项目间角度"文本框为不可设定状态。
- "项目总数"文本框：指定在环形阵列中图形的数目，其默认值为 4。
- "填充角度"文本框：指定环形阵列所对应的圆心角的度数。输入为正值时环形列阵方向为逆时针，输入负值时环形列阵方向为顺时针，其默认值为 360，即环形阵列为一个圆，此值不能为 0。
- "项目间角度"文本框：指定环形阵列中相邻图形所对应的圆心角度数。此值只能为正，其默认值为 90。

- “复制时旋转项目”复选框：设定环形阵列中的图形是否旋转。单击右侧的“详细”按钮可显示附加参数的对话框。

如图 3-122 所示为使用环形阵列绘制法兰盘俯视图的例子。这是一个打有 6 个孔且均布于圆周上的环形零件。首先选中已经绘制的小圆为阵列对象，然后选择大圆圆心为阵列中心，设置阵列数目为 6，单击“确定”按钮，自动生成其他 5 个孔。

3. 偏移命令

偏移命令，可通过选择“修改”|“偏移”命令，或者单击“偏移”按钮 来运行 OFFSET 命令。偏移命令被用来将一个对象平行地向某个方向偏移，通常被用来绘制平行线。命令有两种执行方式：指定偏移距离和通过。

在机械制图中一般用于绘制同心圆，已知距离的平行直线（图形）。如图 3-122 所示的法兰盘俯视图的同心圆就是使用偏移命令来绘制的。命令行提示如下：

```
命令：_OFFSET
当前设置：删除源=否  图层=源  OFFSETGAPTYPE=0
指定偏移距离或 [通过(T)/删除(E)/图层(L)] <1.0000>：4//设置需要偏移的距离
选择要偏移的对象，或 [退出(E)/放弃(U)] <退出>://选中圆
指定要偏移的那一侧上的点，或 [退出(E)/多个(M)/放弃(U)] <退出>://拾取圆外侧一点
选择要偏移的对象，或 [退出(E)/放弃(U)] <退出>：
//按Enter键，完成偏移操作或者重新选择偏移对象，继续进行偏移操作
```

偏移命令的应用效果如图 3-123 所示。

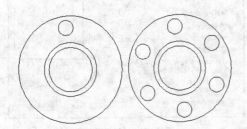

图 3-122 环形阵列的应用

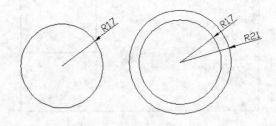

图 3-123 偏移命令的应用

提示：很多命令在激活时都会显示系统变量，用户可以通过在命令行提示中键入系统变量来修改和查看。

4. 旋转命令

旋转命令，可通过选择“修改”|“旋转”命令，或者单击“旋转”按钮 来执行 ROTATE 命令。旋转命令可以改变对象的方向，使其按指定的基点和角度定位。

```
命令：_rotate
UCS 当前的正角方向： ANGDIR=逆时针  ANGBASE=0
选择对象：指定对角点：找到 3 个
选择对象：
指定基点：//选中基点，如图
指定旋转角度，或 [复制(C)/参照(R)] <0>：-90 //逆时针角度为负
```

得到的效果如图 3-124 所示。

机械制图中还经常使用到按"参照"方式进行旋转，如图 3-125 所示，旋转一个连接零件，要求转角中心不变，而将图中作为参照的线段转至水平位置。命令行提示如下：

```
命令：_rotate
UCS 当前的正角方向： ANGDIR=逆时针  ANGBASE=0
选择对象：指定对角点：找到 4 个 //选择需要旋转的图形
选择对象：
指定基点： //指定基点
指定旋转角度或 [参照(R)]： r
指定参照角 <0>： //选中参考线的一个端点
指定第二点： //选中参考线的另一个端点
指定新角度或 [点(P)] <329>:0 //输入参考线的角度，也就是与水平线的夹角
```

得到的效果如图 3-125 所示。

图 3-124　旋转命令的应用　　　　　　　图 3-125　"参照"方式的旋转

5．拉伸命令

拉伸命令，可通过选择"修改"|"拉伸"命令，或者单击"拉伸"按钮 来执行 STRECH 命令。拉伸命令可以移动图形的局部对象，而图形中与对象选择集相连的部分保持相连，只是做相应的拉伸。拉伸命令的操作对象只能通过交叉窗口来选择，因为必须区分窗口包含对象和窗口相交对象，前者进行平移，后者进行拉伸。

在机械制图中，通过拉伸命令可以方便地移动直线轮廓线上某一特殊的局部形状。图 3-126 所示给出拉伸命令的一个例子。虚线标出的就是选择框，需要使用的是交叉选择，所以应该按照从右到左的顺序，选择对象可以在运行拉伸命令之前也可以在之后，接下来的步骤和移动命令几乎完全一样，主要的效果就是对交叉框包含的对象进行移动，并且最终保持这部分对象和外部点的连接。命令执行后命令行提示如下：

```
命令：_stretch
拉伸由最后一个窗口选定的对象...找到 10 个//先交叉窗口选择对象，再执行命令
指定基点或 [位移(D)] <位移>://任意拾取一点为基点
指定第二个点或 <使用第一个点作为位移>：@70,0  //向右移动70
```

得到的效果如图 3-126 右图所示。

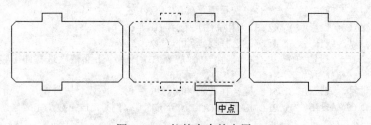

图 3-126　拉伸命令的应用 I

指定第一个点时，命令行提示"指定基点或位移:"，需要输入点的坐标或者光标拾取，按 Enter 键，则第一步输入或者拾取的坐标将成为移动的位置。下面所示的操作就是采用这种方式给定的移动位置，效果如图 3-127 所示。

```
命令: _stretch
以交叉窗口或交叉多边形选择要拉伸的对象...      //先激活命令再选择对象
选择对象: 指定对角点: 找到 12 个//交叉窗口从点1选择到点2
选择对象://按Enter键，完成选择
指定基点或 [位移(D)] <位移>: //用鼠标选中中点
指定第二个点或 <使用第一个点作为位移>: //按Enter键，将前面的输入作为移动位移
```

拉伸命令也可以对只有一端连接外部点的对象使用，如图 3-127 所示，虚线为交叉选择框，选择直线的一条边以后，向上拉伸 30 mm，得到效果如右图所示。

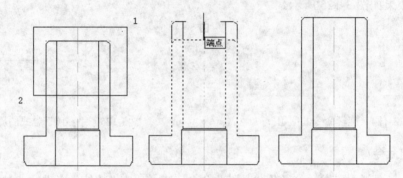

图 3-127   拉伸命令的应用 II

6. 修剪命令

修剪命令，可通过选择"修改"|"修剪"命令，或者单击"修剪"按钮 来执行 TRIM 命令。修剪命令用于修剪掉某个对象或多个对象的一部分，需要指定修剪边和修剪的对象。

机械制图中修剪命令的使用很多。机械零件图中有些点是通过图形与图形相交得到的，而越过交点的线不应该被保留。如图 3-128 所示，需要使用修剪命令剪切掉两条直线段多余的部分。左图显示夹点的线段就是选择的修剪边，右图是完成后的效果。

命令行提示如下:

```
命令: _TRIM
当前设置:投影=UCS，边=无
选择剪切边...
选择对象或 <全部选择>: 找到 1 个     //选择竖直直线
选择对象:                           //按Enter键，完成选择
选择要修剪的对象，或按住 Shift 键选择要延伸的对象，或
[栏选(F)/窗交(C)/投影(P)/边(E)/删除(R)/放弃(U)]:
选择要修剪的对象，或按住 Shift 键选择要延伸的对象，或
[栏选(F)/窗交(C)/投影(P)/边(E)/删除(R)/放弃(U)]: //下面依次选择伸出竖直直线之外的直
线
选择要修剪的对象，或按住 Shift 键选择要延伸的对象，或
[栏选(F)/窗交(C)/投影(P)/边(E)/删除(R)/放弃(U)]://按Enter键，完成修剪
```

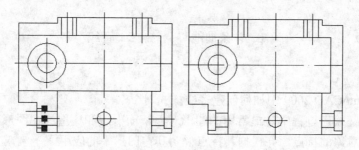

图 3-128 修剪命令的应用

3.5 绘制机械工程图的过程

使用 AutoCAD 2009 绘制机械工程图大致分为以下几步：

（1） 根据零件或者装配图的用途、形状特点、加工方法等选择主视图和其他视图以很好地反映零件或者装配图。

（2） 根据视图数目和实物大小确定合适的绘图比例。

（3） 画出各个视图的中心点、轴线、基准线等，确定各个视图的大概位置。

（4） 由主视图开始绘制各个视图的轮廓线。

（5） 画出各个视图上的细节，比如销孔、螺丝孔等。

（6） 对工程图进行尺寸标注，并标注表面粗糙度和公差配合，以及技术要求。

（7） 在图纸空间插入边框和标题栏的模板，并填写标题栏。

当然，不同的工程图绘图过程会有所区别，而且由于 AutoCAD 2009 绘图的便利性，对有些步骤要求不是很严格，因为 CAD 绘图不像用铅笔绘图那样不便修改。

3.6 习题

3.6.1 填空和选择题

（1） 当需要绘制的点相对于前一点的坐标（或者是长度）已知时，使用相对坐标比较方便。指定相对坐标时，输入_____。

（2） 在 AutoCAD 中，点主要是用来_____的，利用点进行辅助绘图，如果图形最终需要可打印的点，一般采用_____，而不用点来表示。

（3） AutoCAD 中提供了_____种方法可以绘制圆弧，当确定了圆弧的参数时，就可以通过这些方法绘制出弧。

（4） _____是 AutoCAD 图形对象中使用最为频繁的，不仅可以作为图形的一部分，而且可以作为辅助线使用。

    A. 直线   B. 圆   C. 矩形

（5） 正多边形实际上是_____，因此要绘制一个带有宽度的正多边形就很容易了，使用对象"特性"选项对完成的多边形的宽度进行修改即可。

    A. 直线   B. 多段线   C. 线条

（6） REVCLOUD 命令用于绘制修订云线，修订云线实际上是由连续的_____组成的多段线。

  A. 圆弧   B. 样条曲线   C. 直线

3.6.2　简答题

（1）在 AutoCAD 2009 中如何创建多线样式？

（2）直线在绘图过程中是最常用的图形对象，而射线和构造线在图形中也有所应用，试分析 3 种图形对象的特点，并根据其特点说明其在图形中的应用。

3.6.3　上机题

（1）绘制图 3-129 所示的简单平面图。

（2）绘制图 3-130 所示的挂钩平面图，注意绘图顺序。

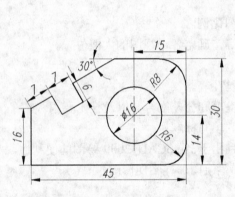

图 3-129　绘制简单平面图

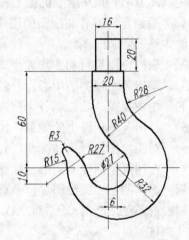

图 3-130　绘制挂钩平面图

（3）绘制如图 3-131 所示的支座俯视图。

（4）以"自数据链接"方式创建机械装配图中的明细栏，其中字体为 gbcbig.shx，高度值为 5，宽度比例值为 1.0，创建的明细栏效果如图 3-132 所示。

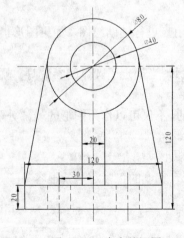

图 3-131　支座俯视图

7	GB/T 5783	六角头全螺纹螺栓 M12X60	钢	12			
6	HLX-11	工作台		1	38.6	38.6	
5	HLX-12	下部支柱		3	7.8	23.4	
4	GB/T 93	标准弹簧垫圈 12	橡胶	9			
3	HLX-9	连杆总成	钢	3	5.5	16.5	
2	GB/T 70	内六角圆柱头螺钉M48X30	钢/8.8	12			
1	GB/T 119	圆柱销 A6X30	35钢	12			
序号	代号	名称	材料	数量	单件	总计	备注
					重量 (KG)		
工作台装配图明细栏							

图 3-132　明细栏

第 4 章

机械制图中的标注文字

教学目标：

绘制完机械制图后，需要对其进行尺寸标注和文字标注。即使所绘制的图形可以清楚地表达绘图者的思想和意图，在图形中还是需要加注必要的文字来表达图形所无法说明的内容和信息。

本章主要介绍使用 AutoCAD 2009 进行文字标注的方法和步骤，以及一些常见问题和使用技巧。

教学重点与难点：

1. 文字样式。
2. 单行文字。
3. 多行文字。
4. 编辑文字。
5. 机械图纸中文字标注的常见问题与技巧。

4.1 文字样式

在 AutoCAD 2009 中，对机械制图标注之前需要先创建新的文字样式，或者修改已有的文字样式（系统默认为 ISO 25 样式）。本节将介绍创建与修改文字样式的方法。

4.1.1 创建文字样式

选择"格式"|"文字样式"命令，弹出如图 4-1 所示的"文字样式"对话框。

单击"新建"按钮，弹出如图 4-2 所示的"新建文字样式"对话框。在"样式名"文本框中输入 My style，然后单击"确定"按钮，即可创建新的文字样式，并且将会自动成为当前文字样式。

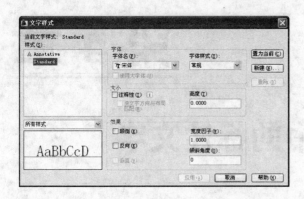

图 4-1 "文字样式"对话框

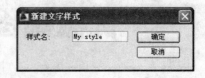

图 4-2 新建 My style 文字样式

4.1.2 修改文字样式

选择"格式"|"文字样式"命令，弹出如图 4-3 所示的"文字样式"对话框，用户可以对当前使用的 My style 文字样式进行修改。

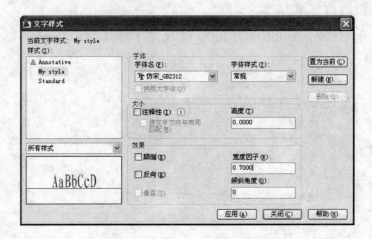

图 4-3 "文字样式"对话框

在"字体"选项组中，用户可以从"字体名"下拉列表框中选择当前图形所使用的字体；"字体样式"下拉列表框则用于选择当前字体的样式（大多数字体只有一种样式）；"高度"文本框用于输入图形中标注的文字对象的高度，机械制图中一般保持默认值 0.0000。

在"效果"选项组中，"颠倒"和"反向"复选框分别用来指定标注文字的上下颠倒和左右反向；"宽度因子"文本框用来设置文字的长宽比例；"倾斜角度"文本框可以控制文字在图形中的旋转角度。

在左下角的预览区域显示了所设置文字样式的效果。

4.2 单行文字

在机械制图中，一些简短的文字，可以使用单行文字来进行说明。下面介绍创建单行文字、选择对齐方式，以及特殊符号的使用。

4.2.1 创建单行文字

通过选择"绘图"|"文字"|"单行文字"命令来执行 DTEXT（或简写为 DT）命令，创建单行文字。

执行 DTEXT 后，命令行提示如下：

```
命令: _DTEXT
当前文字样式: "My style"  文字高度: 90.0000  注释性: 否
指定文字的起点或 [对正(J)/样式(S)]://指定文字的起点
指定高度 <2.5000>:5//输入文字的高度5
指定文字的旋转角度 <0>://输入文字的旋转角度，0度的旋转就是普通正立文字
```

在命令行提示下，指定文字的起点高度和旋转角度后，在绘图区中将出现单行文字动态输入框，形状类似于简化版的"多行文字编辑器"，其中包含一个高度为文字高度的边框，该边框将随用户的输入而展开，输入完毕，按两次 Enter 键，得到的单行文字效果如图 4-4 所示。

4.2.2 单行文字的对齐方式

按照命令行提示指定文字的起点后，还需要指定对齐方式和样式，对齐方式就是文字相对于起点的位置，是定位文字的有效手段。当命令行提示显示"指定文字的起点或 [对正（J）/样式（S）]:"时，输入 J 可以查看并且修改文字对齐方式。

```
指定文字的起点或 [对正(J)/样式(S)]: j
输入选项 [对齐(A)/调整(F)/中心(C)/中间(M)/右(R)/左上(TL)/中上(TC)/右上(TR)/左中(ML)/正中(MC)/右中(MR)/左下(BL)/中下(BC)/右下(BR)]:
```

此时必须输入一个代号以指定对齐样式，否则系统会提示"无效的选项关键字"，默认情况下文字的对齐方式是"对齐"。选项中给出多种对齐方式可供选择，各种对齐方式所指示的插入点位置如图 4-5 所示。

图 4-4 选中单行文字的效果

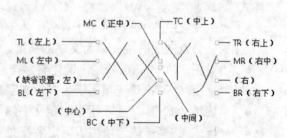

图 4-5 各种不同的对齐方式

4.2.3 在单行文字中加入特殊符号

如果遇到比较复杂的特殊符号，用户可以打开输入法的软键盘，这里以用户常用的微软拼音输入法为例进行讲解。单击微软输入法的"功能菜单"按钮，弹出功能菜单，在如图 4-6 所示的"软键盘"菜单中可以看到 12 个类别的软键盘（以其中的"数字序号"为例），选择"数字序号"命令，弹出数字序号软键盘，如图 4-7 所示，用户可以利用软键盘输入相应的数字序号。

图 4-6 软键盘菜单

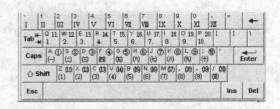

图 4-7 数字序号软键盘

4.3 多行文字

在机械制图中经常使用到多行文字，因为多行文字可布满指定宽度，同时还可以在垂直方向上无限延伸，比较适用较长的文字内容。

4.3.1 多行文字编辑器

选择"绘图"|"文字"|"多文字"命令、单击"文字"工具栏或者"绘图"工具栏上的"多行文字"按钮 A，还可以在命令行中输入 MTEXT，均可执行"多行文字"命令。

单击"文字"工具栏上的"多行文字"按钮 A，命令行提示如下：

```
命令：_MTEXT 当前文字样式： "Standard" 文字高度： 90 注释性： 否
指定第一角点： //指定多行文字输入区的第一个角点
指定对角点或 [高度(H)/对正(J)/行距(L)/旋转(R)/样式(S)/宽度(W)/栏(C)]：
//系统给出7个选项
```

命令行提示中有 7 个选项，分别为"高度（H）"、"对正（J）"、"行距（L）"、"旋转（R）"、"样式（S）"、"宽度（W）"、"栏（C）"，各选项含义如下。

- "高度（H）"：该选项用于设置文本框的高度，用户可以在屏幕上拾取一点，该点与第一角点之间的距离成为文字的高度，或者在命令行中直接输入高度值。
- "对正（J）"：该选项用于确定文字排列方式，与单行文字类似。
- "行距（L）"：该选项用于为多行文字对象制定行与行之间的间距。
- "旋转（R）"：该选项用于确定文字倾斜角度。
- "样式（S）"：该选项用于确定多行文字采用的字体样式。
- "宽度（W）"：该选项用于确定标注文本框的宽度。
- "栏（C）"：该选项用于指定多行文字对象的栏设置。系统提供了 3 种栏设置，其中"静态"栏要求指定总栏宽、栏数、栏间距宽度（栏之间的间距）和栏高；"动态"栏要求指定栏宽、栏间距宽度和栏高，动态栏由文字驱动，调整栏将影响文字流，而文字流将导致添加或删除栏；"不分栏"栏将不分栏模式设置给当前多行文字对象。

用户设置好以上选项后，系统将提示"指定对角点:"，此选项用来确定标注文本框的另一个对角点，AutoCAD 将在这两个对角点形成的矩形区域中进行文字标注，矩形区域的宽度就是所标注文字的宽度。

当指定了对角点之后，弹出如图 4-8 所示的多行文字编辑器，也称为在位文字编辑器，用户可以在编辑框中输入需要插入的文字。

多行文字编辑器由多行文字编辑框和"文字格式"工具栏组成，多行文字编辑器中包含了制表位和缩进，因此可以轻松地创建段落，并可以轻松地相对于文字元素边框进行文字缩进。制表位、缩进的运用与 Microsoft Word 相似。标尺左端上面的小三角为"首行缩进"标记，该标记用于控制首行的起始位置；标尺左端下面的小三角为"段落缩进"标记，该标记用于控制该自然段左端的边界；标尺右端的两个小三角为设置多行对象的宽度标记，单击该标记然后按住鼠标左键拖动便可以调整文字宽度；标尺下端的两个小三角用于设置多行文字对象的长度。另外用鼠标单击标尺还能够生成用户设置的制表位。

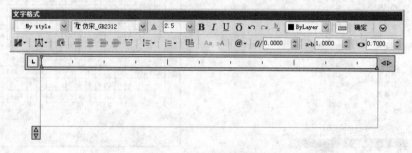

图 4-8　多行文字编辑器

4.3.2　创建多行文字

选择"绘图"|"文字"|"多行文字"命令，或者单击"绘图"工具栏中的"多行文字"按钮，在弹出的文本框中输入"Q235 热轧钢板"，并设置字高为 5，如图 4-9 所示。

图 4-9　创建多行文字

单击"文字格式"工具栏中的"确定"按钮，编辑的文字就显示在前面指定的多行文字范围之内，如图 4-10 所示。

Q235热轧钢板

图 4-10　多行文字效果图

　注意：多行文字和单行文字的区别：多行文字在选中后出现分布于矩形 4 个顶点的蓝色方块；而单行文字选中后只出现分布于中心和左下角的两个蓝色方块。

4.3.3 添加特殊字符

机械制图中也常使用一些特殊字符。在文本框中单击鼠标右键,从弹出的快捷菜单中选择"符号"|"其他"命令,如图 4-11 所示。

弹出如图 4-12 所示的"字符映射表"窗口,双击相应的符号即可。

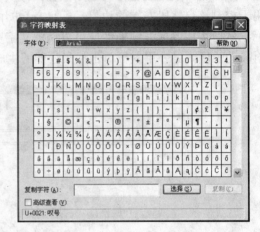

图 4-11　快捷菜单　　　　　　　　　　图 4-12　"字符映射表"窗口

4.3.4 在多行文字中设置不同的字体和字高

在多行文字文本框中选中"Q235",并在工具栏中将字体改为"黑体"选项,效果如图 4-13 所示。

图 4-13　设置不同字体

再选中"热轧钢板",在工具栏中将字高 5 改为 3,得到的效果如图 4-14 所示。

图 4-14　设置不同字高

4.3.5 创建分数及公差形式文字

分数的创建可以通过绘制一条直线,然后在直线上下进行文字标注来完成。通过修改上下文字的高度,可以使其高度与其他标注相同。

公差形式的文字也可以使用单行文字来完成，只需要调整适当的位置和文字高度即可。

4.4 编辑文字

创建文字之后还可以对其进行编辑，直到完全符合要求为止。本节主要以图 4-15 所示的垫片零件图为例介绍编辑文字内容和具体参数设置的方法。

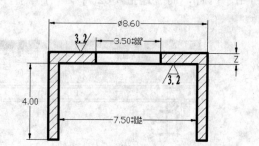

4.4.1 修改文字内容

双击需要修改的文字，弹出多行文字编辑器，在编辑栏中进行修改即可。

双击零件图下面的文字标注，弹出如图 4-16 所示的多行文字编辑器，在文本框中将"锐边倒角"改为"倒角 45°"。其中 45° 需要使用前面介绍的添加特殊字符的方法进行输入。

注：
1.Z为垫片厚度，分别取0.50mm(2个)， 0.80mm(2个), 1.00mm(2 个), 1.20mm (2个)
2.锐边倒圆

图 4-15　需要编辑的垫片零件图

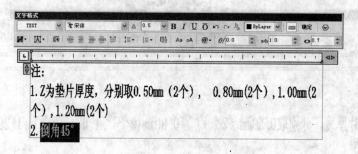

图 4-16　修改文字内容

4.4.2 改变字体和字高

改变字体和字高的方法基本上与设置文字字体和字高的方法相同，不同的是要双击需要修改的文字调出多行文字编辑器。

将"注"的字体修改为"黑体"，字高修改为 1.0，具体操作不再详述，效果如图 4-17 所示。

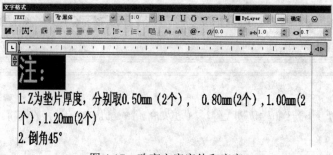

图 4-17　改变文字字体和字高

4.4.3　调整文字边界宽度

多行文字的边界宽度指文字所占用的行宽，从图 4-18 所示可以看出，"注："内容的第一条占用了两行，而且还把"（2　个）"分开了，这样显得很不美观，所以需要调整文字边界的宽度。

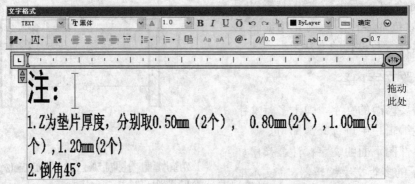

图 4-18　选中边界

将鼠标移动到如图 4-18 所示的边界位置，鼠标将变为双箭头图标，按住鼠标左键不放，向右拖动鼠标到合适的位置，调整边界后的效果如图 4-19 所示。

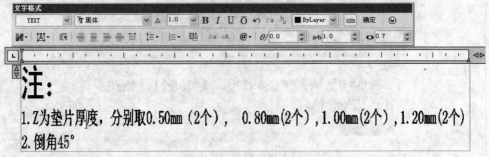

图 4-19　调整边界后的效果

4.4.4　为文字指定新的文字样式

双击文字打开多行文字编辑器，选中需要修改的文字，设置新的文字样式为 GB，GB 文字样式采用 gbeitc.shx 为字母、数字的类型，gbcbig.shx 为汉字的类型，宽度因子 0.7，修改得到的效果如图 4-20 所示。

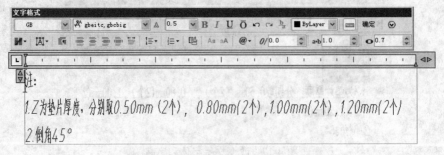

图 4-20　指定新的文字样式

4.5 填写标题栏的技巧

在多行文字中可以设置多行文字对象中单个字或字符的格式，这样大大增强了文字的编辑功能。填写标题栏的过程中，只需要使用一次多行文字命令即可，没有必要对所有文字都使用，如图 4-21 所示为待填写的标题栏。

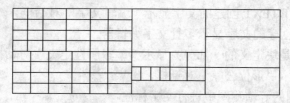

图 4-21　待填写标题栏

（1）　使用多行文字命令填充其中一项"标记"，效果如图 4-22 所示。

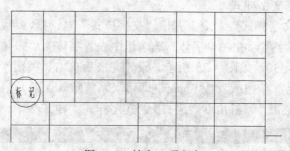

图 4-22　填充一项文字

（2）　选中"标记"文字，按"Ctrl＋C"组合键复制文字，然后再按"Ctrl＋V"组合键粘贴文字到表格中的其他位置，如图 4-23 所示。

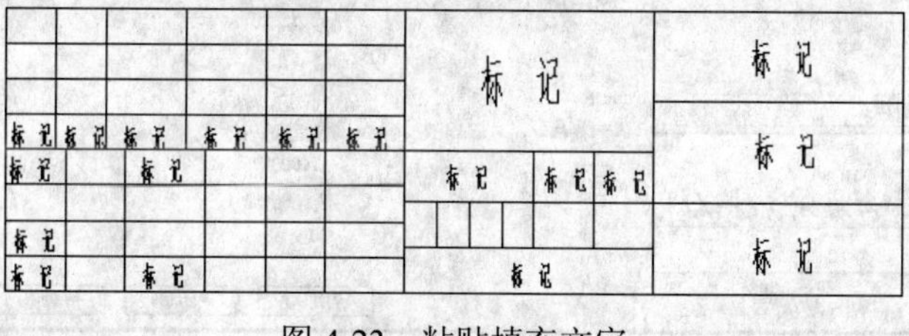

图 4-23　粘贴填充文字

（3）　双击表格中的文字，修改其为所需要的文字，尤其是对字体高度的设置，如"Q235"等，效果如图 4-24 所示。

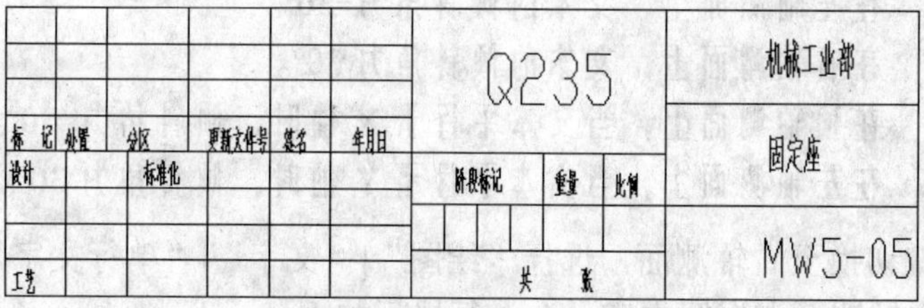

图 4-24　编辑文字内容及高度

4.6 机械图纸中文字标注的常见问题与解决技巧

本节主要介绍机械制图中文字标注的常见问题及其解决技巧。

（1）DDEDIT 命令的使用

所选文字的类型不同，弹出的对话框也不同。

- 使用 TEXT 或 DTEXT 创建的文字显示"编辑文字"对话框。
- 使用 MTEXT 创建的文字显示多行文字编辑器。
- 属性定义（不是块定义的一部分）显示"编辑属性定义"对话框。
- 特征控制框显示"形位公差"对话框。

（2）在机械制图的等轴测图中进行文字标注

在等轴测图中不能直接生成文字的等轴测投影，但可以利用旋转和倾斜将正交视图中的文字转化成其等轴测投影。下面举一个机械制图中常见的例子进行说明。

（1）创建等轴测文字样式

选择"格式"|"文字样式"命令，弹出"文字样式"对话框，单击"新建"按钮，建立样式名为"样式1"的字型，并在"字体"选项组中设置字体为"宋体"，在"效果"选项组中设置"倾斜角度"为30，如图4-25所示。设置完成后单击"关闭"按钮，弹出 AutoCAD 询问对话框，单击"是"按钮或者按 Enter 键即可（系统默认保存）。

按照同样的方法建立"倾斜角度"为-30的文字样式"样式2"。

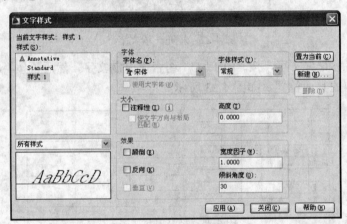

图 4-25 "文字样式"对话框

注意：在等轴测面上文字的倾斜规律是：

在左轴测面上，文本的倾斜角为-30º。

在右轴测面上，文本的倾斜角为30º。

在顶轴测面上，当文本平行于 X 轴时，倾斜角为-30º。

在左轴测面上，当文本平行于 Y 轴时，倾斜角为30º。

（2）按 F5 键切换至右轴测面，选择"绘图"|"文字"|"单行文字"命令，使用"样式2"文字样式在右轴测面上书写文字，命令行提示如下：

命令: _dtext
当前文字样式: "样式 2" 当前文字高度: 5.0000
指定文字的起点或 [对正(J)/样式(S)]: //选择适当的位置
指定高度 <5.0000>:
指定文字的旋转角度 <0>: -30　　　　　　　　//输入旋转角度，按Enter键，在动态文本输入框里输入"标注"，按两次Enter键，效果如图4-26所示。

　　（3）按 F5 键切换至上轴测面，选择"绘图"|"文字"|"单行文字"命令，使用"样式1"文字样式在上轴测面上书写文字，命令行提示如下：

命令: _dtext
当前文字样式: "样式1" 当前文字高度: 5.0000
指定文字的起点或 [对正(J)/样式(S)]: //选择适当的位置
指定高度 <5.0000>:4
指定文字的旋转角度 <-30>:　　　　　　　//输入旋转角度，按Enter键，在动态文本输入框里输入"等轴测图"，按两次Enter键，效果如图4-26所示。

　　效果如图 4-26 所示。

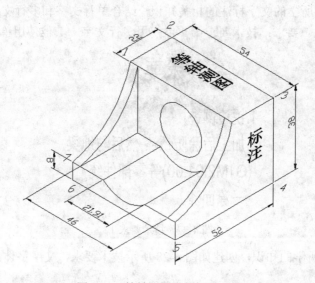

图 4-26　等轴测图中的标注文字

4.7　习题

4.7.1　填空和选择题

　　（1）AutoCAD 2009 中创建单行文字的命令为_____。
　　（2）对于较长、较复杂的文字内容，可以使用_____，其可布满指定宽度，同时还可以在垂直方向上无限延伸。
　　（3）多行与单行文字的区别在于：_____和_____。
　　（4）对于已经存在的文字对象，可以使用多种编辑工具对其进行编辑，使其适应图形的要求。编辑文字内容的命令为_____。

    A. DDEDIT   B. DEDIT   C. MDEDIT

（5）AutoCAD 2009 中，单行文字_____分解，多行文字_____分解。

    A. 能；不能   B. 不能；能   C. 能；能

（6）最简单的引线文字由_____部分组成。

    A. 3   B. 2   C. 4

4.7.2　简答题

（1）使用相关的命令标注、编辑多行文字和单行文字，并指出两者有何不同之处。

（2）使用鼠标双击图形中的单行文字和多行文字，看结果有何不同。

（3）在图形中创建一个单行文字对象和一个多行文字对象，然后使用 EXPLODE 命令将多行文字对象进行分解，再使用对象特性管理器查看两者的特性，比较有何不同。

（4）制作文字表格时，应该使用多行文字还是单行文字，为什么？

4.7.3　上机题

（1）利用本章所学的文字标注的相关知识，结合单行文字和多行文字完成如图 4-27 所示的技术要求的标注。要求：技术要求第 2 点使用多行文字，其他使用单行文字

技术要求

1.锐边倒钝；

2.加工后涂防锈漆,然后与地梁

(G1M2.01.00)等零部件统

一涂面漆。

图 4-27　技术要求 1

（2）利用本章所学的知识，创建如图 4-28 所示技术要求，文字字体为"gbeitc.shx"，高度为 7。

技术要求

1.零件去除氧化皮;

2.零件加工表面上不应有划痕，擦伤等缺陷;

3.去毛刺;

4.调质处理，HRC50-55;

5.未注倒角1X45°。

图 4-28　技术要求 2

第 5 章

机械制图中的尺寸标注

教学目标：

尺寸标注是在图形中添加测量注释的过程。标注的尺寸显示了对象的测量值、对象之间的距离、角度或特征距指定原点的距离。

AutoCAD 2009 提供了多种标注对象及设置标注格式的方法，可以在各个方向上为各类对象创建标注。同时 AutoCAD 2009 还可以创建标注样式，这样可以快速地设置标注格式，并确保图形中的标注符合行业或项目标准。

本章介绍了尺寸标注的概念和使用，尺寸标注是一个特殊的图形对象，它除了可以使用通用的几何编辑操作外，还可以使用标注对象所特有的操作。

教学重点与难点：

1. 尺寸标注样式设置。
2. 创建长度尺寸。
3. 创建角度尺寸。
4. 直径和半径尺寸。
5. 引线标注。
6. 形位公差标注。
7. 快速标注。
8. 编辑尺寸标注。
9. 机械制图中尺寸标注的常见问题与技巧。

5.1 标注尺寸的准备工作

标注尺寸前应确保已经为尺寸线建立了一个图层，将尺寸线的颜色设置为不同于轮廓线的颜色，在机械制图中一般使用红色或者蓝色。

AutoCAD 2009 的尺寸标注具有很大的灵活性，用户可以很容易地在图中标注图形的尺寸。无论是设计草图中的大致尺寸，还是设计最终的详细尺寸，AutoCAD 2009 都能帮用户快捷地完成。用户只需在图形中指定标注的定义点，AutoCAD 2009 就会提供十分精确的测量数据，然后指定标注尺寸的位置即可。

（1）"标注"工具栏

"标注"工具栏（如图 5-1 所示）中的工具是一些最为常用的"标注"命令，将鼠标放置在某个按钮上方，停留 2 s，在弹出的提示框中即可显示此按钮所代表的命令。

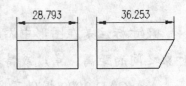

图 5-1　"标注"工具栏

（2）尺寸标注的关联性

在 AutoCAD 2009 中，尺寸标注是作为一个图块存在的，即尺寸线、尺寸界线、尺寸箭头和尺寸文本等在图形中不是单个的实体，都是标注图块的一部分。如果拉伸该尺寸标注，相应的尺寸文本也会自动发生改变，这就是尺寸标注的关联性，如图 5-2 所示。

图 5-2　标注的关联性

AutoCAD 2009 提供了真正的相互关联的尺寸标注，当相关的几何实体被修改时，系统会自动更新尺寸标注。这大大提高了用户的工作效率，也增强了尺寸标注功能的可用性。

5.2　尺寸标注样式设置

标注样式包括标注的一系列参数，用来设置标注的格式和外观。使用标注样式可以建立和强制执行图形的绘图标准。

选择"标注"|"样式"命令，打开如图 5-3 所示的"标注样式管理器"对话框，标注样式的各个参数都可以在该对话框中进行设置。

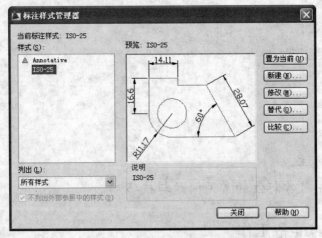

图 5-3　"标注样式管理器"对话框

5.2.1 创建新标注样式

在如图 5-3 所示的"标注样式管理器"对话框中，单击"新建"按钮，弹出"创建新标注样式"对话框，如图 5-4 所示。

在此对话框中，可以给新建的标注样式命名，在"新样式名"文本框中输入 My style 作为新的标注样式名。也可以为新建样式设置一个基础样式（系统默认的基础样式是 ISO-25），制定新建的标注样式应用的范围。

单击"继续"按钮，弹出"新建标注样式"对话框，如图 5-5 所示。

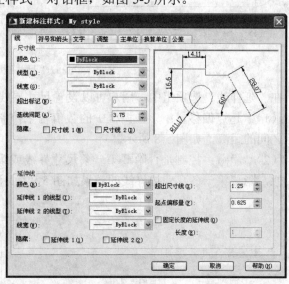

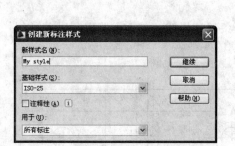

图 5-4　"创建新标注样式"对话框　　　　图 5-5　"新建标注样式"对话框

该对话框中共包含 7 个选项卡，分别为："线"选项卡、"符号和箭头"选项卡、"文字"选项卡、"调整"选项卡、"主单位"选项卡、"换算单位"选项卡和"公差"选项卡。

5.2.2 控制尺寸线、尺寸界线和尺寸箭头

在图 5-5 所示的对话框中的"尺寸线"选项组中，用户可以设置尺寸线的各项参数特征。下面重点介绍机械制图中常用的两项。

（1）基线间距：当用户使用基线标注时，该文本框中的数值用来控制基线标注各个尺寸线之间的间距，如图 5-6 所示。

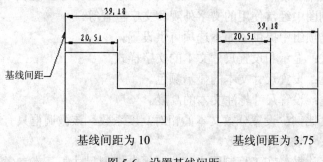

图 5-6　设置基线间距

（2）隐藏：控制是否隐藏第一条尺寸线、第二条尺寸线及相应的尺寸箭头。复选框"尺寸线1"和"尺寸线2"分别用来控制两侧尺寸线的可见性，具体的效果如图5-7所示。

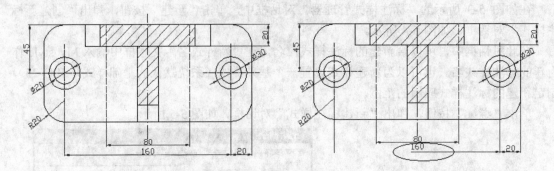

图5-7　隐藏"尺寸线1"效果

在"延伸线"选项组中，用户可以设置尺寸界线的各项参数特征。

（1）起点偏移量：该微调框中的数值用来控制尺寸界线的起始点与用户指定的标注定义点之间的距离，如图5-8所示。

（2）隐藏：控制是否隐藏第一条尺寸界线或第二条尺寸界线，与前面隐藏尺寸线的操作类似，隐藏第一条尺寸边界线的效果如图5-9所示。

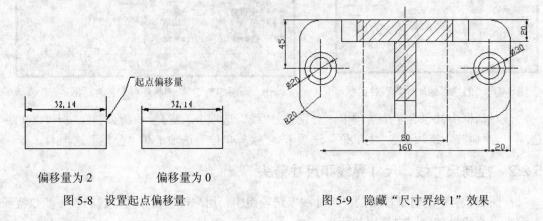

偏移量为2　　　　　偏移量为0

图5-8　设置起点偏移量　　　　　　图5-9　隐藏"尺寸界线1"效果

5.2.3　调整尺寸文本的外观和位置

"新建标注样式"对话框中的"文字"选项卡如图5-10所示，在其中可以设置文字的基本特性，包括机械制图中经常使用的文字外观和文字位置等。

"文字外观"选项组中提供了如下选项可供设置。

（1）文字样式：显示和设置尺寸文本的文字样式。

（2）文字颜色：设置尺寸文本的显示颜色。

（3）文字高度：设置尺寸标注文本的高度。

（4）分数高度比例：设置分数文本的相对高度系数。该微调框只有在使用分数制（不同于十进制）表示尺寸数字时才有效。

（5）绘制文字边框：在工程制图中，为了区分定型尺寸和基本参考尺寸，通常在基本参考尺寸外面加上一个文字边框以示区别。

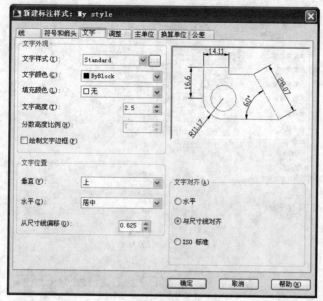

图 5-10 "文字"选项卡

注意： 如果在"文字样式"对话框中设置文字高度为非零值，那么在上面的"文字高度"微调框中所设置的标注文本高度将不起作用，AutoCAD 2009 会自动按照文字样式中定义的文字高度来标注尺寸文本。如果在"文字样式"对话框中设置文字高度为零（自由字高），那么在"文字高度"微调框中设置的标注文本高度将会作为实际的标注文字高度。

在"文字位置"选项组中，可以设置尺寸标注文字的排列位置。系统提供了下面选项可供设置。

（1）垂直：设置尺寸文本相对于尺寸线在垂直方向的排列方式。系统提供了 4 种排列方式可供选择，"居中"、"上"、"外部"和"JIS"（日本工业标准）。

（2）水平：设置尺寸标注文本在水平方向上，相对于尺寸线、尺寸界线的位置。系统提供了 5 种放置方式，"居中"、"第一条尺寸界线"、"第二条尺寸界线"、"第一条尺寸界线上方"和"第二条尺寸界线上方"。

（3）从尺寸线偏移：用来设置尺寸文本和尺寸线之间的距离。尺寸文本和尺寸线之间的距离由尺寸文本在垂直方向上的放置方式和从尺寸线的偏移量来共同控制。

5.2.4　设置尺寸数值精度

"新建标注样式"对话框中的"主单位"选项卡如图 5-11 所示，可以在其中设置单位格式和精度等参数。

在"线性标注"选项组中，可以设置线性标注的各特征参数。机械制图中常用的选项如下。

（1）单位格式：显示或设置基本尺寸的单位格式。系统提供了 6 个选项供选择，"科学"、"小数"、"工程"、"建筑"、"分数"和"Windows 桌面"。

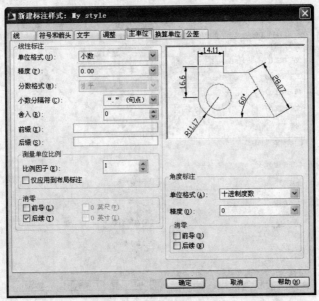

图 5-11 "主单位"选项卡

（2） 精度：控制除角度标注以外的尺寸精度。

（3） 小数分隔符：设置小数点的分隔符格式。系统提供了 3 种形式的符号，句点、逗点和空格。

（4） 比例因子：控制线性标注的比例系数。使用该选项后，标注线性标注（线性、对齐、半径、直径、坐标、基线、连续）时，标注的数值是实际长度乘以标注的比例因子。例如，如果将比例因子设置为 3，AutoCAD 会将长度为 200 的线段长度标注为 600，如图 5-12 所示。"仅应用到布局标注"复选框可用来控制当前模型空间和图纸空间的比例系数。

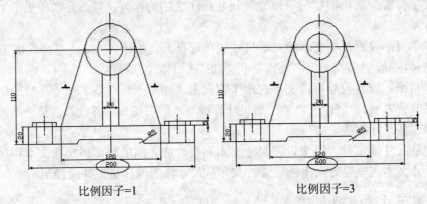

比例因子=1   比例因子=3

图 5-12 不同比例因子的显示

 注意： 这里的标注测量比例因子要与全局比例因子相区别，全局比例因子只控制标注元素的尺寸，而对线性标注的测量值不起作用；而标注测量比例因子则正好相反。

（5） 消零：控制尺寸标注时的零抑制问题。选中"前导"复选框后，在遇到类似于 0.2000

的标注时，系统仅标注为.2000；选中"后续"复选框后，在遇到类似 0.2000 的标注时，系统仅标注为 0.2；后面的"0 英尺"和"0 英寸"复选框用来控制用英尺或英寸作单位的标注文本。

在"角度标注"选项组中，可以设置角度标注尺寸的单位格式和精度。系统提供了以下选项可供设置。

（1）单位格式：显示或设置角度型尺寸标注时所用的单位格式。系统提供了 4 个选项可供选择，十进制度数、度／分／秒、百分度和弧度。

（2）精度：设置角度标注尺寸文本的精度。

（3）消零：控制角度尺寸标注时的零抑制问题。系统仍然提供了"前导"和"后续"两个复选框来控制公差尺寸中的零抑制。

5.3　创建长度型尺寸

长度标注包括线性标注、对齐标注、快速标注、基线标注和连续标注，这几种标注命令在"标注"工具栏中都有相应的按钮，下面依次介绍这些标注的使用方法。

5.3.1　标注水平、竖直方向尺寸

线性标注用来标注当前用户坐标系 XY 平面中两点之间的距离。用户可以直接指定标注定义点，也可以通过指定标注对象的方法来定义标注点。

运行线性标注命令的方法如下：

（1）选择"标注"|"线性"命令。

（2）单击"标注"工具栏中的"线性标注"按钮 ⊐。

（3）在命令行提示中执行 DIMLINEAR 命令。

标注所指定的两个尺寸界线原点就是所标注长度的两个端点，标注完成以后的效果如图 5-13 所示。

线性标注的尺寸线在默认情况下只能是水平或者竖直的，也就是平行于坐标轴的，对于连线不平行于坐标轴的两个尺寸界线点，将会显示它们在坐标轴方向上的距离并且标注出来，最终的标注是水平还是竖直根据光标所在的位置确定，如图 5-14 所示。

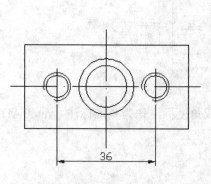

图 5-13　线性标注

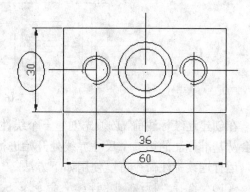

图 5-14　线性标注的两种默认方向

5.3.2 创建对齐尺寸

在绘图过程中，常常需要标注某一条倾斜线段的实际长度，而不是某一方向上线段两端点的坐标差值。如果用户需要得到线段的实际长度，而又不知道线段的倾斜角度，就需要使用对齐标注的功能。

创建对齐标注的方法如下：

（1）选择"标注"|"对齐标注"命令。

（2）在命令行提示中输入 DIMALIGNED 命令。

（3）单击"标注"工具栏中的"对齐标注"按钮 。

运行对齐标注命令后命令行提示如下：

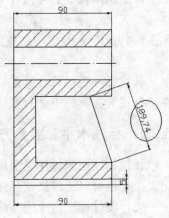

命令: _dimaligned
指定第一条尺寸界线原点或 <选择对象>：　　//选择尺寸界线第一点
指定第二条尺寸界线原点：　　//选择尺寸界线第二点
指定尺寸线位置或
[多行文字(M)/文字(T)/角度(A)]：　　//光标选择尺寸线适当的位置并且单击"确定"按钮

可以看到，对齐标注与线性标注的命令执行过程基本类似，只是对齐标注没有尺寸线的旋转角度选择，因为对齐标注的尺寸线确定是平行于标注对象的，可选的只是文字的角度。一个典型的对齐标注的例子如图 5-15 所示。

图 5-15　对齐标注

5.3.3 创建连续型尺寸标注

在标注图形时，还可能使用到连续标注，连续标注用于进行一系列的尺寸标注。

创建连续标注与创建基线标注类似。不同的是，基线标注是基于同一个标注原点的，连续标注则是使用每个连续标注的第二个尺寸界线作为下一个标注的原点，所有的标注共享一条公共的尺寸线，如图 5-16 所示。

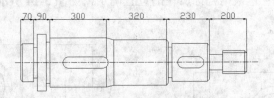

图 5-16　连续标注

在创建连续标注前，必须先创建一个线性、坐标或角度标注作为基准标注，AutoCAD 2009 将会从基准标注的第二个尺寸界线处开始进行连续标注。

运行连续标注命令可以使用如下方法。

（1）选择"标注"|"连续"命令。

（2）单击"标注"工具栏中的"连续标注"按钮 。

（3）在命令行提示中输入 DIMCONTINUE 命令。

执行连续标注命令后，接下来的操作如下。

```
命令：_dimcontinue
指定第二条尺寸界线原点或 [放弃(U)/选择(S)] <选择>：    //选择下一个标注关联点
标注文字 =30
指定第二条尺寸界线原点或 [放弃(U)/选择(S)] <选择>：
标注文字 =30
指定第二条尺寸界线原点或 [放弃(U)/选择(S)] <选择>：
标注文字 =30
指定第二条尺寸界线原点或 [放弃(U)/选择(S)] <选择>：
```

在进行连续标注或者基线标注的过程中配合使用捕捉功能，能更好地找到标注关联点并创建标注。

5.3.4 创建基线型尺寸标注

在机械制图中，常以某一条线或某一个面作为基准，测量其他直线或者平面到该基准的距离，这就是基线标注，如图 5-17 所示。

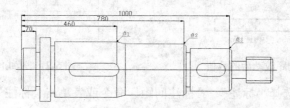

图 5-17 基线标注

在创建基线标注之前，必须先创建（或选择）一个线性、坐标或角度标注作为基准标注，AutoCAD 2009 程序将会从基准标注的第一个尺寸界线处测量基线标注。

在已经有了一个尺寸标注的基础上，运行基线标注命令，可以使用以下的方法。

（1） 选择"标注"|"基线"命令。

（2） 单击"标注"工具栏中的"基线标注"按钮 。

（3） 在命令行提示中输入命令名 DIMBASELINE。

运行命令后的操作如下：

```
命令：_dimbaseline//以标注值为70的作为基准标注
指定第二条尺寸界线原点或 [放弃(U)/选择(S)] <选择>：    //拾取图5-17中的点1
标注文字 =460    //显示出标注尺寸
指定第二条尺寸界线原点或 [放弃(U)/选择(S)] <选择>：//拾取图5-17中的点2
标注文字 =780
指定第二条尺寸界线原点或 [放弃(U)/选择(S)] <选择>：//拾取图5-17中的点3
标注文字 =1000
指定第二条尺寸界线原点或 [放弃(U)/选择(S)] <选择>：    //完成以后按Enter键确定
```

依次选择标注关联点，程序会自动将标注线标注在上一个标注线的上方，标注数值也会自动生成，如图 5-18 所示。按照大尺寸放在外面的原则，使用基线标注时应该由小到大地指定标注关联点。与普通线性标注不同的是，这种标注不能修改标注的数值，而只能是图中的实际尺寸。从图 5-18 可以看出，几个标注挤在了一起，其原因主要是我们采用标注样式设置的"基线间距值"太小,我们打开 ISO-25 标注样式,可以看到基线间距为 3.75,如图 5-19 所示。

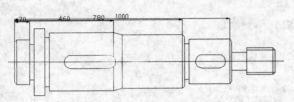

图 5-18　基线标注的过程　　　　　　　　　图 5-19　基线间距初始设置

我们将如图 5-20 所示的基线间距调整为 25,重新创建基线标注,创建的效果如图 5-21 所示,整体效果就比较好了。

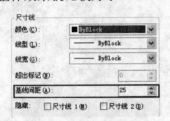

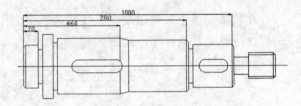

图 5-20　基线间距改动后的数值　　　　　　　图 5-21　基线间距调整结果

当然用户也可以选择"标注"|"标注间距"命令或者单击"标注"工具栏上的"标注间距"按钮 ,命令行提示如下:

```
命令: _DIMSPACE
选择基线标注://选择图5-18标注值为70的线性标注
选择要产生间距的标注:找到 1 个//选择图5-18标注值为460的线性标注
选择要产生间距的标注:找到 1 个,总计 2 个//选择图5-18标注值为780的线性标注
选择要产生间距的标注:找到 1 个,总计 3 个//选择图5-18标注值为1000的线性标注
选择要产生间距的标注://按Enter键,完成要产生间距的标注的选择
输入值或 [自动(A)] <自动>:25//输入间距值,按Enter键,完成调整,效果如图5-21所示
```

5.3.5　机械轴标注实例

轴是机械领域最常见的零件,前面已经完成了轴的绘制,这里我们来进行轴的尺寸标注。

(1)　设置工程标注环境。单击"标注"工具栏中的"标注样式"按钮,弹出"标注样式管理器"对话框。单击对话框中的"新建"按钮,新建一种标注样式——"轴 ISO-25"(可以选用默认名称)。

(2)　单击"图层特性管理器"按钮,建立一个"标注层"图层,如图 5-22 所示。

状	名称	▲	开	冻结	锁	颜色	线型	线宽	打印...	打
✓	0					■白	Continuous	—— 默认	Color_7	
↝	Defpoints					■白	Continuous	—— 默认	Color_7	
↝	标注层					■蓝	Continuous	—— 默认	Color_5	
↝	定义点					■白	Continuous	—— 默认	Color_7	
↝	轮廓线					■白	Continuous	—— 0.20 毫米	Color_7	
↝	螺纹线					■绿	Continuous	—— 0.18 毫米	Color_3	
↝	中心线					■10	CENTER	—— 默认	Colo...	

图 5-22　设置标注图层

（3） 设置"标注层"为当前层，单击"标注"工具栏中的"线性标注"按钮，命令窗口提示如下：

```
命令：_dimlinear
指定第一条尺寸界线原点或 <选择对象>： //选中点2
指定第二条尺寸界线原点： //选中点3
指定尺寸线位置或
[多行文字(M)/文字(T)/角度(A)/水平(H)/垂直(V)/旋转(R)]： //在合适位置单击鼠标
标注文字 =70
```

（4） 单击"标注"工具栏中的"连续标注"按钮，命令窗口提示如下：

```
命令：_dimcontinue
指定第二条尺寸界线原点或 [放弃(U)/选择(S)] <选择>： //选中点4
标注文字 =20
指定第二条尺寸界线原点或 [放弃(U)/选择(S)] <选择>： //选中点5
标注文字 =50
指定第二条尺寸界线原点或 [放弃(U)/选择(S)] <选择>： //选中点6
标注文字 =20
指定第二条尺寸界线原点或 [放弃(U)/选择(S)] <选择>： //选中点7
标注文字 =300
指定第二条尺寸界线原点或 [放弃(U)/选择(S)] <选择>： //选中点8
标注文字 =40
指定第二条尺寸界线原点或 [放弃(U)/选择(S)] <选择>： //选中点9
标注文字 =290
指定第二条尺寸界线原点或 [放弃(U)/选择(S)] <选择>： //选中点10
标注文字 =20
指定第二条尺寸界线原点或 [放弃(U)/选择(S)] <选择>： //选中点11
标注文字 =200
指定第二条尺寸界线原点或 [放弃(U)/选择(S)] <选择>： //选中点12
标注文字 =70
指定第二条尺寸界线原点或 [放弃(U)/选择(S)] <选择>：
选择连续标注：
```

（5） 单击"标注"工具栏中的"线性标注"按钮，命令窗口提示如下：

```
命令：_dimlinear
指定第一条尺寸界线原点或 <选择对象>： //选中点2
指定第二条尺寸界线原点： //选中点13
指定尺寸线位置或
[多行文字(M)/文字(T)/角度(A)/水平(H)/垂直(V)/旋转(R)]：
标注文字 =1210
```

标注的效果如图 5-23 所示。

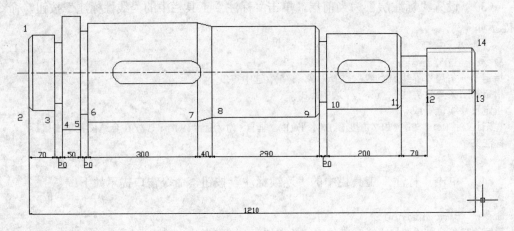

图 5-23　标注长度

（6）标注左端直径。单击"标注"工具栏中的"线性标注"按钮，命令窗口提示如下：

```
命令: _dimlinear
指定第一条尺寸界线原点或 <选择对象>： //选中点1
指定第二条尺寸界线原点： //选中点2
指定尺寸线位置或
[多行文字(M)/文字(T)/角度(A)/水平(H)/垂直(V)/旋转(R)]： //在合适位置单击鼠标
标注文字 =200
```

标注的效果如图 5-24 所示。

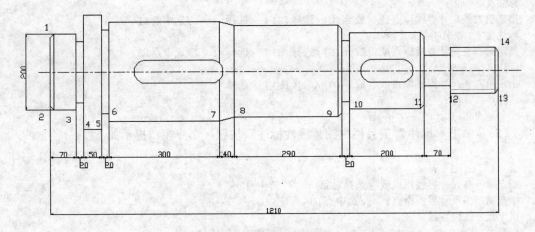

图 5-24　标注左端直径

从图 5-24 所示可以看到，标注文字格式不符合直径的表示方式，所以需要进行修改，可通过以下两种方式。

在命令行中输入 ddedit，打开"多行文字编辑器"（见图 5-25），命令窗口提示如下：

```
命令: ddedit
选择注释对象或 [放弃(U)]： //选择轴段标注
选择注释对象或 [放弃(U)]： //按Enter键
```

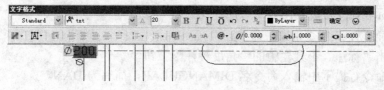

图 5-25　多行文字编辑器

注意：在设置标注文字时，在图 5-25 中输入的是"%%C"，表示直径符号。

标注的效果如图 5-26 所示。

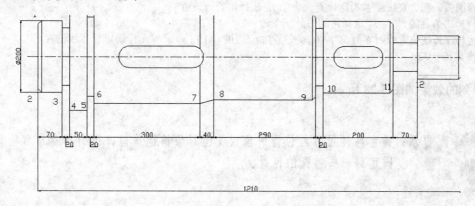

图 5-26　修改后图形

按照上面的步骤，标注其他轴直径，效果如图 5-27 所示。

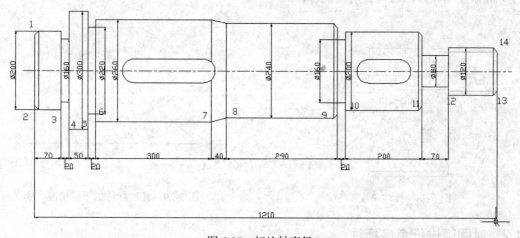

图 5-27　标注轴直径

5.4　创建角度尺寸

在工程制图中，经常要对零件的角度参数进行标注，这就是角度标注。另外，角度标注还可以对某一段圆弧进行标注，这段圆弧可以是独立存在的一段圆弧，也可以是圆的一部分。

运行角度标注命令可以使用以下方法。

（1）选择"标注"|"角度"命令。

（2）单击"标注"工具栏中的"角度标注"按钮△。

（3）在命令行提示中输入命令名 DIMANGULAR，简写为 DAN。

5.4.1 对角进行角度标注

下面是一个对角度进行标注的例子，分别用鼠标选择角的两条边即可标注完成，注意选择的对象必须是直线。射线、构造线、多段线等对象不能作为角度标注的边。

```
命令：_dimangular
选择圆弧、圆、直线或 <指定顶点>：    //选择角的一条边
选择第二条直线：    //选择角的另外一条边
指定标注弧线位置或 [多行文字(M)/文字(T)/角度(A)]：    //光标确定标注线位置
标注文字 =72
```

得到的效果如图 5-28 所示。

提示：确定标注尺寸线位置时建议关闭对象捕捉功能，因为捕捉常常将光标固定到一些特殊的位置。

角度标注，根据光标最后确定尺寸线位置的不同，标注也会不同，如图 5-29 所示。标注过程中应该控制光标，以得到所需的标注。

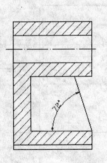

图 5-28 标注角度

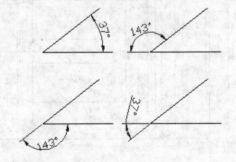

图 5-29 角度标注的不同情况

5.4.2 对圆弧进行角度标注

如果选择的是圆弧，则命令行窗口的提示如下：

```
命令：_dimangular
选择圆弧、圆、直线或 <指定顶点>：    //选择一段圆弧
指定标注弧线位置或 [多行文字(M)/文字(T)/角度(A)]：    //指定尺寸线位置
标注文字 =57
```

在指定圆的同时，光标单击的位置就是标注圆弧的第一个端点了，接下来只需要指定第二个端点就可以确定圆弧，圆上的圆弧标注如图 5-30 所示。

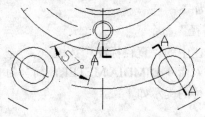

图 5-30　圆上的圆弧标注

5.4.3　固定轴平面图标注实例

如图 5-31 所示为机械图中固定轴的平面图，现在使用角度尺寸标注平面图中直线之间的角度和圆弧的弧度。

（1）　单击"角度标注"按钮，十字光标变成拾取框，选择待标注角度的两条边，如图 5-32 所示。

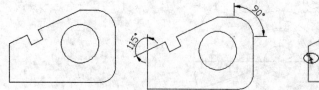

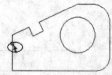

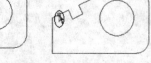

图 5-31　固定轴平面图角度标注效果　　　　图 5-32　选取角的两条边

（2）　移动光标到合适位置，单击鼠标左键，完成直线角度的标注，如图 5-33 所示。

（3）　单击"角度标注"按钮，命令行窗口出现"选择圆弧、圆、直线或 <指定顶点>:"提示，十字光标变成拾取框，拾取如图 5-34 所示的圆弧。

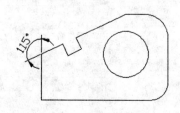

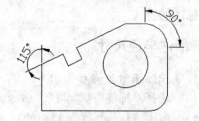

图 5-33　完成直线角度标注　　　　　　　图 5-34　完成圆弧角度的标注

5.5　直径和半径型尺寸

对圆和圆弧所进行的径向尺寸标注是制图中另一种常见的标注类型，在工程制图中常用于轴、盘类零件尺寸的标注，包括半径尺寸标注和直径尺寸标注两种形式。另外，圆弧在非圆视图上的标注也是工程制图中很常见的现象。

5.5.1 标注直径尺寸

运行直径标注命令的方法如下。

（1）选择"标注"|"直径"命令。

（2）单击"标注"工具栏中的"直径标注"按钮○。

（3）在命令行提示中输入命令 DIMDIA METER，简写为 DDI。

执行直径标注命令后命令行的提示如下：

```
命令：_dimdiameter
选择圆弧或圆://拾取一个圆或者圆弧
标注文字 =71
指定尺寸线位置或 [多行文字(M)/文字(T)/角度(A)]：
```

根据光标指定的标注位置按图 5-35 所示标注。

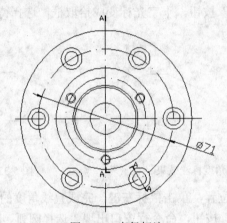

图 5-35 直径标注

直径标注也可以修改文字内容和文字的角度或者插入多行文字，同时直径标注也可以使用快速标注的方式。

5.5.2 标注半径尺寸

运行半径标注命令的方法如下：

（1）选择"标注"|"半径"命令。

（2）单击"标注"工具栏中的"半径标注"按钮○。

（3）在命令行提示中输入命令 DIMRADIUS。

执行半径标注命令后命令行提示如下：

```
命令：DIMRADIUS
选择圆弧或圆:// 拾取一个圆或者圆弧
标注文字 = 26
指定尺寸线位置或 [多行文字(M)/文字(T)/角度(A)]：
```

根据光标指定标注位置的不同，也有如图 5-36 所示的两种标注形式。

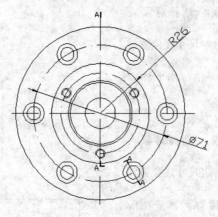

图 5-36　半径标注

5.5.3　机械图中直径及半径尺寸的几种典型标注形式

本节简单介绍机械制图中常见的标注形式。图 5-37 所示为端盖标注图,其中包含了机械制图中常见的径向标注、直孔类直径标注、圆盘直径标注、螺纹孔直径标注,以及使用直线标注的直径。

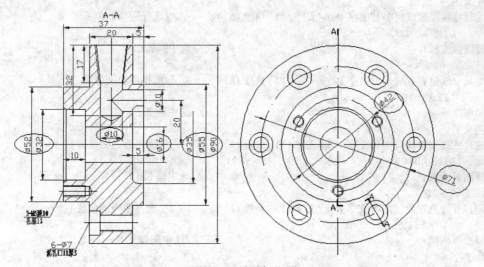

图 5-37　端盖标注图

5.5.4　齿轮泵标注实例

(1)　单击"标注"工具栏中的"线性标注"按钮,命令窗口提示如下:

```
命令: _dimlinear
指定第一条尺寸界线原点或 <选择对象>:          //选中点2
指定第二条尺寸界线原点:指定尺寸线位置或       //选中点3
[多行文字(M)/文字(T)/角度(A)/水平(H)/垂直(V)/旋转(R)]:
标注文字 =36
命令: _dimlinear
```

指定第一条尺寸界线原点或 <选择对象>:
//选中点1
　　指定第二条尺寸界线原点:指定尺寸线位置或
//选中点4
　　[多行文字(M)/文字(T)/角度(A)/水平(H)/
垂直(V)/旋转(R)]:
　　标注文字 =40
　　命令: _dimlinear
　　指定第一条尺寸界线原点或 <选择对象>:
//选中点7
　　指定第二条尺寸界线原点:指定尺寸线位置或
//选中点8
　　[多行文字(M)/文字(T)/角度(A)/水平(H)/
垂直(V)/旋转(R)]:
　　标注文字 =36

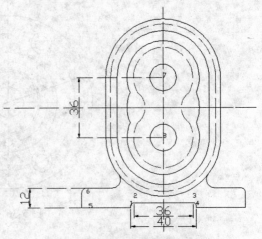

标注的图形如图 5-38 所示。

图 5-38　利用线性标注命令标注

　　(2)　单击"标注"工具栏中的"半径标注"按钮,命令窗口提示如下:

```
命令: _dimradius
选择圆弧或圆:                                //选中圆弧a
标注文字 =35
指定尺寸线位置或 [多行文字(M)/文字(T)/角度(A)]:    //选择适当的位置
命令: DIMRADIUS
选择圆弧或圆:                                //选中圆弧b
标注文字 =32
指定尺寸线位置或 [多行文字(M)/文字(T)/角度(A)]:    //选择适当的位置
命令: DIMRADIUS
选择圆弧或圆:                                //选中圆弧c
标注文字 =28
指定尺寸线位置或 [多行文字(M)/文字(T)/角度(A)]:    //选择适当的位置
命令: DIMRADIUS
选择圆弧或圆:                                //选中圆弧d
标注文字 =22
指定尺寸线位置或 [多行文字(M)/文字(T)/角度(A)]:    //选择适当的位置
命令: DIMRADIUS
选择圆弧或圆:                                //选中圆弧e
标注文字 =18
指定尺寸线位置或 [多行文字(M)/文字(T)/角度(A)]:    //选择适当的位置
命令: DIMRADIUS
选择圆弧或圆:                                //选中圆弧f
标注文字 =8
指定尺寸线位置或 [多行文字(M)/文字(T)/角度(A)]:    //选择适当的位置
命令: _dimradius
选择圆弧或圆:                                //选中圆弧g
标注文字 =22
指定尺寸线位置或 [多行文字(M)/文字(T)/角度(A)]:    //选择适当的位置
命令: _dimradius
选择圆弧或圆:                                //选中圆弧h
标注文字 =5
指定尺寸线位置或 [多行文字(M)/文字(T)/角度(A)]:    //选择适当的位置
命令: DIMRADIUS
```

选择圆弧或圆： //选中圆弧i
标注文字 =11
指定尺寸线位置或 [多行文字(M)/文字(T)/角度(A)]： //选择适当的位置

标注的图形如图 5-39 所示。

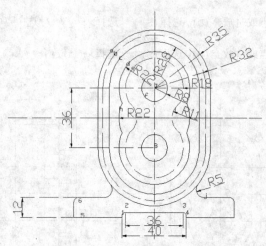

图 5-39 利用半径标注命令标注

 注意： 主视图中圆的数目较多，最好按照一定的顺序进行标注，否则很容易
出现漏标注或者重复标注。本实例采用由外向内的顺序进行标注，也
就是按照 a~i 的编号顺序进行，希望读者能根据自己的喜好养成一个
良好的习惯，这样既能保证绘图质量又可以提高绘图效率。

（3） 标注侧视图。单击"标注"工具栏中的"线性标注"按钮，命令窗口提示如下：

命令：_dimlinear
指定第一条尺寸界线原点或 <选择对象>： //选中点01
指定第二条尺寸界线原点:指定尺寸线位置或 //选中点02
[多行文字(M)/文字(T)/角度(A)/水平(H)/垂直(V)/旋转(R)]： //选择适当的放置位置
标泮文字 =12

标注的图形如 5-40 所示。

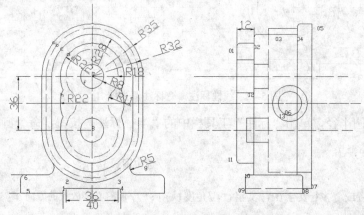

图 5-40 线性标注命令标注侧视图

（4）单击"标注"工具栏中的"连续标注"按钮，命令窗口提示如下：

命令：_dimcontinue
选择连续标注：   //选中点02
指定第二条尺寸界线原点或 [放弃(U)/选择(S)] <选择>：   //选中点03
标注文字 =10
指定第二条尺寸界线原点或 [放弃(U)/选择(S)] <选择>：   //选中点04
标注文字 =20
指定第二条尺寸界线原点或 [放弃(U)/选择(S)] <选择>：*取消*

标注的图形如 5-41 所示。

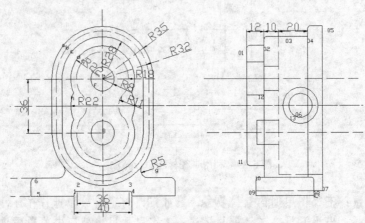

图 5-41   连续标注命令标注侧视图 I

（5）用线性命令标注侧视图中所有能标注的图形。单击"标注"工具栏中的"线性标注"按钮，标注的图形如图 5-42 所示。

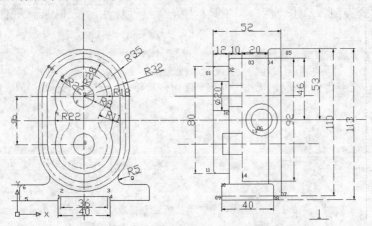

图 5-42   线性标注命令标注侧视图 II

（6）标注圆半径，单击"标注"工具栏中的"半径标注"按钮，命令窗口提示如下：

命令：_dimradius
选择圆弧或圆：   //选中圆弧06
标注文字 =8
指定尺寸线位置或 [多行文字(M)/文字(T)/角度(A)]：//调整文字放置的方向
命令：DIMRADIUS
选择圆弧或圆：   //选中圆弧13

标注文字 =12

指定尺寸线位置或 [多行文字(M)/文字(T)/角度(A)]： //调整文字放置的方向

标注的图形如图 5-43 所示。

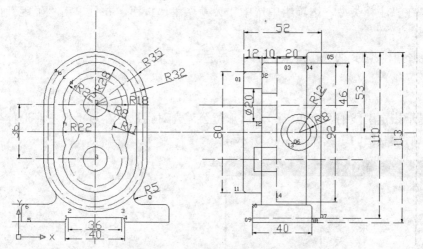

图 5-43　半径标注命令标注侧视图

5.6　引线标注

引线标注在机械制图中也是一种常用的标注类型。在 AutoCAD 2009 版本中，"标注"菜单和工具栏中已经取消了这个命令，但是用户仍然可以通过在命令行中输入 QLEADER 命令来执行引线标注。

引线标注由两部分标注对象组成：引线是连接注释和图形对象的直线或曲线，文字是最普通的文本注释。引线标注使用起来很方便，可以从图形的任意点或对象上创建引线，引线可以由直线段或平滑的样条曲线构成。另外，可以在引线上附着块参照和特征控制框，在图形中使用块的参照或附加形位公差。如图 5-44 所示是端盖图纸中使用引线的一个典型例子。

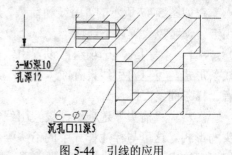

图 5-44　引线的应用

5.6.1　创建引线标注

在命令行提示中输入命令 QLEADER(简写为 LE)，命令行提示如下：

指定第一个引线点或 [设置(S)] <设置>：　//指定引线箭头点或者设置引线
指定下一点：　//指定引线中点
指定下一点：　//指定引线终点

5.6.2　设置引线注释的类型

按照前面所述的方法运行引线命令，命令行提示如下：

指定第一个引线点或 [设置(S)] <设置>：

在该命令行提示下直接按 Enter 键，弹出"引线设置"对话框，如图 5-45 所示。

机械制图中常用的两个选项如下。

（1）默认选中"多行文字"单选按钮，这里就不详细叙述。

（2）在"注释类型"选项组中选中"公差"单选按钮，并且单击"确定"按钮，命令行提示如下：

```
指定第一个引线点或 [设置(S)] <设置>: 指定第一个引线定义点。
指定下一点：
指定下一点：
```

按照提示指定引线的两个点，弹出"形位公差"对话框，在对话框中对形位公差进行设置，确定以后绘制出的引线如图 5-46 所示。

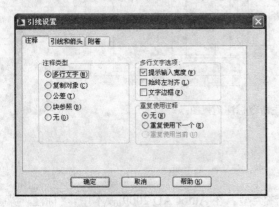

图 5-45　"引线设置"对话框

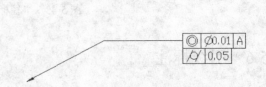

图 5-46　带有引线的形位公差

5.6.3　控制引线及箭头的外观特征

在如图 5-47 所示的"引线和箭头"选项卡中，可以设置以下选项。

（1）"引线"选项组：设置引线的线条形式。可以将引线设置成"直线"或者"样条曲线"。

（2）"箭头"选项组：设置引线箭头的形式。这里与标注样式中的箭头类型相似，给出了多种箭头样式可供选择。

（3）"点数"选项组：设置指引线段的数量。默认的设置是 3，启动引线标

图 5-47　"引线和箭头"选项卡

注命令后，AutoCAD 2009 在确认引线标注前会给出 3 次提示，要求确定两条指引线段。如果选中了"无限制"复选框，命令行提示会反复要求确定指引线段，直到按 Enter 键为止。

创建引线时，它的颜色、线宽、缩放比例、箭头类型、尺寸和其他特性都由当前标注样式定义，除非为引线单独创建一种样式或使用"特性"窗口修改引线特性，否则引线将具有与尺寸线相同的特性。此外，尺寸线特性定义了注释与引线端点之间的偏移、文字注释相对于引线的位置，以及文字在引线上的附着点等。

5.6.4 设置引线注释的对齐方式

如果选中"多行文字"单选按钮，则存在如图 5-48 所示的"附着"选项卡，可以设置注释多行文字的对齐方式。

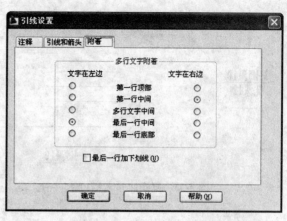

图 5-48 多行文字的对齐方式

5.6.5 用引线标注倒角

（1）在命令行中输入 QLEADER，命令行提示如下：

命令：QLEADER
指定第一个引线点或 [设置(S)] <设置>：
指定下一点：
指定下一点： <正交 开>
输入注释文字的第一行 <多行文字(M)>： *取消* //按Esc键

得到的效果如图 5-49 所示。

（2）单击"绘图"工具栏中的"多行文字"按钮，在直线上输入文字，效果如图 5-50 所示。

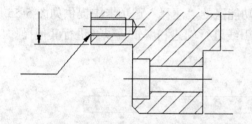

图 5-49 绘制引线

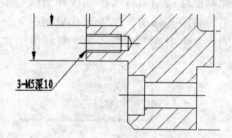

图 5-50 填写注释文字

（3）使用同样的方法，完成直线下文字的输入，效果如图 5-51 所示。

（4）使用同样的方法，完成对倒角的引线标注，效果如图 5-52 所示。

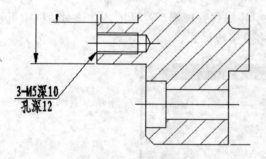

图 5-51 填写直线下的注释文字

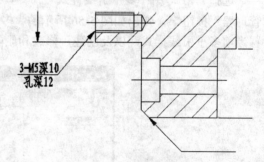

图 5-52 绘制倒角引线

（5）单击"修改"工具栏中的"复制"按钮，将"3-M5 深 10"复制到倒角引线上，效果如图 5-53 所示。

（6）双击复制出的注释文字，并将其修改为"2×45º"，效果如图 5-54 所示。

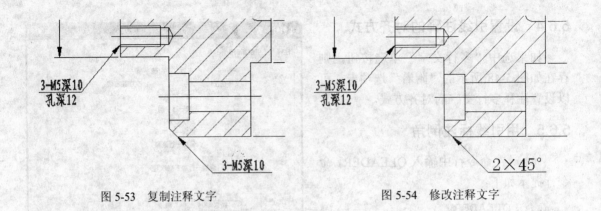

图 5-53　复制注释文字
图 5-54　修改注释文字

5.7　创建和编辑多重引线

在 AutoCAD 2009 中，除了可以延续使用老版本的 QLEADER 命令，还可以使用新引进的多重引线对象进行机械制图。多重引线对象是一条线或样条曲线，其一端带有箭头，另一端带有多行文字对象或块。在某些情况下，有一条短水平线（又称为基线）将文字或块和特征控制框连接到引线上。基线和引线与多行文字对象或块关联，因此当重定位基线时，内容和引线将随其移动。在 AutoCAD 2009 版本中，功能区的"注释"选项卡中提供如图 5-55 所示的"多重引线"面板或者工具栏供用户对多重引线进行创建和编辑，以及进行其他操作。

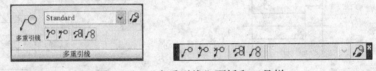

图 5-55　　"多重引线"面板和工具栏

5.7.1　创建多重引线样式

选择"格式"|"多重引线样式"命令，或者单击"多重引线"面板中的"多重引线样式管理器"按钮，弹出如图 5-56 所示的"多重引线样式管理器"对话框，在该对话框中可设置当前多重引线样式，以及创建、修改和删除多重引线样式。

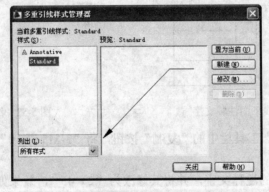

图 5-56　　"多重引线样式管理器"对话框

在"多重引线样式管理器"对话框中,"当前多重引线样式"状态栏中显示应用于所创建的多重引线的多重引线样式的名称;"样式"列表中显示多重引线列表,当前样式被亮显;"列出"下拉列表框控制"样式"列表的内容。选择"所有样式"选项,可显示图形中可用的所有多重引线样式,选择"正在使用的样式"选项,仅显示被当前图形中的多重引线参照的多重引线样式;"预览"框显示"样式"列表框中选定样式的预览图像;用户单击"置为当前"按钮,将"样式"列表中选定的多重引线样式设置为当前样式。

单击"新建"按钮,弹出"创建新多重引线样式"对话框,可以定义新多重引线样式;单击"修改"按钮,弹出"修改多重引线样式"对话框,可以修改多重引线样式;单击"删除"按钮,可以删除"样式"列表中选定的多重引线样式。

"创建新多重引线样式"对话框如图 5-57 所示,单击"继续"按钮,弹出如图 5-58 所示的"修改多重引线样式"对话框,可以设置基线、引线、箭头和内容的格式。

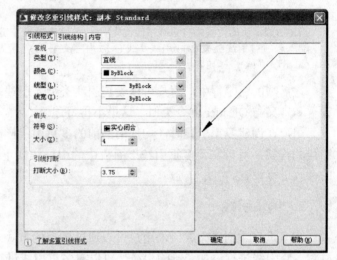

图 5-57   "创建新多重引线样式"对话框   图 5-58   "修改多重引线样式"对话框

5.7.2 创建引线

选择"标注"|"多重引线"命令,或者单击"多重引线"面板中的"多重引线"按钮 ,执行"多重引线"命令。

多重引线命令可创建为箭头优先、引线基线优先或内容优先,如果已使用多重引线样式,则可以从该指定样式创建多重引线。在命令行中,如果以箭头优先,则按照命令行提示在绘图区指定箭头的位置,命令行提示如下:

命令: _mleader
指定引线箭头的位置或 [引线基线优先(L)/内容优先(C)/选项(O)] <选项>://在绘图区指定箭头的位置
指定引线基线的位置://在绘图区指定基线的位置,弹出在位文字编辑器,可输入多行文字或块

如果引线基线优先,则需要在命令行中输入 L,命令行提示如下:

命令: _mleader
指定引线箭头的位置或 [引线基线优先(L)/内容优先(C)/选项(O)] <选项>:l//输入 l,表示引线基线优先

指定引线基线的位置或 [引线箭头优先(H)/内容优先(C)/选项(O)] <选项>://在绘图区指定基线的位置

指定引线箭头的位置://在绘图区指定箭头的位置，弹出在位文字编辑器，可输入多行文字或块

如果内容优先，则需要命令行中输入 C，命令行提示如下：

命令：_mleader
指定引线基线的位置或 [引线箭头优先(H)/内容优先(C)/选项(O)] <选项>：c//输入 c，表示内容优先
指定文字的第一个角点或 [引线箭头优先(H)/引线基线优先(L)/选项(O)] <选项>：//指定多行文字的第一个角点
指定对角点：//指定多行文字的对角点，弹出在位文字编辑器，输入多行文字
指定引线箭头的位置：//在绘图区指定箭头的位置

在命令行中，另外提供了选项 O，输入后，命令行提示如下：

命令：_mleader
指定引线箭头的位置或 [引线基线优先(L)/内容优先(C)/选项(O)] <引线基线优先>：o
输入选项 [引线类型(L)/引线基线(A)/内容类型(C)/最大节点数(M)/第一个角度(F)/第二个角度(S)/退出选项(X)] <内容类型>：

在后续的命令行中，用户可以设置引线类型、引线基线、内容类型等参数，这些参数的设置和含义与 Qleader 命令类似，这里不再赘述。

用户在创建多重引线时，均使用当前的多重引线样式，如果用户需要切换或者更改多重引线的样式，可以从"多重引线"面板中的引线样式下拉列表框中 Standard 选择相应的样式进行设置。

5.7.3 编辑引线

在多重引线创建完成后，用户可以通过夹点的方式对多重引线进行拉伸和移动位置，可以对多重引线进行添加和删除引线，可以对多重引线进行排列和对齐，下面详细讲解。

（1）夹点编辑
用户可以使用夹点修改多重引线的外观，当选中多重引线后，夹点效果如图 5-59 所示。使用夹点，可以拉长或缩短基线、引线，可以重新指定引线头点，可以调整文字位置和基线间距或移动整个引线对象。

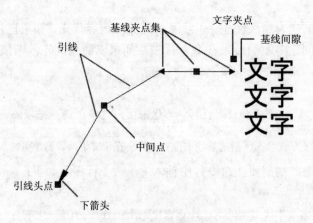

图 5-59 多重引线夹点

（2）　添加和删除引线

多重引线对象可包含多条引线，因此一个注解可以指向图形中的多个对象。单击"多重引线"面板中的"添加引线"按钮 ⚮，可以将引线添加至选定的多重引线对象，命令行提示如下：

选择多重引线://选择需要添加引线的多重引线对象
找到 1 个//选择结果
指定引线箭头的位置://在绘图区指定添加的引线箭头的位置
指定引线箭头的位置：
指定引线箭头的位置：

包含多个引线线段的注释性多重引线在每个比例图示中可以有不同的引线头点。根据比例图示，水平基线和箭头可以有不同的尺寸，并且基线间隙可以有不同的距离。在所有比例图示中，多重引线内的水平基线外观、引线类型（直线或样条曲线）和引线线段数将保持一致。

如果用户需要删除添加的引线，则可以单击"删除引线"按钮 ⚮，可以从选定的多重引线对象中删除引线，命令行提示如下：

选择多重引线://选定多重引线对象
找到 1 个
指定要删除的引线://拾取需要删除的引线
指定要删除的引线：

（3）　多重引线合并

单击"多重引线合并"按钮 ⚯，可以将选定的包含块的多重引线作为内容组织为一组并附着到单引线，命令行提示如下：

命令：_mleadercollect
选择多重引线：找到 1 个//选择需要合并的第一个多重引线对象
选择多重引线：找到 1 个，总计 2 个//选择需要合并的第二个多重引线对象
选择多重引线://按 Enter 键，完成选择
指定收集的多重引线位置或 [垂直(V)/水平(H)/缠绕(W)] <水平>://指定多重引线对象位置

图 5-60 演示了将编号为 1 和 2 的多重引线合并的效果。

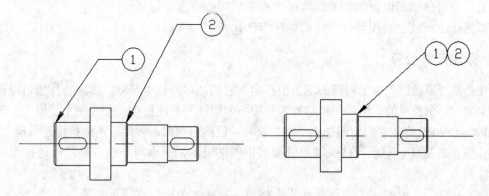

图 5-60　合并多重引线

（4）　对齐多重引线

单击"多重引线对齐"按钮 ⚮，可以将多重引线对象沿指定的直线均匀排序，命令行提示如下：

命令: _mleaderalign

选择多重引线: 找到 1 个//选择需要对齐的第一个多重引线对象

选择多重引线: 找到 1 个, 总计 2 个//选择需要对齐的第二个多重引线对象

选择多重引线:// 按 Enter 键, 完成选择

当前模式: 使用当前间距

选择要对齐到的多重引线或 [选项(O)]://选择需要对齐的多重引线

指定方向://指定对齐的方向

图 5-61 演示了将编号 1 和 2 的多重引线对齐的效果。

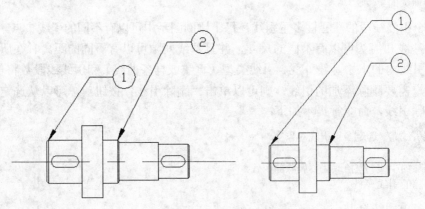

图 5-61　对齐多重引线

5.8　尺寸及形位公差标注

尺寸公差用于标注可以变动的数目。通过指定生产中的公差, 可以控制部件所需的精度等级。可以通过为标注文字附加公差的方式, 直接将公差应用到标注中。这些标注公差指示标注的最大和最小允许尺寸。

在使用 AutoCAD 2009 进行绘图的过程中, 还会使用到工程符号的标注。在工程制图中, 常见的工程符号包括形位公差符号、粗糙度符号和焊接符号等。

本节将介绍尺寸公差和形位公差的标注方法。

5.8.1　标注尺寸公差

尺寸公差可以通过理论上精确的测量值指定。它们被称为基本尺寸。如果标注值可以在两个方向上变化, 所提供的正值和负值将作为极限公差附加到标注值中; 如果两个极限公差值相等, AutoCAD 2009 将在它们前面加上 "±" 符号, 也称为对称。否则, 正值将位于负值上方。

尺寸偏差的标注。对于一些关键尺寸要有偏差的限制, 下面对一些关键尺寸进行带有偏差的标注。

单击 "标注" 工具栏中的 "标注样式" 按钮, 新建一个标注样式, 名称为 "My Style", 单击 "继续" 按钮, 进入图 5-62 所示的 "公差" 选项卡。

设置完成后, 单击 "确定" 按钮, 返回 "标注样式管理器" 对话框。选中 "My Style", 然后单击 "置为当前" 按钮, 将新建的标注样式用于当前层。关闭 "标注样式管理器" 对话框, 就可以进行尺寸偏差的标注了。

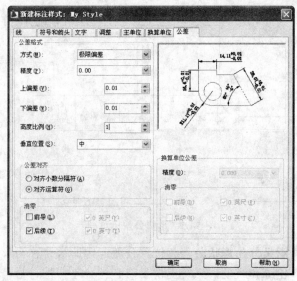

图 5-62 "公差"选项卡

下面举一个机械制图的例子来进行说明。

（1）单击"标注"工具栏中的"线性标注"按钮，标注效果如图 5-63 所示。

（2）双击两轴孔之间标注的尺寸偏差，弹出"特性"选项板，在选项板中的"公差"一项中修改上下偏差，以满足零件加工要求。修改后的效果如图 5-64 所示。

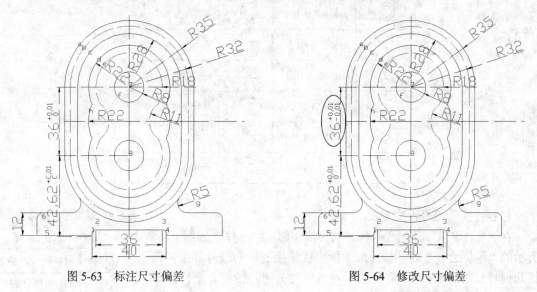

图 5-63 标注尺寸偏差　　　　　　　　图 5-64 修改尺寸偏差

5.8.2 标注形位公差

形位公差用来定义图形中图形元素形状和位置的最大允许误差，表明几何特征的形状、投影、方向、位置和跳动的偏差。特征控制框能够被复制、移动、删除、比例缩放和旋转。可以使用对象捕捉的模式进行捕捉操作，也可以使用夹点编辑和 DDEDIT 命令进行编辑。

完整的形位公差由引线、几何特征符号、直径符号、形位公差值、材料状况和基准代号等组成，如图 5-65 所示。

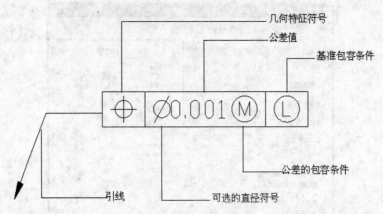

图 5-65　形位公差示意图

几何特征符号

公差值

基准包容条件

公差的包容条件

引线　　　　可选的直径符号

公差特性符号按其意义分为形状公差和位置公差，因此被合称为形位公差。按类型又分为定位、定向、形状、轮廓和跳动，系统提供了 14 种公差特性符号，各种符号的含义见表5-1 所示。

表 5-1　形位公差符号及其含义

符　号	含　义	符　号	含　义
⊕	直线度（定位）	▱	平面度（形状）
◎	同轴度（定位）	○	圆度（形状）
⚌	对称度（定位）	—	直线度（形状）
∥	平行度（定向）	⌒	面轮廓度（轮廓）
⊥	垂直度（定向）	⌒	线轮廓度（轮廓）
∠	倾斜度（定向）	⌁	圆跳动（跳动）
⌭	圆柱度（形状）	⌰	全跳动（跳动）

包容特性的符号，则参见表 5-2 所示。

在"标注"工具栏上，单击"公差"按钮，弹出如图 5-66 所示的"形位公差"对话框，用于指定特征控制框的符号和值，选择几何特征符号后，"形位公差"对话框将关闭，指定合适位置即可完成标注。但是，这样生成的形位公差没有尺寸引线，所以通常形位公差的标注是通过 QLEADER 命令，即通过快速引线标注来完成。

表 5-2　基准包容条件含义

符　号	含　义
Ⓜ	材料的一般状况
Ⓛ	材料的最大状况
Ⓢ	材料的最小状况

5.8.3　标注轴类零件的形位公差

（1）在命令行中输入 QLEADER 命令，设置"公差"选项后，弹出"形位公差"对话框，如图 5-66 所示。

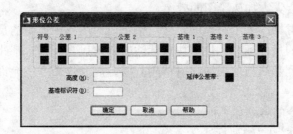

图 5-66 "形位公差"对话框

单击"符号"选项组中的黑色文本框,弹出"特征符号"对话框,如图 5-67 所示,在其中可选择特殊符号。

单击相应的符号,返回"形位公差"对话框,填入公差数值,如图 5-68 所示。

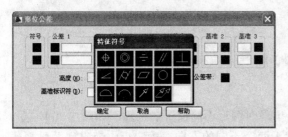

图 5-67 "特征符号"对话框

图 5-68 设置参数后的"形位公差"对话框

单击"确定"按钮,返回绘图界面。在适当的位置单击鼠标,以确定标注的位置,标注的效果如图 5-69 所示。

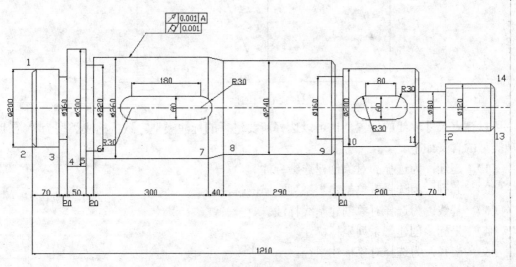

图 5-69 标注效果图

5.9 快速标注

在绘图工作中,经常会使用同一种标注功能标注一系列相邻或相近的实体目标,这时使用快速标注功能，将会大大加速绘图的效率。

快速标注允许同时标注多个对象的尺寸，也可以对图形中现有的尺寸标注布置进行快速编辑，还可以建立新的尺寸标注。使用快速标注时，可以重新确定基线和尺寸标注的基点数据，因此在建立一系列基线与连续标注时特别有效，同时该命令还允许同时标注多个圆弧和圆的尺寸。

运行快速标注命令的方法如下：

（1） 选择"标注"|"快速标注"命令。

（2） 单击"标注"工具栏中的"快速标注"按钮。

（3） 在命令行提示中输入 QDIM 命令。

运行快速标注命令后，命令行提示和具体操作如下：

```
命令：_qdim
关联标注优先级 = 端点
选择要标注的几何图形:指定对角点：找到 4 个        //选择要标注的几何形体
选择要标注的几何图形：      //按Enter键确定
指定尺寸线位置或        //用鼠标指定需要标注的位置或者输入字母代号进入选项
[连续(C)/并列(S)/基线(B)/坐标(O)/半径(R)/直径(D)/基准点(P)/编辑(E)/设置(T)]
<连续>:
```

在进行标注时，光标置于不同的位置将会出现对图形不同位置的标注。如图 5-70 所示，对同样的一个四边形使用快速标注，将光标置于两个不同的方向，确定后将会出现两种形式的标注。

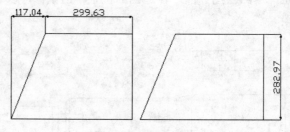

图 5-70　快速标注

可以指定尺寸界线的位置，也可以选择所要进行的标注类型。默认标注类型为"连续"，各项类型的含义如下。

（1） 连续：为选择的对象创建连续标注。

（2） 并列：为选择对象创建一系列交错的标注。

（3） 基线：为选择对象创建基线标注。

（4） 坐标：创建一系列坐标标注。

（5） 半径：为选择对象标注半径。

（6） 直径：为选择对象标注直径。

（7） 基准点：为基线和坐标标注设置新的基准点，系统的下一级提示为"选择新的基准点："，指定新的基准点，然后返回到上一级提示，指定了新的基准点后，标注类似于基线标注。

（8） 编辑：对现有的标注进行编辑。

（9） 设置：指定关联标注优先级是端点还是交点。

5.10　编辑尺寸标注

对已经存在的尺寸标注，AutoCAD 2009 提供了多种编辑的方法，各种方法的便捷程度不同，适应的范围也不相同，应根据实际需要选择适当的编辑方法。

5.10.1　修改尺寸标注数字

修改尺寸标注数字可以通过双击数字，在弹出的"特性"选项板中来完成。在"特性"选项板中，可以对尺寸标注的基本特性进行修改，如图层、颜色、线型等；通过"特性"选项板还可以改变尺寸标注所使用的标注样式，如直线和箭头、文字、调整、主单位、换算单位和公差。

在"文字"选项卡中的"文字替代"文本框中输入新的数字便完成对数字的修改，如图 5-71 所示。

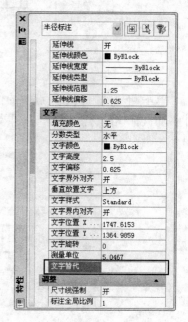

图 5-71　修改数字

5.10.2　改变尺寸界线及文字的倾斜角度

AutoCAD 2009 通过 DIMEDIT 命令来修改尺寸界线及文字的倾斜角度。

在命令行中输入 DIMEDIT 并按 Enter 键或空格键，就可以执行编辑标注命令。用户也可以通过单击"编辑标注"按钮来执行编辑标注命令。

启动 DIMEDIT 命令后，命令行提示如下：

输入标注编辑类型 [默认(H)/新建(N)/旋转(R)/倾斜(O)] <默认>：

此提示中有 4 个选项，分别为默认（Home）、新建（New）、旋转（Rotate）和倾斜（Oblique）。其含义介绍如下。

（1）"默认"选项：此选项将尺寸文本按 DDIM 所定义的默认位置、方向重新放置尺寸文本。

（2）"新建"选项：此选项可更新所选择的尺寸标注的尺寸文本。

（3）"旋转"选项：此选项用于旋转所选择的尺寸文本。

（4）"倾斜"选项：此选项实行倾斜标注，即编辑线性型尺寸标注，使其尺寸界线倾斜一个角度，不再与尺寸线相垂直，常用于标注锥形图形。

5.10.3　利用夹点调整标注位置

夹点编辑是 AutoCAD 提供的一种高效的编辑工具，可以对大多数图形对象进行编辑。选择标注对象后，利用图形对象所显示的夹点，可以拖动尺寸标注对象上任一个夹点的位置，修改尺寸界线的引出点位置、文字位置，以及尺寸线的位置。

夹点编辑用于编辑尺寸标注时，主要用来对尺寸标注进行拉伸操作，包括两种情况：移动标注文字和拖动标注对象。当一个标注被选中时，都会显示出夹点，如图 5-72 所示的小正方形就是夹点。

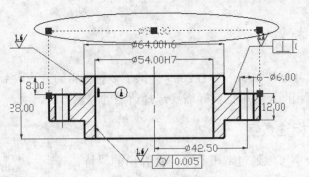

图 5-72　显示夹点

单击椭圆内的 3 个夹点中的任何一个，进行拖动即可。单击图 5-72 中椭圆所圈的夹点，并移动鼠标调整标注位置，效果如图 5-73 所示。

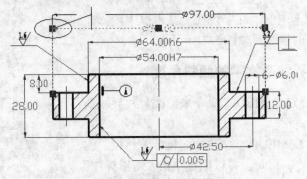

图 5-73　调整标注位置

5.10.4　修改尺寸标注的注释对象

修改尺寸标注的注释对象可以使用 DDEDIT 命令来完成，执行修改尺寸标注命令后，命令行提示如下：

命令: ddedit
选择注释对象或 [放弃(U)]: // 选中需要修改的注释对象，按Enter键弹出"文字格式"文本框，对文字进行修改。
选择注释对象或 [放弃(U)]: *取消*

下面举一个机械制图中经常使用的例子来说明 DDEDIT 命令的应用。图 5-74 所示的标注为圆周上均匀分布的 6 个孔，需要标注成 "6-ϕ11" 的形式。

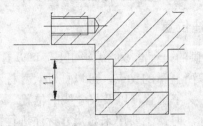

图 5-74　待修改标注

（1）　双击标注尺寸"11"，在弹出的"文字格式"文本框中输入如图 5-75 所示的内容。

图 5-75　修改内容

（2）　单击"确定"按钮，得到效果如图 5-76 所示。

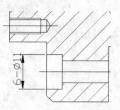

图 5-76　修改效果图

5.10.5　替代标注样式

在工程制图中，可能会出现这样的情况，绝大多数的尺寸标注都已经符合实际要求，但少数几个尺寸标注的样式还不是很合适。这时可以使用 AutoCAD 2009 中的"标注"工具栏中的"标注样式控制"来更改，如图 5-77 所示。

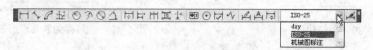

图 5-77　"标注"工具栏

选中需要替代标注样式的文字标注，从"标注样式控制"下拉列表框中选择需要更改的样式即可。如图 5-78 所示为零件图中某个待替换标注样式的标注。

先选中要替换的尺寸，"标注样式控制"下拉列表框中显示当前标注样式为"ISO-25"，然后从"标注样式控制"下拉列表框中选择新的标注样式"dzy"，效果如图 5-79 所示。

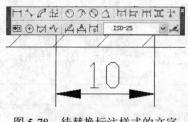

图 5-78　待替换标注样式的文字

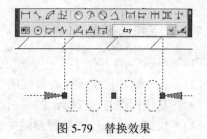

图 5-79　替换效果

5.11　机械图纸尺寸标注的问题与技巧

本节主要介绍机械制图标注过程中遇到的一些问题与相应的解决技巧。

1. 快速标注圆弧

使用快速标注对圆弧也是有效的，如图 5-80 所示，运行快速标注命令，在选项中选择"半径"，用鼠标选择需要标注的圆，并且用光标确定一个方向，将可以快速创建出如图 5-80 所示的半径标注。

2. 保存修改的标注样式

在机械绘图过程中，如果修改了某个标注样式，下次还要使用到原标注样式和修改后的标注样式，就需要保存修改的标注样式，以便下次调用。

将修改后的标注特性保存到新样式中，操作步骤如下。

（1）选择已经修改完毕的尺寸标注，在其上单击鼠标右键。

（2）在弹出的快捷菜单中选择"标注样式"|"另存为新样式"命令，弹出"另存为新标注样式"对话框，如图 5-81 所示。

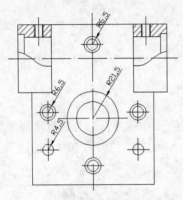

图 5-80　半径快速标注　　　　　　　图 5-81　"另存为新标注样式"对话框

（3）在"另存为新标注样式"对话框中，输入新样式名称，单击"确定"按钮。

利用这种功能，用户可以将已经调整适当的尺寸标注作为标注样式进行保存，其他的尺寸标注都可以使用这种标注样式，省去了设置样式的繁杂步骤。

5.12　习题

5.12.1　填空和选择题

（1）AutoCAD 2009 提供了系统变量＿＿＿＿＿＿来控制尺寸标注的关联性。

（2）线性标注提供了 3 种标注的类型：＿＿＿＿＿＿、＿＿＿＿＿＿、＿＿＿＿＿＿。

（3）基线标注与连续标注的区别在于：＿＿＿＿＿＿＿＿＿＿＿＿＿＿＿＿＿。

（4）快速引线标注在工程制图中也是一种常用的标注类型，引线标注由两部分标注对象组成：＿＿＿＿＿＿和＿＿＿＿＿＿。

（5）半径标注的命令为＿＿＿＿＿＿。

A. DIMORD　　　　　　　　B. DIMRA　　　　　　　　C. DIMDIA

（6）标注工具中的＿＿＿＿＿命令用于编辑尺寸标注，可以编辑尺寸标注的文字内容，旋转尺寸标注文本的方向，还可以指定尺寸界线倾斜的角度。

　　A. DIMEDIT　　　　　　　　B. DIMTEDIT　　　　　　　C. EDIT

（7）标注直径符号 φ 时，需要输入的前缀符号为＿＿＿＿＿＿＿＿＿＿。

　　A. %%C　　　　　　　　　　B. %%D　　　　　　　　　　C. %%P

5.12.2　简答题

（1）选择已经存在的尺寸标注对象，使用夹点编辑改变其中的尺寸标注定义点位置，观察尺寸标注文本会有何变化？

（2）什么叫形位公差？简述形位公差的应用，以及在图形中进行形位公差标注的操作方法。

5.12.3　上机题

（1）创建表 5-3 所示的尺寸标注样式，并将其命名为"机械标注样式"。

表 5-3　"机械标注样式"标注样式参数设置表

类　型	项　目	具体参数
尺寸界线	超出尺寸线	1.5
	起点偏移量	1
箭头	第一个	实心闭合
	第二个	实心闭合
	引线	实心闭合
	箭头大小	5
	圆心标记	3
文字外观	文字高度	5
文字位置	从尺寸线偏移	1.5
	文字位置调整	文字始终保持在尺寸界线间，不在默认位置时，置于尺寸线上方，不加引线
文字对齐	文字对齐	与尺寸线对齐
标注比例		1

（2）为如图 5-82、5-83、5-84 所示的零件图创建尺寸标注，标注样式采用上机题 1 创建的"机械标注样式"。

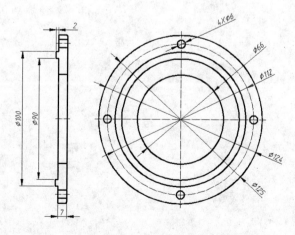

图 5-82　零件效果图 1

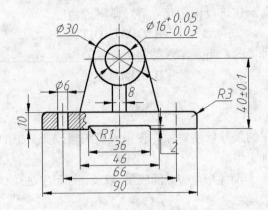

图 5-83　零件效果图 2

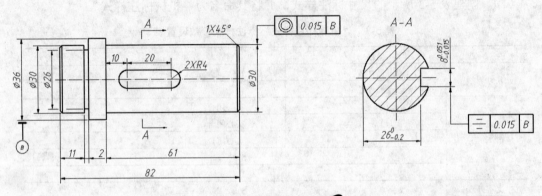

图 5-84　零件效果图 3

第6章

特殊关系机械平面图形

教学目标:

机械制图中有一些具有特殊关系的平面图形,比如平行、垂直、圆弧连接、对称等。

在使用 AutoCAD 2009 绘制这些具有特殊关系的机械平面图时,可以根据各自的特点使用相应的绘图工具。本章就将介绍这些具特殊关系的机械平面图形的画法。

教学重点与难点:

1. 绘制平行关系图形。
2. 绘制垂直关系图形。
3. 绘制相交关系图形。
4. 绘制等分图形。
5. 绘制对称图形。
6. 绘制规则图形。
7. 绘制圆弧连接图形。
8. 螺钉架零件图绘制与分析。
9. 特殊关系机械平面图的常见问题与技巧。

6.1 绘制平行关系图形

平行关系图形主要体现为图形中平行关系的对象比较多,使用 AutoCAD 绘图时需要多次使用到"偏移"、"镜像"等命令,下面举一个简单的例子来进行说明。

(1) 绘制中心线。使用"直线"按钮绘制中心线。

（2）绘制左半个外轮廓线。单击"绘图"工具栏中的"直线"按钮 ✎，绘制如图 6-1 所示的半个轮廓线。

注意：也可以使用"偏移" + "修剪"命令进行绘制。

（3）单击"修改"工具栏中的"倒角"按钮 ⌐，进行 45º 倒角，如图 6-2 所示，命令窗口提示如下：

命令：_chamfer
("修剪"模式) 当前倒角距离 1 = 0.800，距离 2 = 0.800
选择第一条直线或 [放弃(U)/多段线(P)/距离(D)/角度(A)/修剪(T)/方式(E)/多个(M)]：d
指定第一个倒角距离 <0.800>：2
指定第二个倒角距离 <2.000>：2
选择第一条直线或 [放弃(U)/多段线(P)/距离(D)/角度(A)/修剪(T)/方式(E)/多个(M)]：
选择第二条直线，或按住 Shift 键选择要应用角点的直线://选择如图6-2所示相邻两边倒角

图 6-1 绘制左半个外轮廓线

如果关联填充的边界由线段定义，则为该关联填充添加倒角将删除其关联性。如果从多段线定义该边界，则保留关联性。

（4）绘制左半个内轮廓线。单击"绘图"工具栏中的"直线"按钮 ✎，绘制如图 6-3 所示的内轮廓线。

图 6-2 倒角

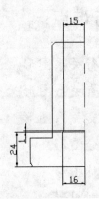

图 6-3 绘制内轮廓线

（5）镜像轮廓线。单击"修改"工具栏中的"镜像"按钮 ⚏，镜像出另一半轮廓图，如图 6-4 所示，命令窗口提示如下：

命令：_mirror
选择对象：指定对角点：找到 16 个//一次选中所有要镜像的物体
选择对象://按Enter键，完成对象选择
指定镜像线的第一点：指定镜像线的第二点：//指定中心线上两点
是否删除源对象？[是(Y)/否(N)] <N>://按Enter键，完成镜像

在选择镜像对象时，要使用"按住鼠标左键，从右边向左拖动"的方法，这样只要边框遇到的线条都会被选中，并不一定非要求线条在线框里面，效率明显高于传统的"按住左键从左向右拖动"的方法。

（6）填充剖面线。单击"绘图"工具栏中的"图案填充"按钮，填充如图 6-5 所示的剖面线。在弹出的"边界图案填充"对话框中设定参数，在"图案"选项中选择填充的线型 ANSI31，再在"角度"选项中设置填充线的倾斜角度 0，"比例"设为 2，最后单击"拾取点"按钮，选择需要填充的封闭区域即可完成图案填充。

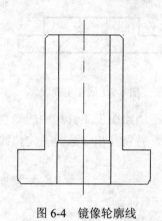

图 6-4　镜像轮廓线　　　　　　　　　　　　　　图 6-5　绘制剖面线

6.2　绘制垂直关系图形

垂直关系图形主要体现为图形中垂直关系的对象比较多，使用 AutoCAD 绘图时需要多次使用到"矩形"、"直线"等命令，以及需要经常打开"正交"功能键。下面举一个简单的例子来进行说明。

（1）绘制主视图。确定当前图层为"0 图层"，单击"绘图"工具栏中的"矩形"按钮 ⬚，绘制一个 170 mm×20 mm 的矩形。命令行提示如下：

```
命令: _rectang
指定第一个角点或 [倒角(C)/标高(E)/圆角(F)/厚度(T)/宽度(W)] : 0,0,0
指定另一个角点或 [面积(A)/尺寸(D)/旋转(R)] : 170,20
命令: _rectang
指定第一个角点或 [倒角(C)/标高(E)/圆角(F)/厚度(T)/宽度(W)] : 30,20
指定另一个角点或 [面积(A)/尺寸(D)/旋转(R)] : 140,40
```

如上操作绘制的图形如图 6-6 所示。

（2）单击"绘图"工具栏中的"修剪"按钮 ，删除重合的直线，命令行提示如下：

```
命令: _trim
当前设置:投影=UCS, 边=无
选择剪切边...
选择对象: 找到 1 个                    //选择大矩形
选择对象: 找到 1 个,总计 2 个           //选择小矩形
选择对象:                             //按Enter键,结束
选择要修剪的对象,或按住 Shift 键选择要延伸的对象,或
[栏选(F)/窗交(C)/投影(P)/边(E)/删除(R)/放弃(U)] : //选择公共边
选择要修剪的对象,或按住 Shift 键选择要延伸的对象,或
[栏选(F)/窗交(C)/投影(P)/边(E)/删除(R)/放弃(U)] : //再次选择公共边,因为有两条直线需
要删除
```

选择要修剪的对象，或按住 Shift 键选择要延伸的对象，或
[栏选(F)/窗交(C)/投影(P)/边(E)/删除(R)/放弃(U)] :

如上操作绘制的图形如图 6-7 所示。

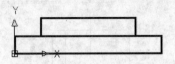

图 6-6　初步绘制底座主视图

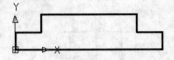

图 6-7　底座主视图

（3）绘制侧视图。设置"辅助线"层为当前层，单击"绘图"工具栏中的"直线"按钮，以底座主视图的右端交点为起点做 3 条水平辅助线，并制作出 3 条垂直定位线，以定位侧视图。命令行提示如下：

```
命令: _line 指定第一点: 250,0
指定下一点或 [放弃(U)]:              //利用"正交"功能，用鼠标点取
命令: _line 指定第一点: 300,0
指定下一点或 [放弃(U)]:              //利用"正交"功能，用鼠标点取
命令: _line 指定第一点: 350,0
指定下一点或 [放弃(U)]:              //利用"正交"功能，用鼠标点取
```

设置"图层 0"为当前图层，利用"直线"按钮绘制侧视图轮廓线，绘制的图形如图 6-8所示。

（4）绘制俯视图。设置"图层 0"为当前图层，单击"绘图"工具栏中的"直线"按钮，以底座主视图的水平方向交点为起点作 4 条垂

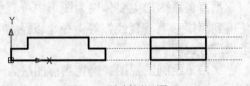

图 6-8　绘制侧视图

直定位线，以定位俯视图。绘图过程中注意利用"对象捕捉"功能，绘制的图形如图 6-9 所示。

（5）设置"图层 0"为当前图层，利用"直线"按钮绘制俯视图轮廓线，绘制的图形如图 6-10 所示。

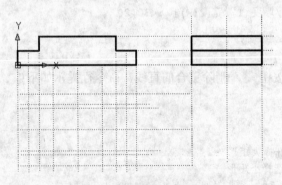

图 6-9　绘制俯视图辅助线

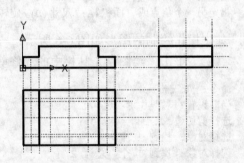

图 6-10　绘制俯视图

（6）利用"圆"命令绘制直径分别为 10 mm 和 6 mm 的圆（螺孔），圆心已经用辅助线确定，其中大圆圆心坐标为（15,-60），小圆圆心坐标为（50,-55），绘制的图形如图 6-11 所示。

（7）利用"镜像"按钮完成对大小螺孔的两次镜像，绘制的图形如图 6-12 所示。

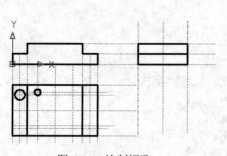

图 6-11　绘制螺孔

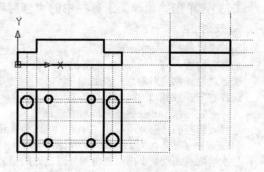

图 6-12　完成俯视图

6.3　绘制相交关系图形

绘制相交关系的图形时，使用"修剪"命令比较多，下面举一个简单的机械制图的例子。

（1）使用"圆"、"直线"、"偏移"、"镜像"等命令绘制如图 6-13 所示的图形，具体步骤不再详述，其中圆半径分别为 20，40，两条长水平线间距为 30，短水平线间距为 20，竖向直线距离圆心为 160。

（2）单击"修改"工具栏中的"修剪"按钮，命令行提示如下：

```
命令：trim
当前设置：投影=UCS，边=无
选择剪切边                //用鼠标左键依次选取图中两根较短的线段
选择对象：找到 1 个
选择对象：找到 1 个，总计 2 个
选择对象：按Enter键，完成对象选择
选择要修剪的对象，或按住 Shift 键选择要延伸的对象，或
[栏选(F)/窗交(C)/投影(P)/边(E)/删除(R)/放弃(U)]：//
用鼠标左键单击刚刚选中的两根线段之间的内圆部分
选择要修剪的对象，或按住 Shift 键选择要延伸的对象，或
[栏选(F)/窗交(C)/投影(P)/边(E)/删除(R)/放弃(U)]：//
用鼠标左键单击刚刚选中的两根线段之间的外圆部分
选择要修剪的对象，或按住 Shift 键选择要延伸的对象，或
[栏选(F)/窗交(C)/投影(P)/边(E)/删除(R)/放弃(U)]：
```

绘制的图形如图 6-14 所示。

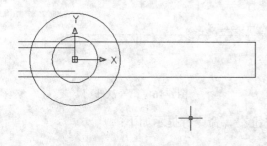

图 6-13　完成手柄的绘制

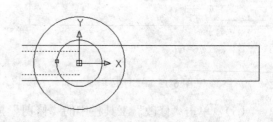

图 6-14　构建扳手开口

（3）单击"修改"工具栏中的"修剪"按钮 ⊢ ，命令行提示如下：

命令：trim
当前设置：投影=UCS，边=无
选择剪切边　　　　//依次选取内外圆
选择对象：指定对角点：找到 1 个
选择对象：找到 1 个，总计 2 个
选择对象：按Enter键，完成对象选择
选择要修剪的对象，或按住 Shift 键选择要延伸的对象，或
[栏选(F)/窗交(C)/投影(P)/边(E)/删除(R)/放弃(U)]：　//
依次拾取短线段处于内圆之内和外圆之外的部分，如图6-15所示
选择要修剪的对象，或按住 Shift 键选择要延伸的对象，或
[栏选(F)/窗交(C)/投影(P)/边(E)/删除(R)/放弃(U)]：
选择要修剪的对象，或按住 Shift 键选择要延伸的对象，或
[栏选(F)/窗交(C)/投影(P)/边(E)/删除(R)/放弃(U)]：
选择要修剪的对象，或按住 Shift 键选择要延伸的对象，或
[栏选(F)/窗交(C)/投影(P)/边(E)/删除(R)/放弃(U)]：
选择要修剪的对象，或按住 Shift 键选择要延伸的对象，或
[栏选(F)/窗交(C)/投影(P)/边(E)/删除(R)/放弃(U)]：//按Enter键，完成修剪

（4）单击"修改"工具栏中的"修剪"按钮 ⊢ ，命令行提示如下：

命令：trim
当前设置：投影=UCS，边=无
选择剪切边...　　//选取外圆
选择对象：找到 1 个
选择对象：
选择要修剪的对象，或按住 Shift 键选择要延伸的对象，或
[栏选(F)/窗交(C)/投影(P)/边(E)/删除(R)/放弃(U)]：
//用鼠标按图6-16中所示顺序1，2，3，4选取线段被圆所限定的部分
选择要修剪的对象，或按住 Shift 键选择要延伸的对象，或
[栏选(F)/窗交(C)/投影(P)/边(E)/删除(R)/放弃(U)]：
选择要修剪的对象，或按住 Shift 键选择要延伸的对象，或
[栏选(F)/窗交(C)/投影(P)/边(E)/删除(R)/放弃(U)]：
选择要修剪的对象，或按住 Shift 键选择要延伸的对象，或
[栏选(F)/窗交(C)/投影(P)/边(E)/删除(R)/放弃(U)]：
选择要修剪的对象，或按住 Shift 键选择要延伸的对象，或
[栏选(F)/窗交(C)/投影(P)/边(E)/删除(R)/放弃(U)]：//按Enter键，完成修剪

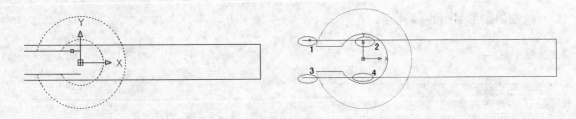

图 6-15　修剪扳手　　　　　　　　　　　　　图 6-16　第一次修剪

（5）单击"修改"工具栏中的"修剪"按钮 ⊢ ，命令行提示如下：

命令：trim
当前设置：投影=UCS，边=无

选择剪切边... //依次选取上下两根线段
选择对象: 找到 1 个
选择对象: 找到 1 个, 总计 2 个
选择对象:
选择要修剪的对象, 或按住 Shift 键选择要延伸的对象, 或
[栏选(F)/窗交(C)/投影(P)/边(E)/删除(R)/放弃(U)] :
//拾取外圆处于两根线段之间的部分
选择要修剪的对象, 或按住 Shift 键选择要延伸的对象, 或
[栏选(F)/窗交(C)/投影(P)/边(E)/删除(R)/放弃(U)] :// 按Enter键, 完成修剪

绘制的图形如图 6-17 所示。

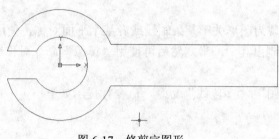

图 6-17 修剪完图形

6.4 绘制等分图形

等分图形主要体现为图形中某个对象是均匀分布的, 使用 AutoCAD 绘图时需要多次使用到"定距等分"、"镜像"等命令。下面举一个使用定距等分方法绘制轴孔的例子来进行说明。

（1） 使用 RECTANGLE 命令绘制表示机械底座的图形, 并且使用其中的圆角选项设置矩形, 圆角半径为 10, 矩形大小为 200×100, 得到的图形如图 6-18 所示。

（2） 在图形中的某个区域绘制出轴孔的图样, 其中圆半径为 8, 圆心绘制点的点样式为 ▄, 如图 6-19 所示。如果轴孔的图样太小, 可以先使用 ZOOM 命令放大屏幕的矩形区域, 再进行绘制。

图 6-18 绘制圆角矩形

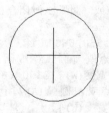

图 6-19 绘制轴孔图样

（3） 使用 BLOCK 命令将轴孔的图样定义为一个图块, 圆心为图块的基点, 命名为 Hole。

（4） 使用 LINE 命令, 在图形中绘制一条用于放置轴孔的直线, 直线距离最近的边为 25。选择"绘图"|"点"|"定距等分"命令, 命令窗口提示如下:

命令: _measure
选择要定距等分的对象: //选择放置轴孔的目标直线
指定线段长度或 [块(B)]: b

输入要插入的块名：Hole　//输入要进行标识
的块的名称

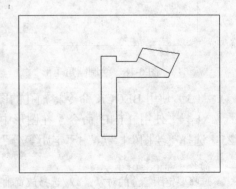

是否对齐块和对象？[是(Y)/否(N)] <Y>：
指定线段长度：20　//指定要进行等分的间距

（5）　删除放置轴孔的直线，并使用阵列
和 MIRROR 命令，将得到的轴孔进行镜像复
制，得到的图形如图 6-20 所示。

6.5　绘制对称图形

图 6-20　轴孔效果图

对称图形主要表现为图形关于某条轴线或者某个平面对称。使用 AutoCAD 2009 绘制对
称图形时，只需要绘制出其中一半，然后再使用"镜像"命令对称绘制出另一半即可，下面
举一个简单的实例。

（1）　选择"绘图"|"多段线"命令，命令行提示如下：

命令：pline
指定起点：80,0
当前线宽为 0.0000
指定下一个点或 [圆弧(A)/半宽(H)/长度(L)/放弃(U)/宽度(W)]：@600<90
指定下一个点或 [圆弧(A)/半宽(H)/长度(L)/放弃(U)/宽度(W)]：@120<0
指定下一点或 [圆弧(A)/闭合(C)/半宽(H)/长度(L)/放弃(U)/宽度(W)]：@40<-90
指定下一点或 [圆弧(A)/闭合(C)/半宽(H)/长度(L)/放弃(U)/宽度(W)]：@150<0
指定下一点或 [圆弧(A)/闭合(C)/半宽(H)/长度(L)/放弃(U)/宽度(W)]：@50<60
指定下一点或 [圆弧(A)/闭合(C)/半宽(H)/长度(L)/放弃(U)/宽度(W)]：
命令：pline
指定起点：80,0
当前线宽为 0.0000
指定下一个点或 [圆弧(A)/半宽(H)/长度(L)/放弃(U)/宽度(W)]：@120<0
指定下一点或 [圆弧(A)/闭合(C)/半宽(H)/长度(L)/放弃(U)/宽度(W)]：@440<90
指定下一点或 [圆弧(A)/闭合(C)/半宽(H)/长度(L)/放弃(U)/宽度(W)]：@400<0
指定下一点或 [圆弧(A)/闭合(C)/半宽(H)/长度(L)/放弃(U)/宽度(W)]：@32<60
指定下一点或 [圆弧(A)/闭合(C)/半宽(H)/长度(L)/放弃(U)/宽度(W)]：//捕捉端点
指定下一点或 [圆弧(A)/闭合(C)/半宽(H)/长度(L)/放弃(U)/宽度(W)]：
命令：pline
指定起点：350,560
　指定下一点或 [圆弧(A)/闭合(C)/半宽(H)/长度
(L)/放弃(U)/宽度(W)]：@100<60
　指定下一点或 [圆弧(A)/闭合(C)/半宽(H)/长度
(L)/放弃(U)/宽度(W)]：
命令：pline
指定起点：600,440
　指定下一点或 [圆弧(A)/闭合(C)/半宽(H)/长度
(L)/放弃(U)/宽度(W)]：@150<60
　指定下一点或 [圆弧(A)/闭合(C)/半宽(H)/长度
(L)/放弃(U)/宽度(W)]：//捕捉端点
　指定下一点或 [圆弧(A)/闭合(C)/半宽(H)/长度
(L)/放弃(U)/宽度(W)]：

得到的图形如图 6-21 所示。

图 6-21　绘制多段线

（2）单击"绘图"工具栏中的"矩形"按钮▱，命令行提示如下：

命令：rectangle
指定第一个角点或 [倒角(C)/标高(E)/圆角(F)/厚度(T)/宽度(W)]：80,100
指定另一个角点或 [面积(A)/尺寸(D)/旋转(R)]：250,440

得到的图形如图 6-22 所示。

（3）修剪处理，单击"修改"工具栏中的"镜像"按钮△，命令行提示如下：

命令：mirror
选择对象：指定对角点：找到 6 个
选择对象：
指定镜像线的第一点：80,0
指定镜像线的第二点：80,80
是否删除源对象？[是(Y)/否(N)] <N>：

得到的图形如图 6-23 所示。

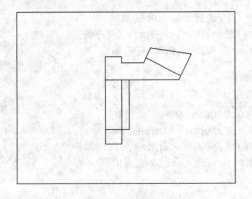

图 6-22　绘制矩形

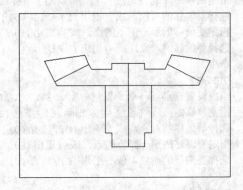

图 6-23　镜像处理

6.6　绘制规则图形

机械制图中的规则图形主要由一些基本图形组成，没有太明显的特点。下面举一个绘制支架零件图的例子来说明。

（1）设置图层。单击"图层"工具栏中的"图层特性管理器"按钮，打开图层特性管理器。建立 Center、Heavy、Hide、Light 和 Shadow 5 个新的图层，并赋予它们不同的颜色。

（2）将图层 Center 设为当前图层。使用直线工具绘制中心线。命令行提示如下：

命令：_line 指定第一点：300,650
指定下一点或 [放弃(U)]：1300,650
指定下一点或 [放弃(U)]：
命令：
LINE 指定第一点：300,300
指定下一点或 [放弃(U)]：1300,300
指定下一点或 [放弃(U)]：
命令：
LINE 指定第一点：580,800
指定下一点或 [放弃(U)]：@0,-600

指定下一点或 [放弃(U)]:

得到效果如图 6-24 所示。

（3）将图层 Heavy 设为当前图层，使用矩形、圆和偏移命令绘制主视图轮廓，命令行提示如下：

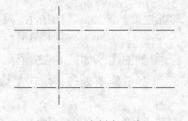

图 6-24　绘制中心线

```
命令: _rectang
指定第一个角点或 [倒角(C)/标高(E)/圆角(F)/厚度(T)/
宽度(W)]: 400,720
指定另一个角点或 [面积(A)/尺寸(D)/旋转(R)]:
760,580
命令: _circle指定圆的圆心或 [三点(3P)/两点(2P)/相
切、相切、半径(T)]: 580,300
指定圆的半径或 [直径(D)]: 90
命令: _offset
当前设置:删除源=否 图层=源 OFFSETGAPTYPE=0
指定偏移距离或 [通过(T)/删除(E)/图层(L)] <1.0000>: 10
选择要偏移的对象，或 [退出(E)/放弃(U)] <退出>://选择半径为90的圆
指定要偏移的那一侧上的点，或 [退出(E)/多个(M)/放弃(U)] <退出>://向内偏移
选择要偏移的对象，或 [退出(E)/放弃(U)] <退出>://按Enter键，完成偏移
命令:
OFFSET
当前设置:删除源=否 图层=源 OFFSETGAPTYPE=0
指定偏移距离或 [通过(T)/删除(E)/图层(L)] <10.0000>: 26
选择要偏移的对象，或 [退出(E)/放弃(U)] <退出>://选择半径为80的圆
指定要偏移的那一侧上的点，或 [退出(E)/多个(M)/放弃(U)] <退出>://向内偏移
选择要偏移的对象，或 [退出(E)/放弃(U)] <退出>://按Enter键，完成偏移
命令:
OFFSET
当前设置:删除源=否 图层=源 OFFSETGAPTYPE=0
指定偏移距离或 [通过(T)/删除(E)/图层(L)] <26.0000>: 8
选择要偏移的对象，或 [退出(E)/放弃(U)] <退出>://选择半径为54的圆
指定要偏移的那一侧上的点，或 [退出(E)/多个(M)/放弃(U)] <退出>://向内偏移
选择要偏移的对象，或 [退出(E)/放弃(U)] <退出>://按Enter键，完成偏移
```

（4）使用"直线"工具将主视图上下两部分连接起来。

```
命令: _line 指定第一点: 420,580
指定下一点或 [放弃(U)]: @300<-75
指定下一点或 [放弃(U)]:
命令:
LINE 指定第一点: 740,580
指定下一点或 [放弃(U)]: @300<-105
指定下一点或 [放弃(U)]:
```

绘制直线后，使用修剪命令删掉过长的部分，效果如图 6-25 所示。

（5）使用"矩形"、"直线"和"打断"工具，绘制右视图的轮廓。命令行提示如下：

```
命令: _rectang
指定第一个角点或 [倒角(C)/标高(E)/圆角(F)/厚
```

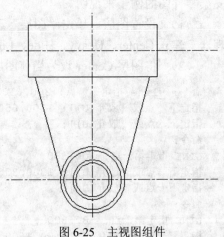

图 6-25　主视图组件

度(T)/宽度(W)]: 1000,720

指定另一个角点或 [面积(A)/尺寸(D)/旋转(R)]: 1140,580

命令:

命令: _rectang

指定第一个角点或 [倒角(C)/标高(E)/圆角(F)/厚度(T)/宽度(W)]:1040,720

指定另一个角点或 [面积(A)/尺寸(D)/旋转(R)]: 1140,620

命令: _break选择对象:

指定第二个打断点或 [第一点(F)]: f

指定第一个打断点:

指定第二个打断点:

命令:

BREAK选择对象:

指定第二个打断点或 [第一点(F)]: f

指定第一个打断点:

指定第二个打断点:

命令: _rectang

指定第一个角点或 [倒角(C)/标高(E)/圆角(F)/厚度(T)/宽度(W)]: 1020,580

指定另一个角点或 [面积(A)/尺寸(D)/旋转(R)]: @40,-190

命令: _rectang

指定第一个角点或 [倒角(C)/标高(E)/圆角(F)/厚度(T)/宽度(W)]: 950,390

指定另一个角点或 [面积(A)/尺寸(D)/旋转(R)]: 1140,210

命令: _line 指定第一点: 950,340↵

指定下一点或 [放弃(U)]: 1140,340↵

指定下一点或 [放弃(U)]:

命令:

LINE 指定第一点: 950,260

指定下一点或 [放弃(U)]: 1140,260↵

指定下一点或 [放弃(U)]:

使用打断命令删除下方矩形与肋板重合
的部分,效果如图 6-26 所示。

（6）将图层 Center 设为当前图层,使用
直线工具绘制螺孔的中心线,命令行提示如下:

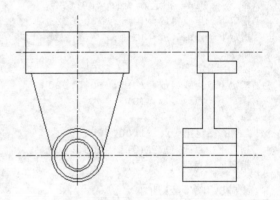

图 6-26　右视图

命令: _line 指定第一点: 470,710

指定下一点或 [放弃(U)]: @0,-120

指定下一点或 [放弃(U)]:

将图层 Heavy 设为当前图层,使用"圆"工具绘制第 1 个螺孔。命令行提示如下:

命令: _circle 指定圆的圆心或 [三点(3P)/两点(2P)/相切、相切、半径(T)]: 470,650

指定圆的半径或 [直径(D)] <90.0000>: 30

单击"修改"工具栏中的"镜像"按钮,通过镜像螺孔绘制螺孔后的图形如图6-27所示。

（7）单击"修改"工具栏中的"圆角"按钮,命令行提示如下:

命令: _fillet

当前设置: 模式 = 修剪, 半径 = 0.0000

选择第一个对象或 [放弃(U)/多段线(P)/半径(R)/修剪(T)/多个(M)]: r

指定圆角半径 <0.0000>: 10

选择第一个对象或 [放弃(U)/多段线(P)/半径(R)/修剪(T)/多个(M)]:

选择第二个对象,或按住 Shift 键选择要应用角点的对象:

```
命令:FILLET
当前设置：模式 = 修剪，半径 =10.0000
选择第一个对象或 [放弃(U)/多段线(P)/半径(R)/修剪(T)/多个(M)]:
选择第二个对象，或按住 Shift 键选择要应用角点的对象:
........................
```

对图形中需要圆角的位置进行相关操作，得到的图形如图 6-28 所示。

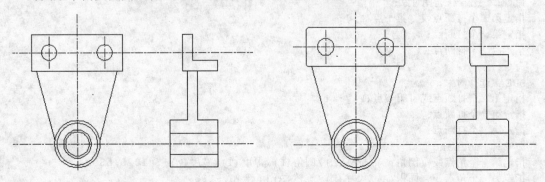

图 6-27　绘制螺孔　　　　　　　　　　　　　　图 6-28　形成倒角

（8）　单击"绘图"工具栏中的"直线"按钮，命令行提示如下：

```
命令：_line 指定第一点：400,620
指定下一点或 [放弃(U)]：760,620
指定下一点或 [放弃(U)]：
命令：
LINE 指定第一点：1040,620
指定下一点或 [放弃(U)]：1000,620
指定下一点或 [放弃(U)]：
命令：
LINE 指定第一点：1000,680
指定下一点或 [放弃(U)]：1040,680
指定下一点或 [放弃(U)]：
```

效果如图 6-29 所示。

（9）　将图层 Shadow 设为当前图层，单击"绘图"工具栏中的"图案填充"按钮 ，完成图案填充，填充图案为 ANSI31，比例为 5，效果如图 6-30 所示。

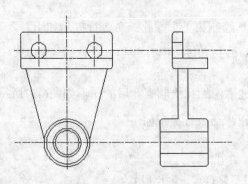

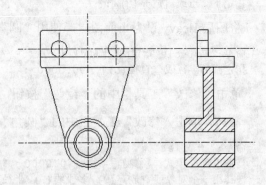

图 6-29　完整的图形轮廓　　　　　　　　　　　图 6-30　填充剖面线

6.7 绘制圆弧连接图形

圆弧连接图形主要体现为图形中有多个连接圆，使用 AutoCAD 绘制时需要多次使用"圆"或者"圆角"命令，下面举一个简单的机械制图实例。

（1）单击"绘图"工具栏中的"圆"按钮，绘制 5 个圆。命令行提示如下：

```
命令：circle
指定圆的圆心或 [三点(3P)/两点(2P)/相切、相切、半径(T)]：0,0,0
指定圆的半径或 [直径(D)]：10
命令：CIRCLE
指定圆的圆心或 [三点(3P)/两点(2P)/相切、相切、半径(T)]：0,0,0
指定圆的半径或 [直径(D)] <10.0000>：20
命令：CIRCLE
指定圆的圆心或 [三点(3P)/两点(2P)/相切、相切、半径(T)]：0,0,0
指定圆的半径或 [直径(D)] <20.0000>：27.5
命令：circle
指定圆的圆心或 [三点(3P)/两点(2P)/相切、相切、半径(T)]：40,0
指定圆的半径或 [直径(D)] <27.5000>：7.5
命令：CIRCLE
指定圆的圆心或 [三点(3P)/两点(2P)/相切、相切、半径(T)]：-40,0
指定圆的半径或 [直径(D)] <7.5000>：7.5
```

得到的图形如图 6-31 所示。

（2）单击"绘图"工具栏中的"圆"按钮，绘制圆，命令行提示如下：

```
命令：circle
指定圆的圆心或 [三点(3P)/两点(2P)/相切、相切、半径(T)]：0,0,0
指定圆的半径或 [直径(D)] <7.5000>：35
命令：CIRCLE
指定圆的圆心或 [三点(3P)/两点(2P)/相切、相切、半径(T)]：40,0
指定圆的半径或 [直径(D)] <35.0000>：15
命令：CIRCLE
指定圆的圆心或 [三点(3P)/两点(2P)/相切、相切、半径(T)]：-40,0
指定圆的半径或 [直径(D)] <15.0000>：
```

得到的图形如图 6-32 所示。

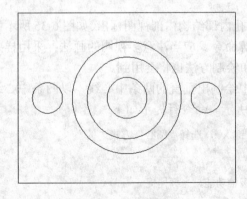

图 6-31 绘制圆

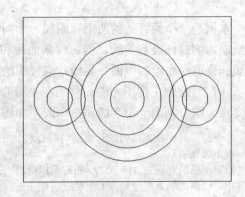

图 6-32 绘制圆

（3）如图 6-33 所示，绘制 4 条直线，其中各条直线分别与对应的外圆相切。打开对象捕捉，并且设置捕捉方式为捕捉切点。

（4）单击"修改"工具栏中的"修剪"按钮 ⊬，对上述圆弧进行修剪，命令行提示如下：

```
命令：_trim
当前设置：投影=UCS，边=无
选择剪切边...
选择对象或 <全部选择>：找到 1 个
选择对象：找到 1 个，总计 2 个//选择左侧两条直线
选择对象： //按Enter键，完成选择
选择要修剪的对象，或按住 Shift 键选择要延伸的对象，或
[栏选(F)/窗交(C)/投影(P)/边(E)/删除(R)/放弃(U)]： //修剪半径为35的圆两条直线之间的部分
选择要修剪的对象，或按住 Shift 键选择要延伸的对象，或
[栏选(F)/窗交(C)/投影(P)/边(E)/删除(R)/放弃(U)]： //修剪左侧半径为15的圆两条直线之间的部分
```

使用同样的方法，对右侧圆弧进行修剪，得到的图形如图 6-34 所示。

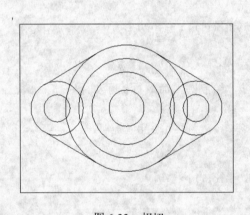

图 6-33　相切

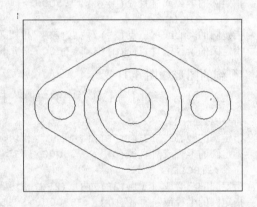

图 6-34　修剪效果

6.8　螺钉架零件图绘制分析

本例是一个螺钉架的两个视图加一个向视图，孔内部结构由剖视图标出（如图 6-35 所示）。在绘制本例时涉及到直线、圆、样条曲线和修剪等命令。应当注意多视图的画法；采用样条曲线和修剪命令绘制剖面分界线；向视图的规则和绘制方法也将会用到。

（1）绘制主视图一侧。首先在"中心层"中绘制出垂直的两条中心线，以两条中心线的交点为圆心画出一个半圆和两个圆，如图 6-36 所示。命令行提示如下：

```
命令：_arc 指定圆弧的起点或 [圆心(C)]：c //键入c，选择"圆心"方式
指定圆弧的圆心：
指定圆弧的起点：@15,0 //相对坐标给出
指定圆弧的端点或 [角度(A)/弦长(L)]： //开启极轴功能，光标捕捉
```

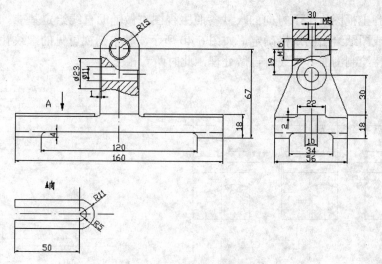

图 6-35　螺钉架零件图

（2）以半圆的端点为起点绘制直线段。开启
正交功能，光标捕捉坐标轴正交方向，用键盘输入
长度，命令行提示如下：

```
LINE 指定第一点: //圆弧端点
指定下一点或 [放弃(U)]: 51 //光标选取向下
指定下一点或 [放弃(U)]: 65 //向左
指定下一点或 [闭合(C)/放弃(U)]: 16 //向下
指定下一点或 [闭合(C)/放弃(U)]: 20 //向右
指定下一点或 [闭合(C)/放弃(U)]: 4 //向上
指定下一点或 [闭合(C)/放弃(U)]: //开启捕捉功
```
能垂直连至中轴

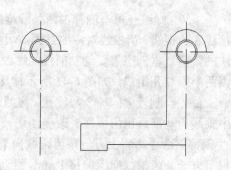

图 6-36　绘制主视图轮廓

根据已经绘制出的点定位，绘制出内轮廓、台阶和不可见线，尺寸如图 6-37 所示。

（3）完成主视图。使用镜像命令，对称地生成主视图的另外一侧。并且对两个直角的
连接处进行圆角，如图 6-38 所示。

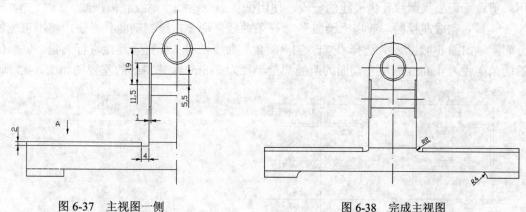

图 6-37　主视图一侧　　　　　　　　　　图 6-38　完成主视图

（4）绘制主视图剖面分界线。剖面分界线是波浪线，使用"绘图"|"样条曲线"命令
画出。首先将波浪线绘制在图上，与图形内部轮廓线相交，再选择"修改"|"修剪"命令，
将不可见的部分删除，如图 6-39 所示。

（5）对齐主视图。上下方向的尺寸参照主视图，做辅助直线给定基准。前后方向的参数则根据零件或图纸给出的规格确定，如图 6-40 所示。其中剖视可见的螺纹孔内轮廓和外轮廓线均画出，待绘制剖面分界线时再做处理，此时两者相交。

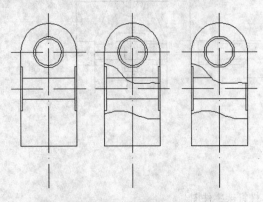

图 6-39　剖面分界线

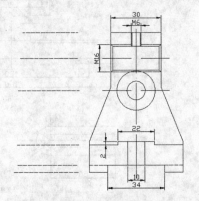

图 6-40　对齐得到左视图

（6）螺纹孔每一侧都由两条线组成，分别为齿顶线和齿根线，齿根线对应的是螺纹大径，也就是标注的数值。本例中需要绘制剖视的螺纹孔内轮廓线，由两个螺纹孔组成，如图 6-41 所示，具体过程如下。

首先绘制较大的一个螺纹孔，按照螺纹大径，以中轴线为基准画出齿根线。改变图层，选择"修改"|"偏移"命令，将上方一条齿根线向下偏移 1 mm，将下方一条齿根线向上偏移 1 mm，得到两条齿顶线。

开启极轴功能，设定增量角为 45º，从齿根线的端线开始，制作与端面呈 45º 的倒角线，捕捉与齿顶线的交点，完成倒角线。使用修剪命令切去齿顶线的两端。按照较小螺纹孔的中轴和大径，绘制齿根线，

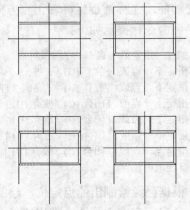

图 6-41　绘制螺纹孔

用修剪命令切去大螺纹孔齿根线的一段，使用偏移命令绘制小螺纹孔齿顶线。

（7）完成左视图。选择"绘图"|"样条曲线"命令，绘制剖面分界线，将不可见的部分删除，如图 6-42 所示。选择"修改"|"圆角"命令，对 3 处直角连接进行圆角，底面的槽的圆角半径为 4 mm，底座上端面的两处圆角半径为 2 mm。最终得到的左视图如图 6-43 所示。

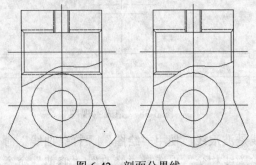

图 6-42　剖面分界线

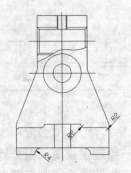

图 6-43　完成左视图

（8）绘制向视图。为了表示底座上端面的凸台形状，需要使用一个向视图，配合两个视图来表达零件的形状。在主视图上标出向视图的位置，也就是用箭头给出向视图的观察方向。单击"绘图"工具栏中的"多段线"按钮 ⇣，依次确定多段线的点，其中第一段长为 4.35，箭头长为 2.5，宽为 0.8。

选择"绘图"|"文字"|"单行文字"命令，在箭头旁边插入文字"A"，文字高度为 2.5，A 是向视图的标记，如果有多个向视图则按照 A、B、C 这样的顺序排列。如图 6-44 所示，左边的标记标于主视图中的向视图观察方向，右边的标记标于向视图左上方。

先在中心层绘制中心线，然后使用直线和圆弧命令完成向视图的绘图，如图 6-45 所示。

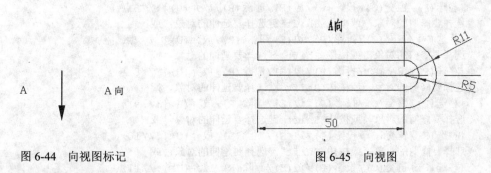

图 6-44　向视图标记　　　　　　　　　　　　图 6-45　向视图

（9）绘制剖面线、标注。填充样式为 ANSI31，比例为 1，角度为 0。标注比例为 1，使用线性标注和半径标注命令进行标注，最终效果如图 6-35 所示。

6.9　特殊关系机械平面图的常见问题与技巧

本节主要介绍绘制特殊关系机械平面图时，比较常见的问题与相应的解决技巧。下面重点介绍怎样使用一次修剪命令完成多个修剪操作。

（1）6.3 节介绍的扳手的修剪过程使用了 4 次修剪命令，这里介绍一种方法只使用两次修剪命令就能完成相同的效果。命令行提示如下：

```
命令: _trim
当前设置:投影=UCS，边=无
选择剪切边...
选择对象或 <全部选择>: 找到 1 个     //选择第一个剪切边
选择对象: 找到 1 个，总计 2 个   //选择第二个剪切边
选择对象:                      //按Enter键，完成选择
选择要修剪的对象，或按住 Shift 键选择要延伸的对象，或
[栏选(F)/窗交(C)/投影(P)/边(E)/删除(R)/放弃(U)]:
//选择第一个要修剪的对象，光标指定部分被修剪
选择要修剪的对象，或按住 Shift 键选择要延伸的对象，或
[栏选(F)/窗交(C)/投影(P)/边(E)/删除(R)/放弃(U)]://按Enter键，完成修剪


命令: _trim
当前设置:投影=UCS，边=无
选择剪切边...
选择对象或 <全部选择>: 找到 1 个
```

选择对象：找到 1 个，总计 2 个 //如图6-46所示
选择对象：
选择要修剪的对象，或按住 Shift 键选择要延伸的对象，或
[栏选(F)/窗交(C)/投影(P)/边(E)/删除(R)/放弃(U)]://1点
选择要修剪的对象，或按住 Shift 键选择要延伸的对象，或
[栏选(F)/窗交(C)/投影(P)/边(E)/删除(R)/放弃(U)]://2点
选择要修剪的对象，或按住 Shift 键选择要延伸的对象，或
[栏选(F)/窗交(C)/投影(P)/边(E)/删除(R)/放弃(U)]://3点
选择要修剪的对象，或按住 Shift 键选择要延伸的对象，或
[栏选(F)/窗交(C)/投影(P)/边(E)/删除(R)/放弃(U)]://4点
选择要修剪的对象，或按住 Shift 键选择要延伸的对象，或
[栏选(F)/窗交(C)/投影(P)/边(E)/删除(R)/放弃(U)]://6点
选择要修剪的对象，或按住 Shift 键选择要延伸的对象，或
[栏选(F)/窗交(C)/投影(P)/边(E)/删除(R)/放弃(U)]://7点
选择要修剪的对象，或按住 Shift 键选择要延伸的对象，或
[栏选(F)/窗交(C)/投影(P)/边(E)/删除(R)/放弃(U)]://8点
选择要修剪的对象，或按住 Shift 键选择要延伸的对象，或
[栏选(F)/窗交(C)/投影(P)/边(E)/删除(R)/放弃(U)]://9点
选择要修剪的对象，或按住 Shift 键选择要延伸的对象，或
[栏选(F)/窗交(C)/投影(P)/边(E)/删除(R)/放弃(U)]://10点
选择要修剪的对象，或按住 Shift 键选择要延伸的对象，或
[栏选(F)/窗交(C)/投影(P)/边(E)/删除(R)/放弃(U)]://11点
选择要修剪的对象，或按住 Shift 键选择要延伸的对象，或
[栏选(F)/窗交(C)/投影(P)/边(E)/删除(R)/放弃(U)]://按Enter键

得到的效果如图 6-47 所示。

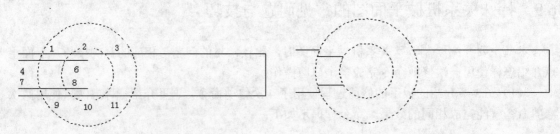

图 6-46　选择修剪参考线　　　　　　　　　　图 6-47　修剪后效果

（2）　再次执行修剪命令，命令行提示如下：

命令：_trim
当前设置:投影=UCS，边=无
选择剪切边...
选择对象或 <全部选择>：指定对角点：找到 0 个
选择对象：找到 1 个
选择对象：找到 1 个，总计 2 个
选择对象：找到 1 个，总计 3 个
选择对象：找到 1 个，总计 4 个 //如图6-48所示
选择对象：
选择要修剪的对象，或按住 Shift 键选择要延伸的对象，或
[栏选(F)/窗交(C)/投影(P)/边(E)/删除(R)/放弃(U)]://1点
选择要修剪的对象，或按住 Shift 键选择要延伸的对象，或
[栏选(F)/窗交(C)/投影(P)/边(E)/删除(R)/放弃(U)]://2点

选择要修剪的对象，或按住 Shift 键选择要延伸的对象，或
[栏选(F)/窗交(C)/投影(P)/边(E)/删除(R)/放弃(U)]://3点
选择要修剪的对象，或按住 Shift 键选择要延伸的对象，或
[栏选(F)/窗交(C)/投影(P)/边(E)/删除(R)/放弃(U)]://按Enter键

得到的效果如图 6-49 所示。

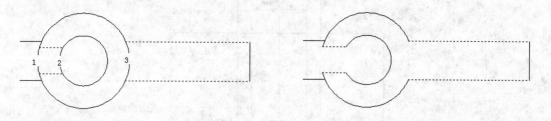

图 6-48　修剪后效果　　　　　　　　图 6-49　修剪最终效果

（3）　删除左端多余的两条线段，得到效果如图 6-50 所示。

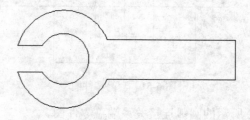

图 6-50　最终效果图

6.10　习题

6.10.1　填空和选择题

（1）　平行关系图形主要体现为图形中平行关系的对象比较多，使用 AutoCAD 绘图时需要多次使用到"_____"、"镜像"等命令。

（2）　在 AutoCAD 2009 中，等分命令包括：_____ 与 _____。

（3）　修剪命令可以选择多个对象作为修剪边界或者被修剪对象，_____选择顺序问题。

　　　　A. 有　　　　　　　　　　B. 没有

6.10.2　简答题

（1）　绘制各种特殊关系平面机械图形需要注意什么问题？

（2）　对称关系的图形使用镜像命令绘制时，可以删除原对象吗？　如果可以，在机械制图中一般用于什么情况下？

6.10.3　上机题

（1）　绘制如图 6-51 所示的对称关系套筒零件图。

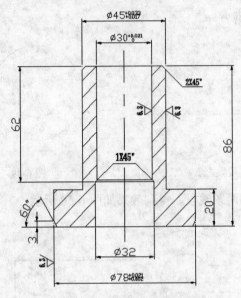

图 6-51　套筒零件图

（2）　绘制如图 6-52 所示的圆弧连接关系端盖零件图。

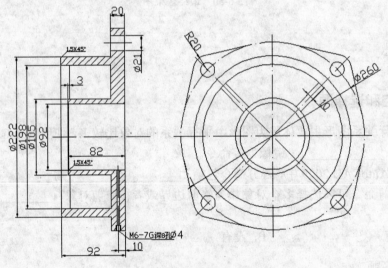

图 6-52　端盖零件图

第 7 章

机械剖视图

教学目标：

机械制图中有些零件的结构在一般视图中并不能表现出来，需要剖开某个平面才能清楚地展现出来，尤其是某些内部结构，这时就需要使用剖视图。剖视图包括全剖视图、半剖视图和局部剖视图 3 种，用法各有不同。本章主要介绍剖视图的基础、分类，以及一些应用实例。

教学重点与难点：

1. 剖视基础。
2. 剖视图一般绘制方法。
3. 剖面线的标注。
4. 全剖视图、半剖视图和局部剖视图的绘制。
5. 机械剖视图的常见问题与技巧。

7.1 剖视图基础

机件内部有孔时，在视图上一般使用虚线来表示，但是当机件的内形比较复杂时，视图中表示内形的虚线会给看图和标注尺寸带来不便，如图 7-1 所示。为了解决这个矛盾，使机件的内部形状能够直接展现出来，《中华人民共和国国家标准》和《技术制图图样画法》中规定，在表示机件内部结构时采用剖视的表达方法。

为了表达机件内孔和槽的形状，假想用一个平面沿机件的对称面将其剖开，这个平面即为剖切面。将处于观察者与剖切面之间的部分形体移去，将余下的这部分形体向投影面投射，所得的图形称为剖视图。

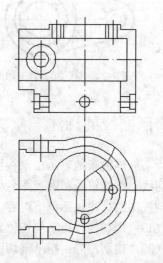

图 7-1 用虚线表示机件的内部形状

剖切面与物体的接触部分称为剖面区域。

综上所述，"剖视"的概念可以归纳为 3 个字。

（1）"剖"：假想用剖切面剖开物体。

（2）"移"：将处于观察者与剖切面之间的部分移去。

（3）"视"：将其余部分向投影面投射。

所得的图形为剖视图，简称为"剖视"。

7.2　剖视图的一般绘制方法

机械制图中剖视图的一般绘制方法如下：

（1）确定剖切面的位置及投射方向。为了在主视图上反映机件内孔的实际大小，剖切面应通过孔的轴线并平行于 V 面；以垂直于 V 面的方向为投射方向。

（2）将处于观察者与剖切面之间的部分移去后，画出余下部分在 V 面的投影，如图 7-2 所示。

注意：应画出剖面区域及位于剖切面以后部分的所有可见线的投影，不要漏线。

（3）在剖面区域内画出剖面符号，如图 7-3 所示。

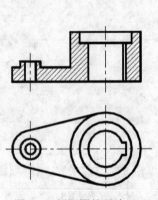

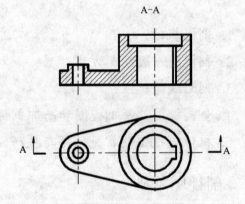

图 7-2　剖视图的画法（1）　　　　　图 7-3　剖视图的画法（2）

7.3　剖面线的标注

为了能够清晰地表示出剖视图与剖切位置及投射方向之间的对应关系，绘制剖视图时应将剖切线、剖切符号和剖视图名称标注在相应的视图上。

剖视图的标注包括以下内容。

（1）剖切线：指示剖切位置的线（用点画线表示）。

（2）剖切符号：指示剖切面起、止和转折位置及投射方向的符号。

● 剖切面起、止和转折位置用粗短画线表示。

● 投射方向用箭头或粗短线表示。机械图中均用箭头表示。

（3）　视图名称：一般应按"×—×"（"×—×"为大写拉丁字母或阿拉伯数字）标注方式标注剖视图名称，在相应视图上用剖切符号表示剖切位置和投射方向，并标注相同的字母。

剖切符号、剖切线和字母的组合标注如图 7-4 左图所示。剖切线可省略不画，如图 7-4 右图所示。

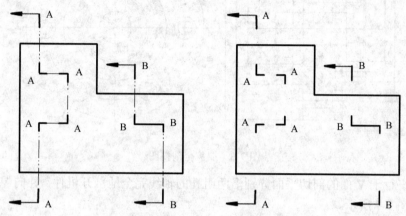

图 7-4　剖切符号、剖切线和字母的组合标注

7.4　全剖视图的绘制

用剖切面完全地剖开物体所得的剖视图称为全剖视图，如图 7-5 所示。全剖视图可用下列剖切方法获得。

1.　单一剖切面剖切

当机件的外形较简单、内形较复杂而图形又不对称时，常采用这种剖视。外形简单而又对称的机件，为了使剖开后图形清晰、便于标注尺寸，也可以采用这种剖视。

用单一剖切面剖切的全剖视图同样适用于表达某些机件倾斜部分的内形。当物体倾斜部分的内、外形在基本视图上均不能反映实形时，可用一平行于倾斜部分、而垂直

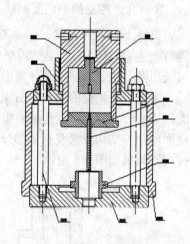

图 7-5　全剖视图

于某一基本投影面的平面剖切，然后再投射到与剖切面平行的辅助投影面上，就能得到它的实形了，如图 7-6 所示。

图中弯管倾斜部分的内、外形在基本视图上均不能反映实形。此时用一平行于倾斜部分而垂直于 V 面的平面 A 剖切，弯管倾斜部分在与剖切面 A 平行的辅助投影面内的投影——剖视图 A—A 反映它的实形。

画图时，剖视图最好按投射方向配置。在不致引起误解时，允许将图形旋转，但此时必须在视图上方标出旋转符号，如图 7-6 右图所示。

2.　几个平行的剖切平面剖切

机件上结构不同的孔的轴线分布在相互平行的两个平面内。欲表达这些孔的形状，显然用单一剖切面剖切是不能实现的。此时，可采用一组相互平行的剖切平面依次将它们剖开。

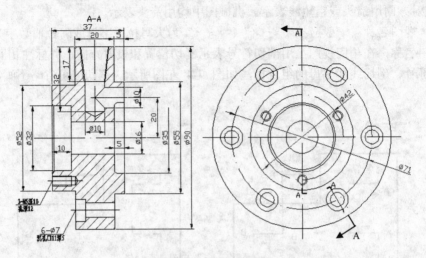

图 7-6　端盖全剖视图

　　用两个平行于 V 面的剖切平面分别沿两组孔的轴线完全地剖开机件，并向 V 面投射，得到的图形如图 7-7 所示。

　　当机件内形的层次较多，用单一剖切面剖切不能同时显示出来时，可采用这种剖视。

3.　几个相交的剖切面剖切

　　机件上有 3 个形状、大小不同的孔和槽，它们分布在同轴的、不同直径的圆柱面上。欲同时表达它们的形状，显然用单一剖切面或几个平行的剖切平面剖切都是不能实现的。此时，可采用两个相交的剖切面分别沿不同的孔的轴线依次将它们剖开。

　　采用两个相交的剖切平面完全地剖开机件。其一通过轴孔和阶梯孔的轴线，它平行于 V 面；其二通过轴孔和小孔的轴线，它倾斜于 V 面。两个剖切平面的交线垂直于 W 面。将被剖切面剖开的结构要素及有关部分旋转到与选定的投影面 V 面平行的位置，然后再向 V 面进行投射，效果如图 7-8 所示。

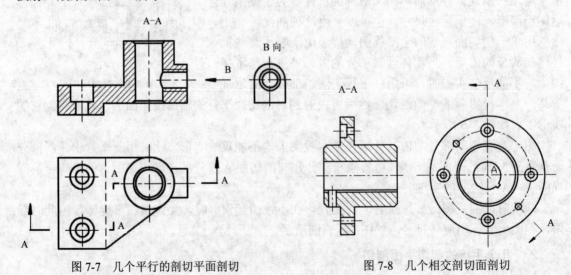

图 7-7　几个平行的剖切平面剖切　　　　　图 7-8　几个相交剖切面剖切

　　从以上实例看出，这种剖视常用于盘类零件，例如凸缘盘、轴承压盖、手轮和带轮等，以表达孔、槽的形状和分布情况。也可用于具有一个回转中心的非回转面零件。

7.5 半剖视图的绘制

当物体具有对称平面时，向垂直于对称平面的投影面上投射所得的图形，可以对称中心线为界，一半画成剖视图，另一半画成视图。这种剖视图称为半剖视图。

由于机件的结构左右对称，因此机件的主视图外形是左右对称的，主视图的全剖视图也是左右对称的。那么，主视图就可以以对称中心线为界，一半画成剖视图，另一半画成视图，如图 7-9 所示。

同理，机件的俯视图前后也是对称的，也可以用半剖视图表示，如图 7-10 所示。

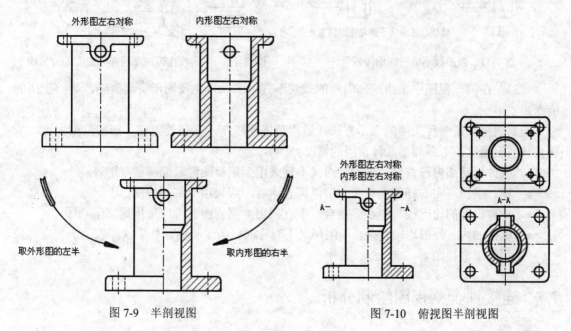

图 7-9　半剖视图　　　　　　　　　图 7-10　俯视图半剖视图

由于图形对称，因此表示外形的视图中的虚线不必画出。同样，表示内形的剖视图中的虚线也不必画出。该例中，主视图的剖切面与机件前后方向的对称面重合，且视图按投射方向配置，因此剖切符号和视图名称均可省略。机件的上下方向没有对称面，因此俯视图必须标出剖切位置及视图名称。但由于视图是按投射方向配置的，因此箭头可以省略。

当机件的内形、外形均需表达，而其形状又具有对称平面时，常采用半剖视图。若机件的形状接近于对称，并且不对称部分已另有图形表达清楚时，亦允许采用半剖视图。

7.6 局部剖视图的绘制

用剖切面局部地剖开物体所得的剖视图称为局部剖视图。局部剖视图用波浪线或双折线分界，以示剖切范围。

（1）　表示剖切范围的波浪线或双折线不应与图样中的其他图线重合，如图 7-11 所示。

当被剖结构为回转体时，允许将该处结构的中心线作为局部剖视与视图的分界线，如图

7-12 所示。

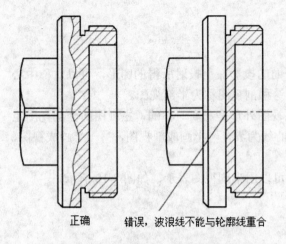

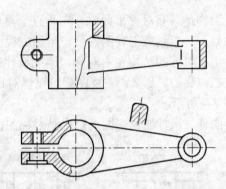

图 7-11　波浪线不应与轮廓线重合　　　　图 7-12　中心线作为局部剖视与视图的分界线

（2）　在同一视图中采用局部剖视的数量不宜过多，以免使图形支离破碎，影响视图的清晰。

局部剖视图是一种灵活的表示方法，适用范围比较广，在何处剖切、剖切范围大小均应视具体情况而定。下面列举几种常用的情况。

- 机件仅局部内形需剖切表示，而又不宜采用全剖视图时取局部剖视图。
- 轴、手柄等实心杆件上有孔、键槽需表达时，应采用局部剖视图。
- 对称机件的轮廓线与中心线重合，不宜采用半剖视图时，应采用局部剖视图。
- 机件的内、外形均较复杂，而图形又不对称时，为了将内、外形状都表达清楚，可采用局部剖视图。

7.7　连接件全剖视图绘制分析

本例所绘图形的剖切面为一斜面，若使用坐标直接确定点的位置，需要进行换算，而且坐标值通常为小数，比较麻烦。本实例将介绍怎样绘制这样的图形，减少不必要的麻烦。

使用 AutoCAD 2009 绘制如图 7-13 所示图形的操作步骤如下。

（1）　利用直线、圆、倒角等命令绘制如图 7-14 所示的连接件俯视图。

（2）　移动坐标系。在命令行中输入 UCS 命令，命令行提示如下：

命令：ucs
当前 UCS 名称：＊世界＊
指定 UCS 的原点或 [面(F)/命名(NA)/对象(OB)/上一个(P)/视图(V)/世界(W)/X/Y/Z/Z 轴(ZA)] <世界>：//利用"捕捉圆心"命令，选中O1点
指定 X 轴上的点或 <接受>：//按Enter键，完成移动

绘制的图形如图 7-15 所示。

（3）　绕 Z 轴旋转坐标系。在命令行中输入 UCS 命令，命令行提示如下：

命令：UCS

当前 UCS 名称：*没有名称*

指定 UCS 的原点或 [面(F)/命名(NA)/对象(OB)/上一个(P)/视图(V)/世界(W)/X/Y/Z/Z 轴(ZA)] <世界>：z

指定绕 Z 轴的旋转角度 <90>：-45

绘制的图形如图 7-16 所示。

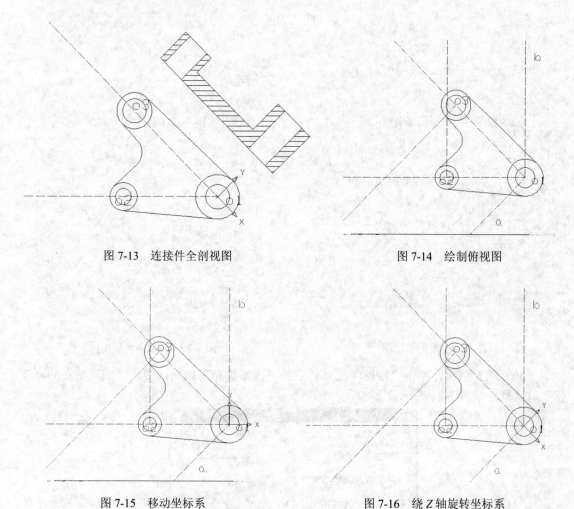

图 7-13 连接件全剖视图   图 7-14 绘制俯视图

图 7-15 移动坐标系   图 7-16 绕 Z 轴旋转坐标系

（4）绘制辅助线。设置"辅助线"层为当前层，打开"正交"功能，启用"切点"捕捉功能，利用"绘图"工具栏中的"直线"按钮，绘制做斜剖面用的辅助线，绘制的图形如图 7-17 所示。

（5）单击"修改"工具栏中的"偏移"按钮，将直线 d 依次向上偏移 20 mm、45 mm、65 mm，绘制的图形如图 7-18 所示。

（6）绘制斜视图。设置"0 层"为当前层，单击"绘图"工具栏中的"直线"按钮，绘制斜视图轮廓线，绘制的图形如图 7-19 所示。

（7）删除多余辅助线。单击"修改"工具栏中的"删除"按钮，删除多余辅助线，绘制的图形如图 7-20 所示。

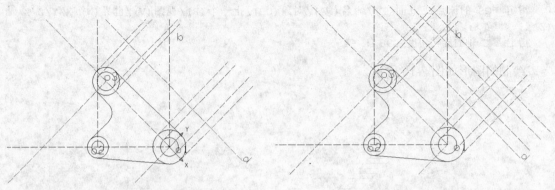

图 7-17　绘制做斜剖面用辅助线　　　　　　　　　图 7-18　偏移直线

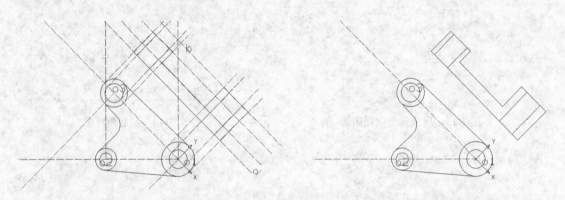

图 7-19　绘制斜视图　　　　　　　　　　　图 7-20　删除多余辅助线

（8）　填充剖面。单击"绘图"工具栏中的"图案填充"按钮，弹出"图案填充和渐变色"对话框，如图 7-21 所示。

图 7-21　"图案填充和渐变色"对话框

（9） 单击"拾取点"按钮⊠，选中需要填充的区域，如图 7-22 所示。

（10） 填充后的图形如图 7-23 所示。

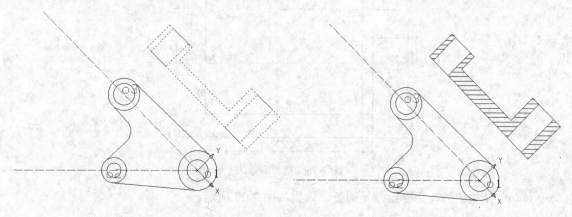

图 7-22　选中填充区域　　　　　　　　　　　图 7-23　填充后图形

　　本实例介绍了剖切平面为斜面的剖视图的画法，这里介绍的是一般的处理方法，适用于大多数情况。

7.8　底座半剖视图绘制分析

　　本例所绘制的底座半剖视图可以先通过使用"矩形"、"直线"、"圆"等命令绘制出底座的轮廓图，然后使用"修剪"命令得到左右视图，最后进行图案填充。

　　（1） 单击"绘图"工具栏中的"矩形"按钮，绘制 380×260 的矩形，并使用捕捉功能绘制中心线，如图 7-24 所示。

　　（2） 使用"直线"和"偏移"命令绘制零件轮廓图，如图 7-25 所示。

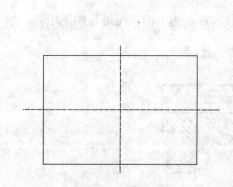

图 7-24　绘制矩形

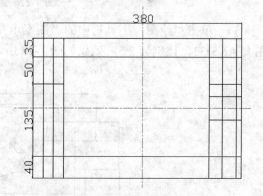

图 7-25　绘制轮廓图

　　（3） 使用"修剪"命令对图 7-25 进行修剪，得到如图 7-26 所示的效果。

注意：半剖视图的左右半图会反映不同的内部结构，所以线条也有很大不同，在修剪的过程中需要多加注意。

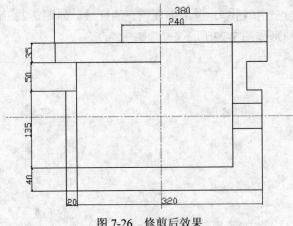

图 7-26 修剪后效果

（4）使用"弧"命令绘制半圆弧，效果如图 7-27 所示。

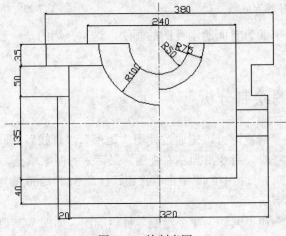

图 7-27 绘制半圆

（5）单击"绘图"工具栏中的"图案填充"按钮，对右边半剖视图进行图案填充，填充图案 ANSI31，比例为 2.5，效果如图 7-28 所示。

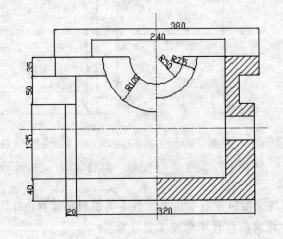

图 7-28 图案填充

7.9 座体局部剖视图绘制分析

这里将介绍结构稍复杂、层次较多的三视图，并且需要在某个区域做剖视图，对切开部分填充剖面线，另外还采用了相对坐标的方法。

（1）单击"绘图"工具栏中的"矩形"按钮，绘制一个 100 mm×100 mm 的正方形。单击"修改"工具栏中的"分解"按钮，分解正方形，并利用"修改"工具栏中的"偏移"按钮，把下底边向上偏移 20 mm，命令窗口提示如下：

```
命令：_explode
选择对象：找到 1 个    //选中正方形
选择对象：
命令：_offset
当前设置：删除源=否  图层=源  OFFSETGAPTYPE=0
指定偏移距离或 [通过(T)/删除(E)/图层(L)] <1.0000>：20
选择要偏移的对象，或 [退出(E)/放弃(U)] <退出>：//选择分解矩形的下边
指定要偏移的那一侧上的点，或 [退出(E)/多个(M)/放弃(U)] <退出>：//向上偏移
```

绘制的效果如图 7-29 所示。

（2）设置当前图层为"辅助线"层，单击"绘图"工具栏中的"直线"按钮和"修改"工具栏中的"偏移"按钮，绘制辅助线，绘制的效果如图 7-30 所示。

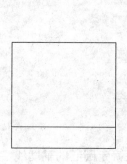

图 7-29　绘制横线

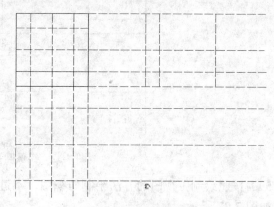

图 7-30　绘制辅助线

（3）设置当前图层为"图层 0"，利用"绘图"工具栏中的"直线"按钮绘制 1/2 凸台视图，命令窗口提示如下：

```
命令：_line 指定第一点：          //选中辅助线的交点
指定下一点或 [放弃(U)]：@10,0      //输入相对坐标，由于是1/2凸台，宽度也是一半
指定下一点或 [放弃(U)]：         //利用"垂足捕捉"命令，用鼠标左键单击"确定"按钮
指定下一点或 [闭合(C)/放弃(U)]：   //按Enter键结束
```

再利用"修改"工具栏中的"镜像"按钮，完成主视图的绘制，命令窗口提示如下：

```
命令：_mirror
选择对象：找到 1 个
选择对象：找到 1 个，总计 2 个    //选中需要"镜像"的两条直线
选择对象：                  //按Enter键，结束
指定镜像线的第一点：指定镜像线的第二点：//选取主视图中线为对称轴
```

是否删除源对象？[是(Y)/否(N)] <N>:　　　　　//按Enter键，保留原图形

绘制的效果如图 7-31 所示。

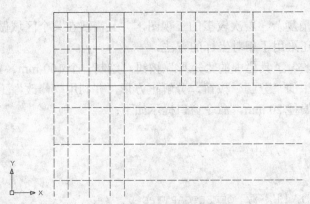

图 7-31　绘制镜像凸台

（4）单击"绘图"工具栏中的"圆"按钮，绘制直径分别为 16 和 24 的两个圆，再次运用"镜像"命令，完成主视图的绘制，绘制的效果如图 7-32 所示。

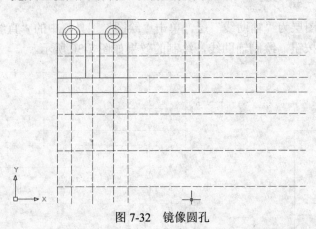

图 7-32　镜像圆孔

（5）按照绘制主视图的方法绘制俯视图，不过需要先加两条确定圆心的辅助线，绘制的效果如图 7-33 所示。

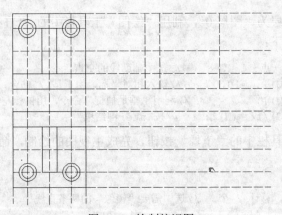

图 7-33　绘制俯视图

（6） 利用"绘图"工具栏中的"直线"按钮，绘制侧视图的轮廓线。过圆孔垂直方向的上下顶点做一系列水平辅助线，延长主视图圆心的连线，并图 7-33 中已经绘制的侧视图的最右侧竖直线向左偏移 20 mm，绘制的效果如图 7-34 所示。

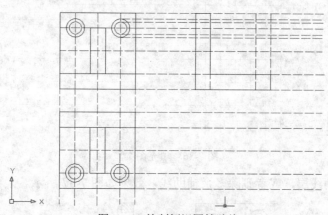

图 7-34　绘制侧视图辅助线

（7） 绘制螺孔侧视图的基本尺寸，并把定位线的交点连起来，命令窗口提示如下：

```
命令：_line 指定第一点：              //利用"捕捉"命令选中起始点
指定下一点或 [放弃(U)]：@-5,0        //输入相对坐标，向左画长5 mm的水平线段
指定下一点或 [放弃(U)]：             //按Enter键，结束
指定下一点或 [闭合(C)/放弃(U)]：     //按"空格"键，继续执行"直线"命令
指定下一点或 [闭合(C)/放弃(U)]：     //绘制小孔的基本尺寸
命令：_line 指定第一点：
指定下一点或 [放弃(U)]：
指定下一点或 [放弃(U)]：             //连接定位线的交点
```

绘制的效果如图 7-35 所示。

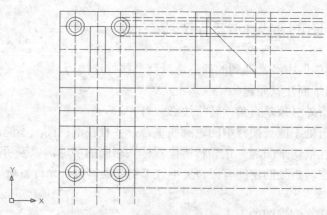

图 7-35　绘制侧视图螺孔轮廓线

（8） 单击"绘图"工具栏中的"样条曲线"按钮，绘制一条断开线并进行填充，填充图案 ANSI31。填充后的效果如图 7-36 所示。

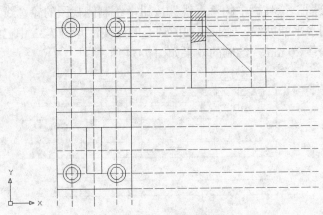

图 7-36　填充图案

（9）关闭辅助线层，或者删除多余辅助线，效果如图 7-37 所示。

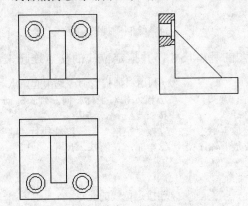

图 7-37　关闭（删除）多余辅助线

7.10　机械剖视图的常见问题与技巧

本节介绍机械剖视图中经常遇到的问题，以及一些处理技巧。

（1）平行剖切平面注意问题

- 剖切平面转折处必须是直角，转折边必须对齐。
- 剖切平面转折处不应与图样中的轮廓线重合，并且在剖视图上不能画线。
- 剖切符号。在剖切平面起、止和转折位置标注相同的字母，以表示剖切平面的名称。当剖切平面在转折处的空间有限，又不致于引起误解时，允许省略字母，以箭头表示投射方向。
- 视图名称标注在剖视图的上方。

（2）相交剖切平面注意问题

- 采用几个相交的剖切面剖切的方法绘制剖视图时，"先剖切后旋转再投射"。即：先假设按剖切位置剖开物体，然后将被倾斜剖切面剖开的结构要素及有关的部分旋转到与选定的投影面平行，最后再进行投射，如图 7-38 所示。

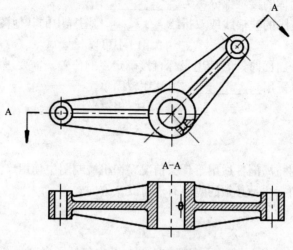

图 7-38 摇杆剖视图

- 位于剖切面后面的其他结构一般仍按原位置投射。

  图中摇杆上的小孔仍按原位置投射，在剖视图上为椭圆。

- 当剖切后会产生不完整要素时，应将此部分按不剖绘制。如图 7-39 中处于中间的臂按不剖绘制。

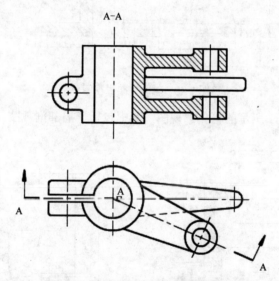

图 7-39 产生的不完整要素按不剖绘制

7.11 习题

7.11.1 填空和选择题

（1）画图时，剖视图最好按_____方向配置。在不致引起误解时，允许将图形旋转，但此时必须在视图上方标出旋转符号。

（2）剖切面与物体的接触部分称为_____。

（3）表示剖切范围的波浪线或双折线_____与图样中的其他图线重合。

    A. 可以   B. 不可以

（4）剖切面为一斜面时，若使用坐标直接确定点的位置，需要进行换算，而且坐标值通常为小数，此时可以采用_____方法比较简单。

    A. 绝对坐标   B. 相对坐标

7.11.2 简答题

（1）全剖、半剖与局剖各适用于什么情况？在机械制图中使用广泛吗？

（2）剖面符号的标注是必须的吗？有没有默认方向？

7.11.3 上机题

（1）绘制如图 7-40 所示的轴承支架二视图，其中包括了全剖视图。

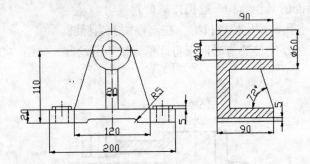

图 7-40　轴承支架二视图

（2）绘制如图 7-41 所示的箱体二视图，其中包括了局部剖视图。

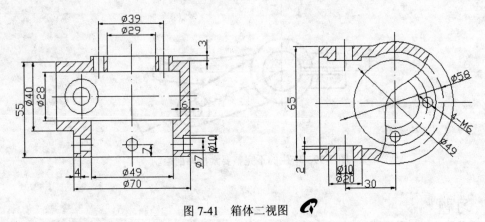

图 7-41　箱体二视图

第 8 章

机械剖面图

教学目标：

剖面图常用于表达物体某一局部的断面形状，如机件上的肋、轮辐或轴上的键槽、孔等。例如轴类零件，一般先绘制一个基本视图，然后再绘制几处剖面图来表达轴上的特殊结构等。

教学重点与难点：

1. 剖面图基础。
2. 剖面图的绘制方法。
3. 移出剖面图的绘制。
4. 轴套移出剖面图绘制分析。
5. 手柄重合剖面图绘制分析。
6. 机械剖面图的常见问题与技巧。

8.1 剖面图基础

假想的剖切平面将物体切断，并将物体与剖切平面接触部分的面向与之平行的投影面（不一定是基本投影面）投影所得的图形（需画上材料图例）为剖面图。因此剖视图是物体的投影而剖面图是面的投影，剖视图包含剖面图。剖面图多用于表达构件截面的变化，并且根据剖面图在绘制时所配置位置的不同，剖面图分为移出剖面和重合剖面两类。

8.2 剖面图的绘制方法

一般情况下，剖面图只需画出机件切开后的剖面形状即可，但是在剖面图的绘制步骤中有许多规定。如当剖面图通过机件上的圆孔或者圆孔的轴线时，这些结构应按剖视图来绘制。绘制重合剖面时，重合剖面的轮廓线用细线绘制，当视图的轮廓与重合剖面的图形重合时，视图的轮廓线仍需完整画出。国家标准《机械制图》规定如下：

（1） 对于零件上的肋、轮辐及薄壁等，若剖切平面通过板厚的对称平面或者轮辐的轴线时，这些结构都不画剖面符号，用粗实线将它与邻接部分分开。但是，当剖切平面垂直于肋和轮辐等对称平面或者轴线时，应画上剖面符号。

（2） 当零件上均匀分布的轮辐、肋、孔等结构不处于剖切面上时，可将这些结构旋转到剖切平面上画出。

（3） 当机件具有若干相同的结构并且按照一定规律分布时，需要画出几个完整的结构，其余用细实线连接，在零件图中应该注明总数。

（4） 当图形不能充分表达平面时，可用平面符号表示。

（5） 当不致于引起误解时，对于对称机件的视图可以只画出一半，并在对称中心线的两端画出两条与其垂直的平行细实线。

（6） 在圆柱上，因为钻有小孔、槽或者铣方头等出现的交线允许省略或者简化，但是必须有一个视图已经清楚地表示了它们的形状。

（7） 在不引起误解的情况下，零件图中的小圆角和锐边小倒角允许省略不画，但是必须注明尺寸或者在技术要求中说明。

（8） 当机件的部分结构图形过小时，可以采用局部放大的方法，用比原图更大的比例画出。

8.3 移出剖面图的绘制

绘制在视图之外的剖面图称为移出剖面，移出剖面的轮廓线用粗实线绘制。移出剖面图的绘制需要注意以下几点：

（1） 移出剖面应尽量配置在剖切线的延长线上，如图8-1所示。

（2） 剖面对称时可绘制在视图的中断处，如图8-2所示。

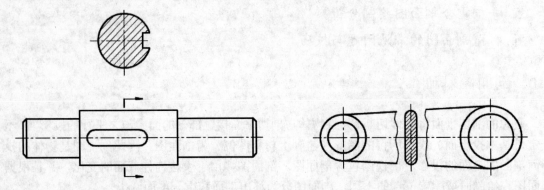

图8-1　移出剖面配置在剖切线的延长线上　　　　　图8-2　画在视图的中断处

（3） 必要时可将剖面配置在其他适当位置。在不致引起误解时，允许将图形旋转，但必须标注旋转符号，如图8-3所示。

（4） 移出剖面图一般应标注剖面图的名称"×－×"（"×"为大写拉丁字母或阿拉伯数字），在相应视图上用剖切符号表示剖切位置和投射方向，并标注相同字母。

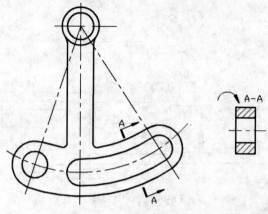

图 8-3 移出剖面旋转配置

剖切面通过水平圆孔和竖直圆孔的轴线，这两个孔均应按剖视绘制，如图 8-4 所示。

（5） 对称的移出剖面、按投影关系配置的移出剖面，均可省略箭头。

（6） 对称重合剖面、配置在剖切线延长线上的对称的移出剖面，以及配置在视图中断处的对称的移出剖面均不必标注。

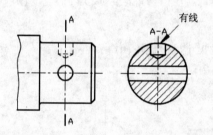

图 8-4 剖切面通过回转面形成的孔的轴线

8.4 轴套移出剖面图绘制分析

本节将绘制轴套的移出剖面图，如图 8-5 所示。绘制步骤为：在轴套上指定一点，向外做垂直引伸线，并做出中心线；然后以中心线交点为圆心，绘制半径为 11 的圆；再用矩形命令绘制移出剖面的键槽部分；最后使用修剪命令对其进行处理。

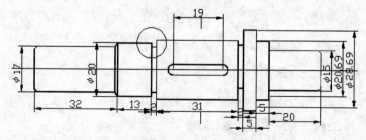

图 8-5 待移出剖面图

（1） 选择"绘图"|"直线"命令，绘制中心线，如图 8-6 所示。

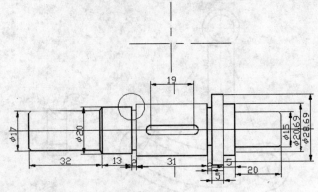

图 8-6 绘制中心线

（2）选择"绘图"|"圆"命令，命令行提示如下：

命令：_circle 指定圆的圆心或 [三点(3P)/两点(2P)/相切、相切、半径(T)]：
指定圆的半径或 [直径(D)]：11

（3）选择"绘图"|"矩形"命令，命令行提示如下：

命令：_rectang
指定第一个角点或 [倒角(C)/标高(E)/圆角(F)/厚度(T)/宽度(W)]：from
基点：//捕捉圆的左象限点
<偏移>：@-7.5,-3
指定另一个角点或 [面积(A)/尺寸(D)/旋转(R)]：@-6,6

得到的效果如图 8-7 所示。

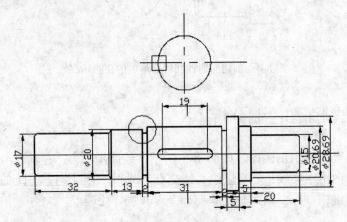

图 8-7 绘制矩形

（4）选择"修改"|"修剪"命令，命令行提示如下：

命令：_trim
当前设置:投影=UCS，边=无
选择剪切边...
选择对象或 <全部选择>：找到 1 个//选择矩形
选择对象：
选择要修剪的对象，或按住 Shift 键选择要延伸的对象，或
[栏选(F)/窗交(C)/投影(P)/边(E)/删除(R)/放弃(U)]：//修剪矩形内的圆的一段弧线

选择要修剪的对象，或按住 Shift 键选择要延伸的对象，或

[栏选(F)/窗交(C)/投影(P)/边(E)/删除(R)/放弃(U)]:// 按Enter键

命令：TRIM

当前设置:投影=UCS，边=无

选择剪切边...

选择对象或 <全部选择>：找到 1 个//选择修建后的圆弧

选择对象：

选择要修剪的对象，或按住 Shift 键选择要延伸的对象，或

[栏选(F)/窗交(C)/投影(P)/边(E)/删除(R)/放弃(U)]://修剪矩形在圆弧左侧的部分

选择要修剪的对象，或按住 Shift 键选择要延伸的对象，或

[栏选(F)/窗交(C)/投影(P)/边(E)/删除(R)/放弃(U)]: //*取消*

得到的效果如图 8-8 所示。

（5） 选择"绘图"|"图案填充"命令，对剖面进行填充，填充图案 ANSI31，比例为 0.6，效果如图 8-9 所示。

图 8-8 修剪出槽

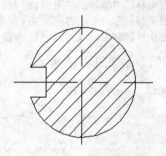

图 8-9 填充剖面图

（6） 绘制倒角处的局部放大图。选择"修改"|"缩放"命令，将原图放大，并使用样条曲线命令绘制边界，效果如图 8-10 所示。

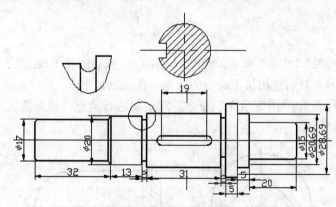

图 8-10 绘制局部放大图

8.5 手柄重合剖面图绘制分析

绘制在视图之内的剖面图称为重合剖面，重合剖面图只有当剖面形状简单而又不影响清晰时方可使用。下面举一个机械制图中的手柄重合剖面图的实例。

（1） 选择"绘图"|"直线"命令，绘制一条垂直线，如图 8-11 所示。

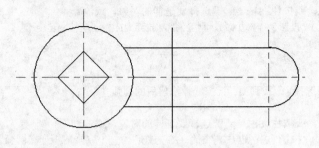

图 8-11 绘制局部垂直线

（2） 选择"修改"|"偏移"命令，命令行提示如下：

```
命令: _offset
当前设置: 删除源=否  图层=源  OFFSETGAPTYPE=0
指定偏移距离或 [通过(T)/删除(E)/图层(L)] <1.0000>: 29
选择要偏移的对象, 或 [退出(E)/放弃(U)] <退出>: //选择步骤(1)绘制的直线
指定要偏移的那一侧上的点, 或 [退出(E)/多个(M)/放弃(U)] <退出>://向左偏移
选择要偏移的对象, 或 [退出(E)/放弃(U)] <退出>://按Enter键, 完成偏移
```

得到的效果如图 8-12 所示。

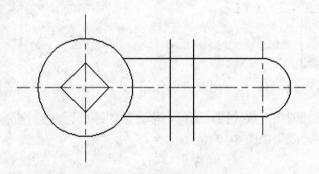

图 8-12 偏移直线

（3） 选择"绘图"|"圆"命令，绘制倒角半圆，然后选择"修改"|"修剪"命令，完成上半个剖面的绘制，最后使用镜像命令完成整个剖面的绘制。

（4） 选择"绘图"|"图案填充"命令，对剖面进行填充，填充图案 ANSI31，比例为1.5，效果如图 8-13 所示。

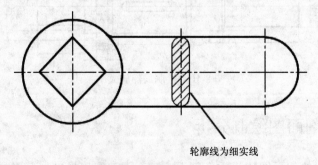

轮廓线为细实线

图 8-13 手柄的重合剖面

注意：重合剖面的轮廓线，在机械图中用细实线绘制。

8.6　绘制机械剖面图的常见问题与技巧

本节将介绍绘制机械剖面图的常见问题与相应的解决技巧。

重合剖面、配置在剖切线延长线上的移出剖面，均可省略字母。如图 8-14 所示为角钢的重合剖面，省略字母；图 8-15 所示为剖面配置在剖切线延长线上，也省略字母。

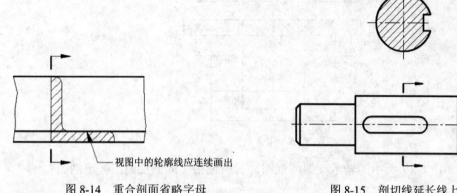

视图中的轮廓线应连续画出

图 8-14　重合剖面省略字母　　　　　　　　　图 8-15　剖切线延长线上省略字母

 注意：当视图中的轮廓线与重合剖面的图形重叠时，视图中的轮廓线仍应连续画出，如图 8-14 所示。

8.7　习题

8.7.1　填空和选择题

（1）　根据剖面图在绘制时所配置位置的不同，剖面图分为_____和_____两类。

（2）　当机件的部分结构图形过小时，可以采用_____的方法，用比原图更大的比例画出。

（3）　剖视图是_____的投影而剖面图是_____的投影。

　A. 体；面　　　　　　　　　　B. 面；体

（4）　移出剖面应尽量配置在剖切线的_____上。

　A. 垂直线　　　　　　　　　　B. 延长线

8.7.2　简答题

（1）　剖面图与剖视图的主要区别是什么？

（2）　剖面图在机械制图中主要用来反映一些什么结构？

8.7.3 上机题

（1）绘制如图 8-16 所示的轴承支架两视图，其中包含重合剖面。

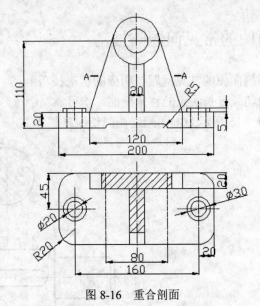

图 8-16　重合剖面

（2）绘制如图 8-17 所示的轴承支架两视图，其中包括了局剖视图与移出剖面。

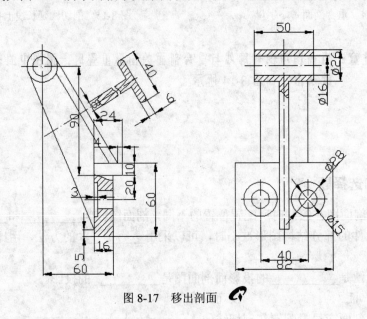

图 8-17　移出剖面

第 9 章

典型零件图

教学目标：

零件图是在生产加工的过程中指导制造和检验零件的图样。零件图不仅要将零件的形状、内外结构，以及大小等信息表达清楚，还需要对加工、检验和测量等提供必要的技术要求。零件图有几个典型的分类，主要包括：轴类零件、盘盖类零件、叉架类零件和箱壳类零件等，本章主要以实例形式介绍这几种典型零件的绘制方法。

教学重点与难点：

1. 零件图基础。
2. 零件图绘制的基本步骤。
3. 轴类零件。
4. 盘盖类零件。
5. 叉架类零件。
6. 箱壳类零件。
7. 绘制零件图的常见问题与技巧。

9.1 零件图基础

用于表达零件结构、大小和技术要求的图样称为零件图。零件图是表达零件设计信息的主要媒体，是制造和检验零件的依据。完整的零件图必须包括以下几项内容。

（1）一组视图：把零件各部分的结构、形状表达清楚。

（2）全部尺寸：将零件各部分的大小和位置确定下来。

（3）技术要求：说明零件在制造时应达到的一些质量要求，例如表面粗糙度、尺寸极限偏差、形状和位置公差、材料及热处理等。这些要求有的可以用符号注写在视图上，有的须统一注写在图纸的空白处。

（4） 标题栏：说明零件的名称、材料、数量及图号等。

9.2　零件图绘制的基本步骤

在实际工作中绘制零件图，可分为测绘和拆图两种途径。

测绘：根据已有的零件实物绘制出零件图。多在无图样又需要仿制已有机器或修配损坏的零件时进行。

拆图：在设计新机器时，先要绘制出机器的装配图，定出机器的主要结构和尺寸，再根据装配图绘制出各零件的零件图。

不管以何种途径来绘制零件图，其过程都可按以下步骤进行。

（1） 根据零件的用途、形状特点、加工方法等选取主视图和其他视图。

（2） 根据视图数量和实物大小确定适当的比例，并选择合适的标准图幅。

（3） 绘制出图框和标题栏。

（4） 绘制出各视图的中心线、轴线、基准线，并将各视图的位置定下来。各视图之间要留有充分的用于标注尺寸的余地。

（5） 从主视图开始，绘制各视图的主要轮廓线，绘制图时要注意各视图间的投影关系。

（6） 绘制出各视图上的细节，如螺钉孔、销孔、倒角、圆角等。

（7） 仔细检查草稿后，描粗并绘制剖面线。

（8） 绘制出全部尺寸线，标注尺寸数字。

（9） 注出公差及表面粗糙度符号等。

（10） 填写技术要求和标题栏。

（11） 最后进行检查，没有错误后，在标题栏内签字。

注意：绘制零件图时先绘制大轮廓，后绘制细部，绘制时要充分利用投影关系，几个视图同时绘制；绘制零件图时要先绘制图形，后标尺寸。

9.3　轴类零件图的绘制

一般只用一个主视图来表示轴上各轴段的长度、直径及各种结构的轴向位置。轴体水平放置，与车削、磨削的加工状态一致，便于加工者看图。

实心轴主视图以显示外形为主，局部孔、槽可采用局部剖视图表达。键槽、花键等结构需绘制单独的剖面图，既能清晰表达结构细节，又利于尺寸和技术要求的标注。当轴较长时，可采用断开后缩短绘制的画法。必要时，有些细节结构可用局部放大图表达。

在减速器中，电极首先要带动齿轮轴旋转，然后才通过齿轮轴带动从动轴旋转，最终达到减速的目的。从动轴的零件图如图 9-1 所示。

首先对图形进行分析。从动轴的侧视图由 5 个矩形组成，这 5 个矩形首尾相接，在公共边上进行适当的圆角等操作。具体的操作步骤如下。

（1）启动 AutoCAD 2009，选择利用模板新建图形的方式，从模板列表中选择前面制作的"模板 1"，新建图形。

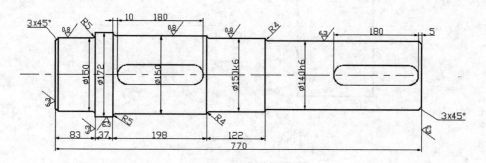

图 9-1　从动轴零件图

（2）利用"图层"工具栏，设置"中心线"层为当前图层。使用 ZOOM 命令对图形进行完全缩放，使图形在整个绘图区域显示。使用 LINE 命令，在图形中适当的区域绘制一条中心线，作为侧视图的对称轴，如图 9-2 所示。

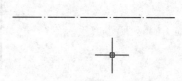

图 9-2　建立侧视图对称轴

提示： 对图形进行完全缩放是一种极其常用的操作，可以使用键盘上的命令别名快速执行，只要按照如下步骤"键入 Z、按下 Enter 键，键入 A、按下 Enter 键"就可以完成该操作。

（3）对图形进行适当的缩放操作，然后在命令行中键入 rectangl 并按下 Enter 键，调用绘制矩形的命令，按照命令行提示进行操作：

```
命令：_rectang
指定第一个角点或 [倒角(C)/标高(E)/圆角(F)/厚度(T)/宽度(W)]：w//要求设置线宽。
指定矩形的线宽 <0.0000>： 0.5 //设置线宽值为0.5。
指定第一个角点或 [倒角(C)/标高(E)/圆角(F)/厚度(T)/宽度(W)]： //在水平中心线上指定一点。
指定另一个角点或 [面积(A)/尺寸(D)/旋转(R)]:@41.5,-75 //使用相对坐标确定矩形的大小。
```

（4）在命令行中键入 MOVE 并按下 Enter 键，调用移动图形对象的命令，按照命令行提示进行操作：

```
命令：_move
选择对象：找到 1 个 //选择矩形对象。
选择对象： //按下Enter键结束选择。
指定基点或位移： //使用鼠标在图形中指定矩形左边的中点作为基点(使用对象捕捉的功能)。
指定位移的第二点或 <用第一点作位移>://使用光标指定中心线上的一点作为移动的目标点。
```

操作完成后，得到的图形如图 9-3 所示。

（5）使用 RECTANGLE 命令，选择图形中前一矩形右边的中点为第一个角点，利用相对坐标法绘制一个大小为 18.5×86 的矩形，位置如图 9-4 所示。

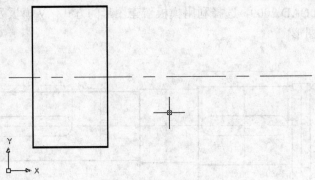

图 9-3　绘制并移动矩形

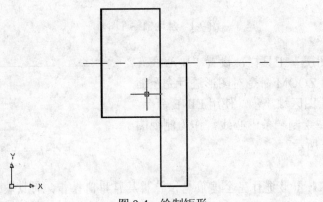

图 9-4　绘制矩形

注意：在这幅图形中，使用了 1：2 的图形比例，因此在绘制图形时采用的所有尺寸均是按照实际尺寸的 1/2 来绘制的，相应地在标注时设定适当的标注比例即可。

（6）使用 MOVE 命令，打开对象捕捉功能，选择矩形的左边中点为基点，然后再指定上一矩形右边的中点为移动的目标点，得到的图形如图 9-5 所示。

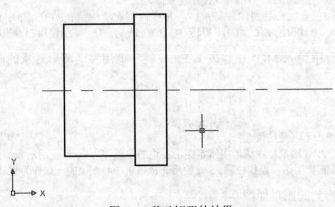

图 9-5　移动矩形的结果

（7）使用相同的方法，在图形中绘制出几个连续的矩形，并将各个矩形移动到中心线上，连续 3 个矩形的大小分别为 99×80、61×75 和 165×70，首尾相接，如图 9-6 所示。

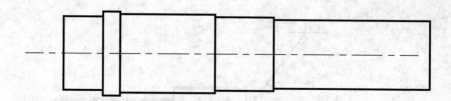

图 9-6 矩形位置示意图

（8） 在命令行中键入 CHAMFER 并按下 Enter 键，调用对图形进行倒角的命令，按照命令提示进行操作：

命令：_chamfer
（"修剪"模式）当前倒角距离 1 = 1.50000，距离 2 = 1.5000
选择第一条直线或 [放弃(U)/多段线(P)/距离(D)/角度(A)/修剪(T)/方式(E)/多个(M)]：//选择所要倒角的第一条边。
选择第二条直线，或按住 Shift 键选择要应用角点的直线：//选择所要倒角的第二条边。

使用相同的操作，对矩形的另一个角点进行倒角，得到的图形如图 9-7 所示。

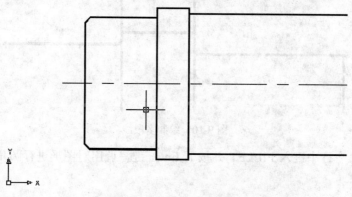

图 9-7 对矩形进行倒角

（9） 在命令行中键入 PLINE 命令并按下 Enter 键，调用绘制多段线的命令，设置线宽为 0.5，连接倒角后的两个顶点，得到的图形如图 9-8 所示。

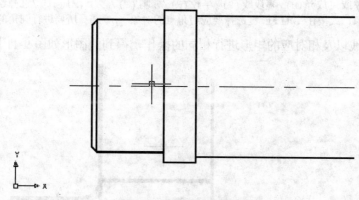

图 9-8 连接矩形的顶点

（10） 对图形进行适当的缩放操作，使用对象捕捉功能，以两个矩形的相接处为起点，如图 9-9 所示。

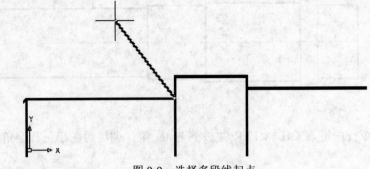

图 9-9　选择多段线起点

（11）　使用极轴追踪功能，绘制一段垂直的多段线，要保证这条多段线的长度超出矩形的顶点。使用相同的操作，在另一个交点处绘制另一条多段线，如图 9-10 所示。

图 9-10　绘制多段线

（12）　在命令行中键入 FILLET 并按下 Enter 键，调用对图形进行圆角的命令，按照命令提示进行操作：

```
命令: _fillet
当前设置: 模式 = 修剪, 半径 = 2.5000
选择第一个对象或 [放弃(U)/多段线(P)/半径(R)/修剪(T)/多个(M)]: r//要求设置圆角的半径大小。
指定圆角半径 <2.5000>: 2.5 // 设置圆角半径值为2.5。
选择第一个对象或 [放弃(U)/多段线(P)/半径(R)/修剪(T)/多个(M)]: //选择绘制的多段线对象。
选择第二个对象, 或按住 Shift 键选择要应用角点的对象: //选择所要进行圆角的矩形的上面的边。
```

对两条多段线以及相对应的矩形进行相同的操作，得到的图形如图 9-11 所示。

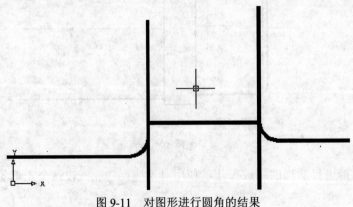

图 9-11　对图形进行圆角的结果

（13） 使用光标在图形中选择圆角后的多段线，图形中出现多段线的若干个夹点，将光标移动到多段线端点处的夹点上，单击鼠标左键，该夹点就会变成可移动的状态，如图 9-12 所示。

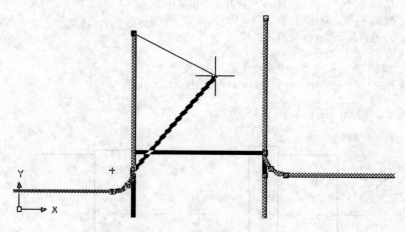

图 9-12　编辑夹点的位置

（14） 将光标移动到图形中圆弧部分的切点上，使用对象捕捉功能拾取该切点，然后单击鼠标左键，就能将该多段线缩短，得到的图形如图 9-13 所示。

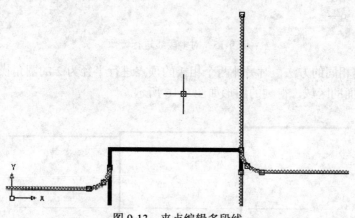

图 9-13　夹点编辑多段线

（15） 使用同样的方法，对另一条多段线进行长度改变的操作，得到的图形如图 9-14 所示。

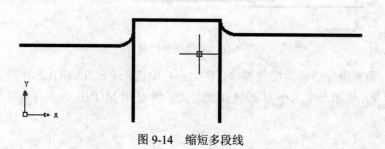

图 9-14　缩短多段线

（16）对图形进行适当的缩放操作，然后在命令行中键入 MIRROR 并按下 Enter 键，调用镜像编辑命令，按照命令提示进行操作：

```
命令: _mirror
选择对象: 找到 1 个                  //选择第一段多段线。
选择对象: 找到 1 个, 总计 2 个        //选择另一端多段线。
选择对象: //直接按下Enter键结束选择。
指定镜像线的第一点: //在水平中心线上指定一点。
指定镜像线的第二点: //选择水平中心线上的另一点。
是否删除源对象? [是(Y)/否(N)] <N>: //直接按下Enter键
```

操作完成后，得到的图形如图 9-15 所示。

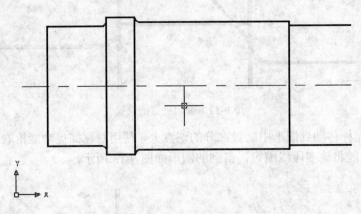

图 9-15 对多段线进行镜像

（17）使用相同的方法，对另外两个相接的顶点进行半径为 2 的圆角操作，并将其镜像复制到中心线下面的区域，得到的图形如图 9-16 所示。

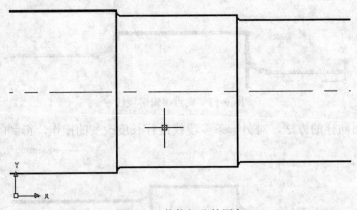

图 9-16 其他部分的圆角

（18）对图形进行适当的缩放操作。在命令行中键入 RECTANGLE 并按下 Enter 键，调用绘制矩形命令，绘制一个大小为 90×20 的矩形，并使用 MOVE 命令将其移动到中心线上，如图 9-17 所示。

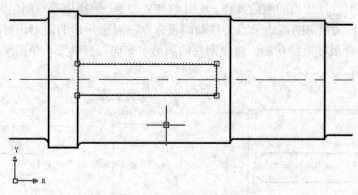

图 9-17 绘制并移动矩形

（19）在命令行中键入 FILLET 并按下 Enter 键，调用对图形进行圆角的命令，按照命令提示进行操作：

```
命令：_fillet
当前设置：模式 = 修剪，半径 = 10.0000
选择第一个对象或 [放弃(U)/多段线(P)/半径(R)/修剪(T)/多个(M)]：p //选择对封闭多段线进
行圆角。
选择二维多段线：          //选择上一步骤绘制的矩形对象。
4 条直线已被圆角
```

操作完成后，矩形就会被进行半径为 10 的圆角，圆角后得到的图形如图 9-18 所示。

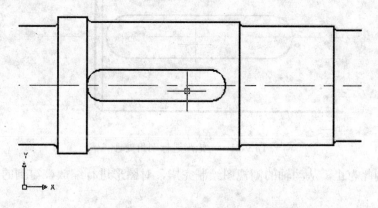

图 9-18 对矩形进行圆角

（20）在命令行中键入 MOVE 并按下 Enter 键，调用对图形进行移动的命令，按照命令提示进行操作：

```
命令：_move
选择对象：找到 1 个       //选择所要移动的矩形。
选择对象：//按下Enter键结束选择。
指定基点或 [位移(D)] <位移>://捕捉任意点为基点
指定第二个点或 <使用第一个点作为位移>:5//当系统出现极轴追踪水平方向的提示时，在命令行中键
入5并按下Enter键，就能得到相应的操作。
```

完成操作后，得到的图形如图 9-19 所示。

（21） 对图形进行适当的缩放操作，使用 COPY 命令，选择矩形右侧半圆的切点为基点，然后指定图形最右侧矩形的右边中点为移动的目标点，对圆角后的矩形进行复制操作。使用 MOVE 命令，结合极轴追踪功能，将复制后的图形水平向左移动 2.5 个图形单位，得到的图形如图 9-20 所示。

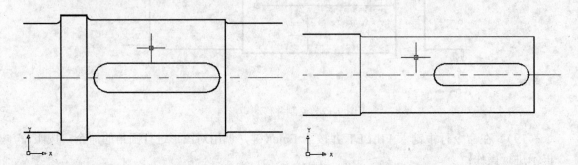

图 9-19　移动矩形的结果　　　　图 9-20　对圆角后的矩形复制后移动矩形的结果

（22）　对图形进行适当的缩放操作。使用 CHAMFER 命令，设置倒角距离为 1.5，对右侧矩形的两个顶点进行倒角。然后使用 PLINE 命令，连接倒角后得到的两个顶点，如图 9-21 所示。

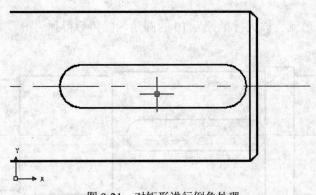

图 9-21　对矩形进行倒角处理

（23）　到此为止，从动轴的侧视图绘制完毕，对图形进行缩放，得到的图形如图 9-22 所示。

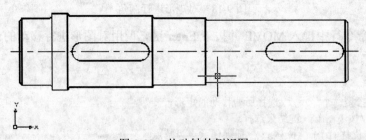

图 9-22　从动轴的侧视图

（24）　由于章节安排的需要，本节中的尺寸标注不再介绍，最终完成的标注图形如图 9-1 所示。

9.4 盘盖类零件图的绘制

一般以过中心轴线的全剖视或取旋转剖的全剖视图为主视图，中心轴线水平放置，与车削、磨削时的加工状态一致，便于加工者看图。用侧视图表达孔、槽的分布情况，某些局部细节需用局部放大图表示。

如图 9-23 所示，通过盘盖剖视图的制作来介绍平面图形绘图命令的综合使用。本例的制作过程主要用到了绘制圆、绘制直线、圆角命令、修剪命令、边界图案填充命令和标注命令等。

（1）单击"绘图"工具栏中的"直线"按钮，或在命令行中直接输入 LINE 后按 Enter 键，绘制出如图 9-24 所示的两条直线。

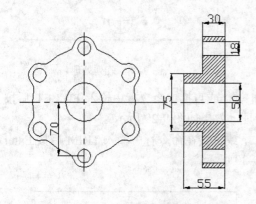

图 9-23　绘制盘类文件

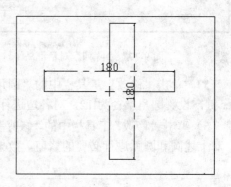

图 9-24　绘制直线

（2）单击"绘图"工具栏中的"圆"按钮，或在命令行中直接输入 CIRCLE 后按 Enter 键，以点（200,200）为圆心分别绘制半径为 25 和 70 的圆，如图 9-25 所示。

（3）单击"绘图"工具栏中的"圆"按钮，或在命令行中直接输入 CIRCLE 后按 Enter 键，以点（200,270）为圆心分别绘制半径为 15 和 9 的圆，效果如图 9-26 所示。

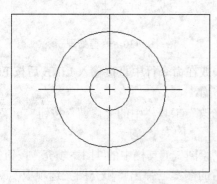

图 9-25　绘制圆

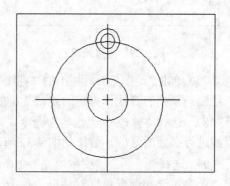

图 9-26　绘制圆

（4）单击"绘图"工具栏中的"阵列"按钮，或在命令行中直接输入 ARRAY 后按 Enter 键，弹出如图 9-27 所示的"阵列"对话框。

选中"环形阵列"单选按钮，设置阵列中心点坐标为（200，200），在"方法"下拉列表框中选择"项目总数和填充角度"选项，设置"填充角度"为 360，设置"项目总数"为 6。

设置完成后，单击"选择对象"按钮，返回绘图窗口，选中上述两个小圆，按 Enter 键返回"阵列"对话框。单击"确定"按钮，得到的图形如图 9-28 所示。

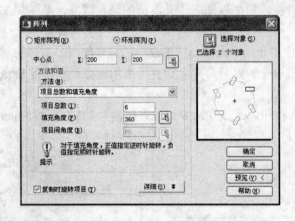

图 9-27 "阵列"对话框

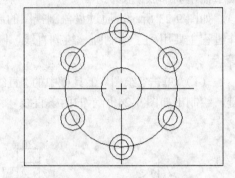

图 9-28 阵列处理

（5）单击"修改"工具栏中的"圆角"按钮 $\square$，或直接在命令行中输入 FILLET 后按 Enter 键，设置圆角半径为 12，对各边进行圆角处理，效果如图 9-29 所示。

（6）单击"修改"工具栏中的"修剪"按钮 ，或直接在命令行中输入 TRIM 后按 Enter 键，对上述圆和圆弧进行必要的修剪，效果如图 9-30 所示。

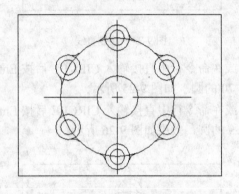

图 9-29 圆角处理

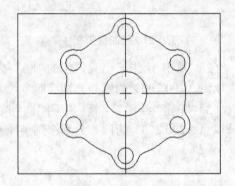

图 9-30 修剪处理

（7）单击"绘图"工具栏中的"直线"按钮 ，或在命令行中直接输入 LINE 后按 Enter 键，绘制一系列的直线作为辅助线，效果如图 9-31 所示。

（8）选择"修改"|"修剪"命令，或单击"修改"工具栏中的"修剪"按钮 ，对上述直线进行必要的修剪，效果如图 9-32 所示。

（9）选择"绘图"|"图案填充"命令，或单击"绘图"工具栏中的"图案填充"按钮 ，弹出"图案填充和渐变色"对话框。单击"样例"后的图案，弹出"填充图案选项板"对话框，选中"ANSI31"图案，单击"确定"按钮，返回"图案填充和渐变色"对话框，角度为 0，比例为 1。

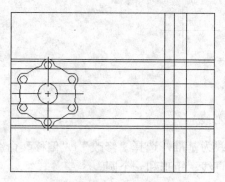

图 9-31　作辅助线

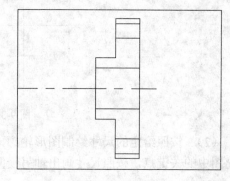

图 9-32　修剪处理

（10）在"图案填充和渐变色"对话框中单击"选择对象"按钮，返回绘图窗口，依次选中需要填充的区域，然后按 Enter 键，返回"图案填充和渐变色"对话框。单击"确定"按钮，最终效果如图 9-33 所示。

（11）对上述图形进行必要的标注，最终效果如图 9-23 所示。

9.5　叉架类零件图的绘制

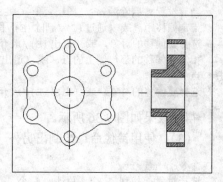

图 9-33　边界图案填充

以最能表示零件结构、形状特征的视图为主视图。因常有形状扭斜，仅用基本视图往往不能完整地表达真实形状，所以常用斜视图、局部视图和斜剖视图等表达方法。典型的叉架视图如图 9-34 所示。

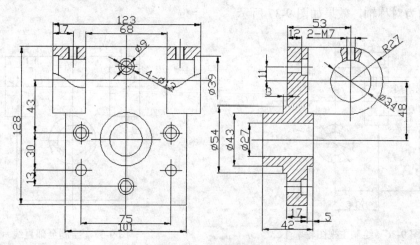

图 9-34　叉架零件图

本例通过绘制如图 9-34 所示的叉架零件图进一步学习 AutoCAD 2009 的使用方法。阵列命令的用法：阵列命令用来阵列复制图形实体，它不仅可以沿矩形格式阵列复制图形，还可以沿环形阵列复制，熟练使用阵列命令可以高效地绘制有规律分布的圆孔类图形。

（1）绘制中心线。选择"绘图"|"直线"命令，按照尺寸绘制如图 9-35 所示的中心线，以确定大概绘图位置。因为主视图和侧视图是关联的，中心线应该一起绘制。

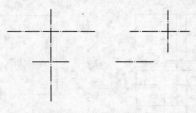

图 9-35　绘制中心线

（2）　按照给定的尺寸绘制图形轮廓，以中心线为基准，选择"修改"|"偏移"命令，找出图中的关键点，按照尺寸画出轴另一侧相应的直线、矩形和一个圆。

```
命令: _offset
当前设置: 删除源=否  图层=源  OFFSETGAPTYPE=0
指定偏移距离或 [通过(T)/删除(E)/图层(L)] <1.0000>:50.5
选择要偏移的对象，或 [退出(E)/放弃(U)] <退出>://选择竖直中心线
指定要偏移的那一侧上的点，或 [退出(E)/多个(M)/放弃(U)] <退出>: //用光标在中心线左侧选择一点
选择要偏移的对象，或 [退出(E)/放弃(U)] <退出>:
```

得到效果如图 9-36 所示。

（3）　使用镜像命令绘制出另外一边，选择"修改"|"镜像"命令，命令行提示如下：

```
命令: _mirror
选择对象: 找到 1 个，总计 16 个
选择对象: //按Enter键
指定镜像线的第一点: //光标拾取竖向中心线上一点
指定镜像线的第二点: //光标拾取竖向中心线上另外一点
是否删除源对象? [是(Y)/否(N)] <N>:
```

以中轴为对称轴，效果如图 9-37 所示。

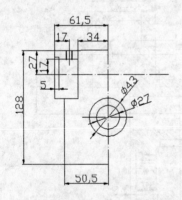

图 9-36　绘制主视图轮廓 1

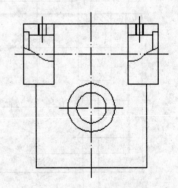

图 9-37　绘制全部直线

（4）　再次使用偏移命令找出各圆孔的轴线并且绘制出圆孔，有关轴对称分布的则先绘制出轴一侧的图形，然后再使用镜像命令生成另一侧图形，完成的主视图如图 9-38 所示。

（5）　按照给定尺寸绘制侧视图的轮廓。如图 9-39 所示，首先以圆孔中心点为基准，向上偏移 27 mm 得到轮廓上的一点，选择"绘图"|"直线"命令，绘制直线段。开启极轴功能，捕捉两个坐标方向，在命令行提示中输入每段直线的长度。然后绘制出圆孔的内外轮廓，如图 9-39 所示。

命令 _line 指定第一点： //偏移所得点
指定下一点或 [放弃(U)]: 36 //光标捕捉方向向右
指定下一点或 [放弃(U)]: 17 //向右
指定下一点或 [闭合(C)/放弃(U)]: 48 //向下
指定下一点或 [闭合(C)/放弃(U)]: 3 //向右
指定下一点或 [闭合(C)/放弃(U)]: 5.5//向下
指定下一点或 [闭合(C)/放弃(U)]: 17 //向右
......

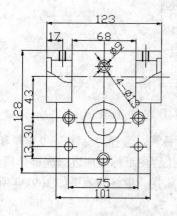

图 9-38 完成主视图

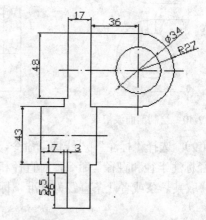

图 9-39 绘制侧视图轮廓

（6）添加剩余的直线段，完成侧视图的绘制。上下两个圆孔处完全重复，绘制出一处以后，使用右键快捷菜单中的"带基点复制"命令，以轴的一端点为基点进行复制粘贴。

（7）在需要的地方添加剖面的示意波浪线，关闭捕捉功能，选择"绘图"|"样条曲线"命令，绘制与相关轮廓线相交的曲线。

命令: _spline
指定第一个点或 [对象(O)]:
指定下一点:
指定下一点或 [闭合(C)/拟合公差(F)] <起点切向>:
...... //光标拾取略微波动的一系列共线点，然后按Enter键
指定起点切向: //光标指定后按Enter键
指定端点切向: //同上

然后选择"修改"|"修剪"命令，将交点以外的部分删除。

命令: _trim 选择修剪边...
当前设置:投影=UCS,边=无
选择对象或 <全部选择>:找到 1 个
......
选择对象: 找到 1 个, 总计 3 个 //选择完成后按Enter键
选择要修剪的对象，或按住 Shift 键选择要延伸的对象，或
[栏选(F)/窗交(C)/投影(P)/边(E)/删除(R)/放弃(U)]: //选定需要修剪的对象按Enter键

得到的效果如图 9-40 所示。

（8）选择"绘图"|"图案填充"命令，添加剖面线。单击"拾取点"按钮🔳，用光标拾取图形中任意一点，程序将会自动分析并选中此点所在的最小封闭区域，按 Enter 键，再进

入"图案填充和渐变色"对话框。选择填充图案为 ANSI31，角度为 0、比例为 1。单击"确定"按钮，完成剖面线的填充，如图 9-41 所示。

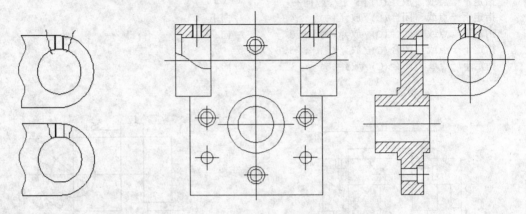

图 9-40　绘制剖面波浪线　　　　　　　　　图 9-41　添加剖面线

（9）选择"标注"|"线性"命令，对普通长度进行标注，选择"标注"|"半径和标注"|"直径标注半径和直径"命令，对直径和半径进行标注。工程图纸标注应遵循先整体后局部的原则，取某一条或者几条直线为基准，标注时尽量与基准靠拢。最终的效果如图 9-34 所示。

9.6　箱壳类零件图的绘制

箱壳类零件一般较为复杂，为了完整清楚地表达其复杂的内、外结构和形状，所采用的视图较多。以能反映箱壳工作状态，且能清楚地表示其结构、形状特征作为选择主视图的出发点。

箱壳类零件的功能特点决定了其结构和加工要求的重点在于内腔，所以应大量采用剖视画法。选取剖视时，一般以把完整孔形剖出为原则，当轴孔不在同一平面时，要善于使用局部剖视、阶梯剖视和复合剖视表达。

为了表达完整并减少视图数量，可适当地使用虚线。由于减速箱箱体形状复杂，共用了 4 个视图和一个局部放大，为了表达清楚内部形状和一些细节，大量地应用了多种剖视画法。

该图形由较多的相同图形对象构成，因此在绘图过程中要注意使用复制、图块制作等操作。该图形的效果如图 9-42 所示。具体的操作步骤如下。

（1）启动 AutoCAD 2009，选择前面制作的"模板 1"作为图形绘制的基础。

（2）利用"图层"工具栏设置"中心线"层为当前图层。使用 LINE 命令，在图形中绘制两条中心线，用来确定主视图的位置。

（3）使用夹点编辑操作延长垂直中心线，然后使用 OFFSET 命令，设置偏移距离为 101，将其向左复制一个，得到的图形如图 9-43 所示。

（4）使用 CIRCLE 命令，以中心线的交点为圆心，绘制两个直径分别为 51 和 63 的圆。使用 TRIM 命令对图形进行适当的剪切，得到的图形如图 9-44 所示。

（5）利用"图层"工具栏设置"粗实线"层为当前图层。使用 CIRCLE 命令，以中心线的交点为圆心绘制圆形，左侧的两个圆形半径分别为 21 和 20，右侧两个圆形的半径分别为 27 和 26。然后使用 TRIM 命令对其进行剪切，得到的图形如图 9-45 所示。

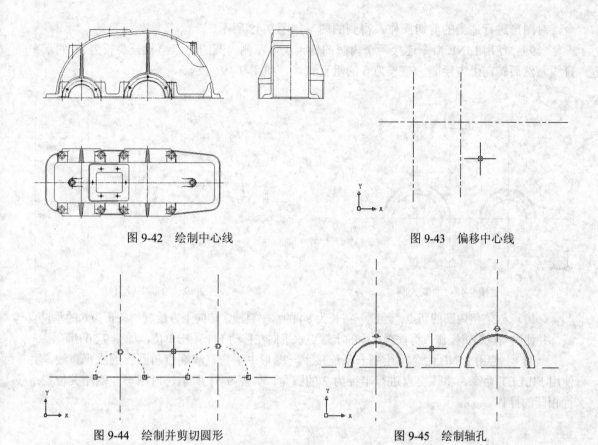

图 9-42 绘制中心线   图 9-43 偏移中心线

图 9-44 绘制并剪切圆形   图 9-45 绘制轴孔

（6）使用 CIRCLE 命令，在图形左侧绘制一个半径为 30 的圆，在图形右侧绘制一个半径为 36 的圆。然后使用 OFFSET 命令，设置偏移距离为 1，将每个圆形向外侧偏移两次。最后使用 TRIM 命令，对图形进行剪切，得到的图形如图 9-46 所示。

（7）利用"图层"工具栏设置"中心线"层为当前图层。使用 LINE 命令，分别过半径为 30 和 36 的圆的切点绘制两条垂直的中心线，并将得到的直线进行延长，得到的图形如图 9-47 所示。

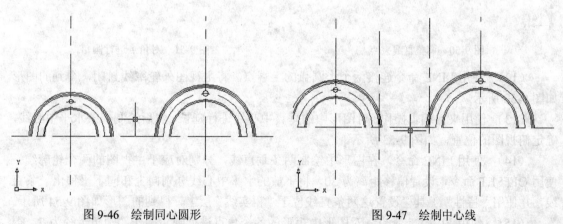

图 9-46 绘制同心圆形   图 9-47 绘制中心线

（8）设置当前图层为"粗实线"层。使用 CIRCLE 命令，在右侧圆形的圆心上分别绘制半径为 100 和 97 的圆形，然后将半径为 97 的圆形水平向左移动 44 个单位。使用 TRIM 命令，对图形进行适当的剪切操作，得到的图形如图 9-48 所示。

（9）使用 LINE 命令连接两个内圆的切点，过左侧内圆的切点绘制一条长为 35 的水平直线，然后转向上方绘制一条长为 6 的垂直直线，如图 9-49 所示。

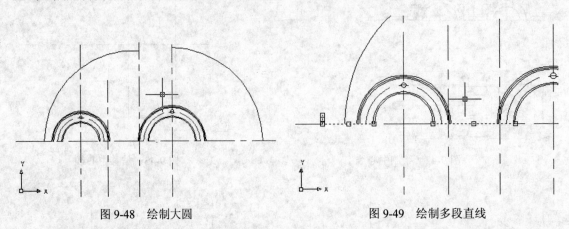

图 9-48　绘制大圆　　　　　　　　　　　图 9-49　绘制多段直线

（10）过右侧内圆的切点，绘制一条长为 84 的水平直线，转向上方绘制一条长为 6 的垂直直线，并使用夹点编辑操作，将垂直直线的上端点水平向左移动 1 个图形单位，如图 9-50 所示。

（11）使用 LINE 命令，绘制一条连接上一图形中垂直直线端点与圆弧的水平直线，并使用 FILLET 命令，将该交点进行半径为 2 的圆角，如图 9-51 所示。对图形左侧相关位置进行相同的操作。

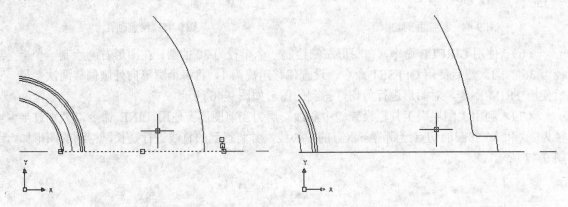

图 9-50　调整直线夹点　　　　　　　　　　图 9-51　对角点进行圆角

（12）使用 LINE 命令连接两个大圆弧的上端点，将主视图外轮廓线封闭，得到的图形如图 9-52 所示。

（13）使用夹点编辑操作，对图形中的垂直中心线进行延长，然后绘制一条水平中心线，确定俯视图的位置，如图 9-53 所示。

（14）使用 LINE 命令，在图形中绘制两条垂直线，分别对应于主视图的两个轮廓线。使用 OFFSET 命令，设置偏移距离为 30，将下放的水平中心线分别向上和向下平移出一条直线，并使用"特性"工具栏设置这两条直线位于"粗实线"层上，得到的图形如图 9-54 所示。

（15）使用 FILLET 命令，对图形中矩形的各个角点进行圆角操作，圆角半径为 7，得到的图形如图 9-55 所示。

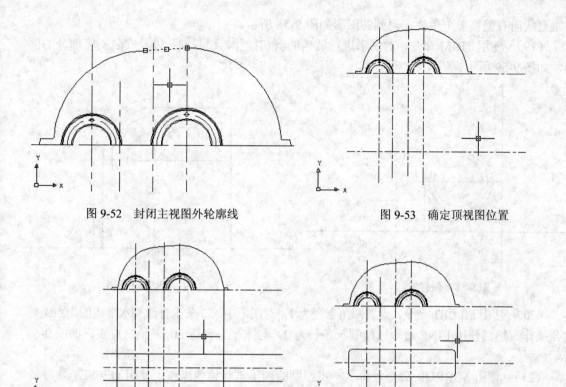

图 9-52　封闭主视图外轮廓线　　　　　　　　图 9-53　确定顶视图位置

图 9-54　偏移直线　　　　　　　　　　　　图 9-55　对矩形进行圆角

（16）　使用 CIRCLE 命令，以图形中最左侧垂直中心线与水平中心线的交点为圆心，分别绘制直径为 6.4 和 10 的圆形。使用 MOVE 命令将这两个圆移动到相对坐标为（@30,40）的点上，并使用 LINE 命令为其绘制一条短的水平中心线，得到的图形如图 9-56 所示。

（17）　在主视图中将水平中心线向上偏移 24 个图形单位，并将得到的直线转换到"粗实线"层上。使用 LINE 命令，以得到的直线与轴孔轮廓线的交点为起点绘制两条垂直直线，如图 9-57 所示。

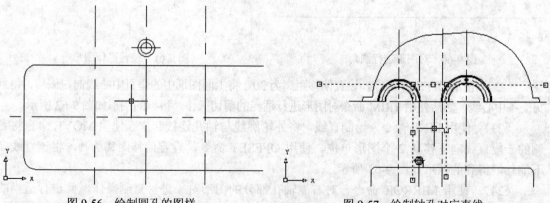

图 9-56　绘制圆孔的图样　　　　　　　　　图 9-57　绘制轴孔对应直线

（18）　对图形进行适当的缩放操作，然后使用 OFFSET 命令对外侧的小圆进行两次偏移操作，偏移间距为 1。使用 LINE 命令，以得到的内侧圆形的切点为起点，绘制两条直线，并将垂直线向右偏移 1 个单位，得到的图形如图 9-58 所示。

（19）使用 TRIM 命令，对图形进行适当的剪切操作，绘制轴孔以及安装支座部分的图形，如图 9-59 所示。

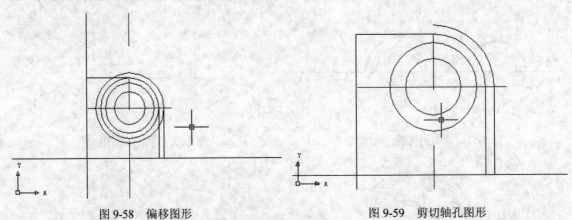

图 9-58　偏移图形　　　　　　　　　　图 9-59　剪切轴孔图形

（20）使用 FILLET 命令，设置圆角半径为 1，对图形中的 3 条垂直线与水平线的交点进行圆角操作。然后使用 LINE 命令，绘制一条长为 2，与水平方向成 30° 夹角的直线，如图 9-60 所示。

（21）使用 MIRROR 命令，将上一步绘制的图形进行镜像操作。使用 OFFSET 命令，设置偏移距离为 50，对图形的水平中心线进行向上偏移操作，并将得到的直线修改到"粗实线"图层上，得到的图形如图 9-61 所示。

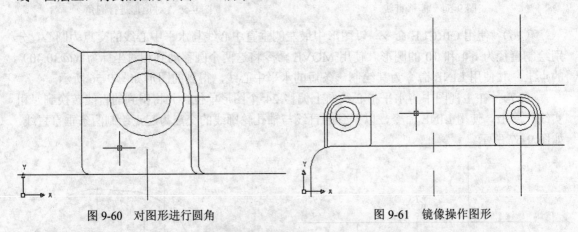

图 9-60　对图形进行圆角　　　　　　　图 9-61　镜像操作图形

（22）使用 OFFSET 命令，设置偏移距离为 30，将上面图形中的垂直中心线向左偏移，得到另一条中心线，然后使用 TRIM 命令对图形进行适当的剪切操作，得到的图形如图 9-62 所示。

（23）使用 LINE 命令，绘制直线，将外轮廓线与轴孔连接起来。使用 MOVE 命令将右侧的一段直线向下移动 2 个图形单位。使用 OFFSET 命令，设置偏移距离为 1，将该直线向下偏移，得到的图形如图 9-63 所示。

（24）使用 MIRROR 命令，对右侧轴孔部分的图形对象进行复制操作，并进行适当的镜像操作，同时删除源对象，得到的图形如图 9-64 所示。

（25）使用镜像操作，将第 3 个轴孔图形进行镜像，得到第 4 个轴孔，并使用 TRIM 命令对图形进行适当的剪切操作，得到的图形如图 9-65 所示。

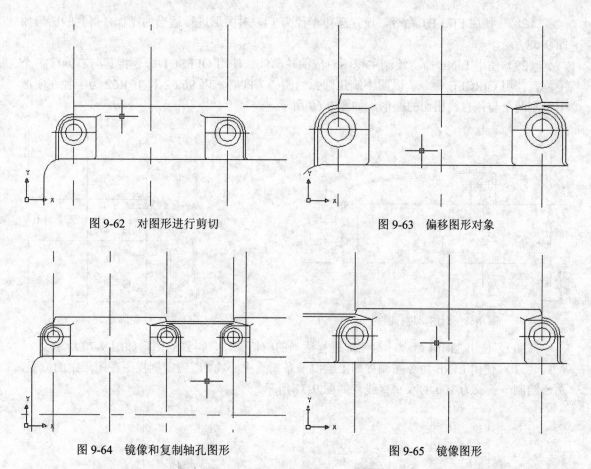

图 9-62　对图形进行剪切　　　　　　　　图 9-63　偏移图形对象

图 9-64　镜像和复制轴孔图形　　　　　　图 9-65　镜像图形

（26）　使用 LINE 命令在图形中绘制垂直线，如图 9-66 所示，该直线的长度为 41。再次使用 LINE 命令，连接轴孔处轮廓线的外端点与该直线的端点，然后使用 COPY 命令将其向下复制 1 个单位。

（27）　使用 MOVE 命令，将上一步骤绘制的垂直直线水平向右移动 3~9 个单位，然后使用 OFFSET 命令将其水平向左偏移 1 个图形单位。使用夹点编辑操作，对两条倾斜的直线进行延长，得到的图形如图 9-67 所示。

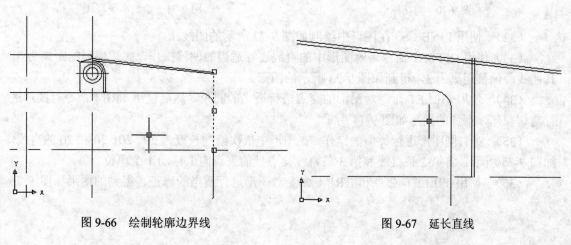

图 9-66　绘制轮廓边界线　　　　　　　　图 9-67　延长直线

（28）使用 FILLET 命令，设置圆角半径为 14，对图形进行适当的操作，得到的图形如图 9-68 所示。

（29）使用 LINE 命令绘制主视图对应的轮廓线，使用 OFFSET 命令将其向右偏移 1 个单位。使用 CIRCLE 命令，以图中倒角圆弧的圆心为圆心，以 96.62 和 101.62 为半径在图形中绘制两个与该直线相切的圆形，如图 9-69 所示。

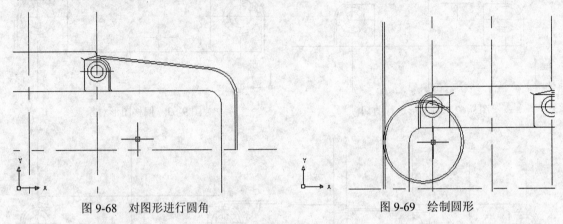

图 9-68　对图形进行圆角　　　　　　　　　　图 9-69　绘制圆形

（30）使用 TRIM 命令，对图形进行适当的剪切操作，得到的图形如图 9-70 所示。

（31）使用 LINE 命令在侧视图上绘制一条垂直中心线，以确定侧视图在图形中的位置，然后绘制一条长为 100 的水平直线，如图 9-71 所示。

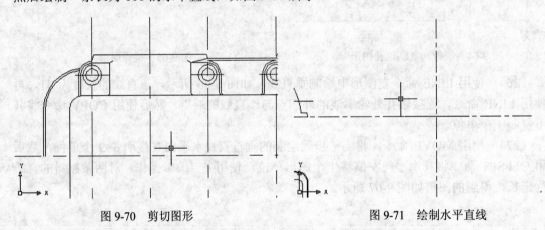

图 9-70　剪切图形　　　　　　　　　　　　图 9-71　绘制水平直线

（32）使用 LINE 命令在图形中绘制如图 9-72 所示的图线。

（33）使用 OFFSET 命令，对图形中的直线进行适当的偏移操作，底边偏移的距离为 3，其他线段偏移距离为 2，得到如图 9-73 所示的图形。

（34）使用 FILLET 命令对图形的交点进行适当的圆角，然后使用 TRIM 命令对图形进行剪切操作，得到的图形如图 9-74 所示。

（35）对右侧图形进行类似的操作，在图形中依次绘制长度为 29、20、70 和 20 的直线，如图 9-75 所示。将第 2 条直线和第 3 条直线交点处的夹点向上移动 1 个单位。

（36）使用 FILLET 命令和 TRIM 命令对图形进行适当的修正，得到的图形如图 9-76 所示。

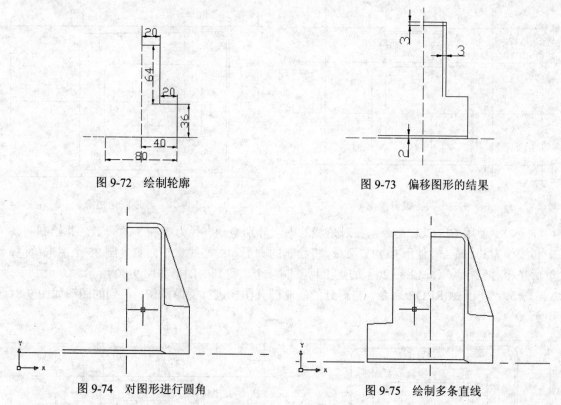

图 9-72　绘制轮廓

图 9-73　偏移图形的结果

图 9-74　对图形进行圆角

图 9-75　绘制多条直线

下面对箱体零件的具体部分进行绘制，其操作步骤如下。

（1）　在俯视图中，使用 RECTANGLE 命令绘制一个大小为 60×54 的矩形，并使用 EXPLODE 命令将其分解。使用 FILLET 命令，对矩形的各个角点进行半径为 3 的圆角，得到的图形如图 9-77 所示。

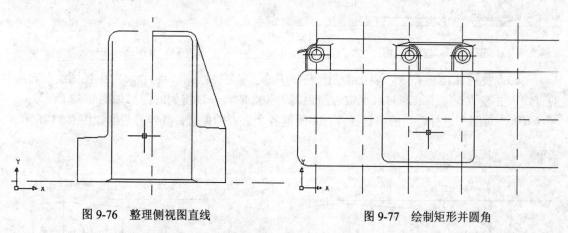

图 9-76　整理侧视图直线

图 9-77　绘制矩形并圆角

（2）　使用 OFFSET 命令，设置偏移距离为 1，对图形进行偏移操作。然后使用夹点编辑进行操作，得到的图形如图 9-78 所示。

（3）　使用 RECTANGLE 命令，在图形中绘制一个圆角半径为 3 的矩形，然后使用 LINE 命令在图形中绘制一条位于大矩形对角线上的直线作为辅助线，如图 9-79 所示。

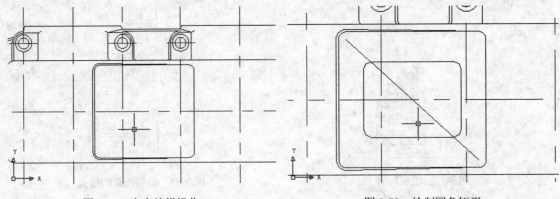

图 9-78 夹点编辑操作　　　　　　　　　图 9-79 绘制圆角矩形

（4） 使用 CIRCLE 命令，在对角线的中点分别绘制直径为 2 和 3 的圆形，并绘制两条中心线作为其标记线。使用 COPY 命令，将绘制的圆形和中心线水平向右复制 25 个图形单位，然后在相对坐标为（@12.5,−20）的点上再复制一个，得到的图形如图 9-80 所示。

（5） 使用 MIRROR 命令，将得到的复制圆孔图样进行镜像操作，得到的图形如图 9-81 所示。

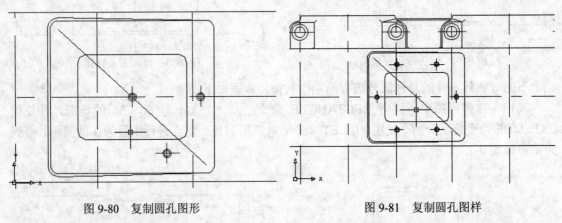

图 9-80 复制圆孔图形　　　　　　　　　图 9-81 复制圆孔图样

（6） 使用 LINE 命令，以上面图形中的几条垂直直线端点为起点，向主视图绘制对应的直线，并在主视图中绘制与水平中心线距离为 102 的直线，得到的图形如图 9-82 所示。

（7） 对图形进行适当的剪切操作，并调整各个夹点的位置，得到的图形如图 9-83 所示。

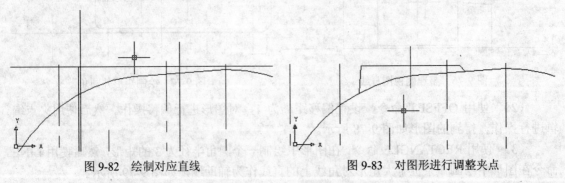

图 9-82 绘制对应直线　　　　　　　　　图 9-83 对图形进行调整夹点

（8） 以主视图和俯视图中的数据为参照，在侧视图中绘制该顶盖的轮廓线，如图 9-84

所示。

（9） 使用 TRIM 命令对图形中的这些直线进行剪切，并使用夹点编辑调整相关夹点的位置，得到的图形如图 9-85 所示。

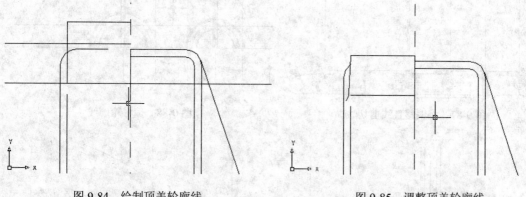

图 9-84　绘制顶盖轮廓线　　　　　　　　　图 9-85　调整顶盖轮廓线

（10） 使用 OFFSET 命令，将图形中的两条垂直中心线分别向左和向右偏移，偏移距离为 1.5，得到 4 条垂直中心线，利用"图层"工具栏将其转换到"粗实线"层上，得到的图形如图 9-86 所示。

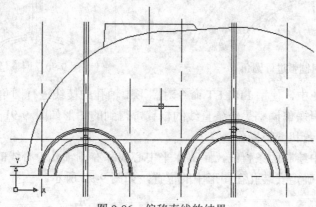

图 9-86　偏移直线的结果

（11） 再次使用 OFFSET 命令，设置偏移距离为 1，将上一步得到的直线水平向两侧分别进行偏移；然后使用 TRIM 命令，对图形进行适当的剪切，得到的图形如图 9-87 所示。

（12） 使用 OFFSET 命令，设置偏移距离为 3，将主视图的外轮廓线向内侧偏移，然后将偏移得到的轮廓线转换到"虚线"层上。使用 TRIM 命令，对图形进行适当的剪切操作，得到的图形如图 9-88 所示。

（13） 使用 FILLET 命令对圆弧和垂直直线进行圆角，内外圆的圆角半径分别为 2 和 4，然后使用夹点编辑操作对图形进行适当的调整。对两个轴孔进行同样的操作，得到的图形如图 9-89 所示。

（14） 使用夹点编辑操作，将轴孔上棱边的上交点调整到同一个起点，如图 9-90 所示。同样对右侧轴孔进行类似的操作。

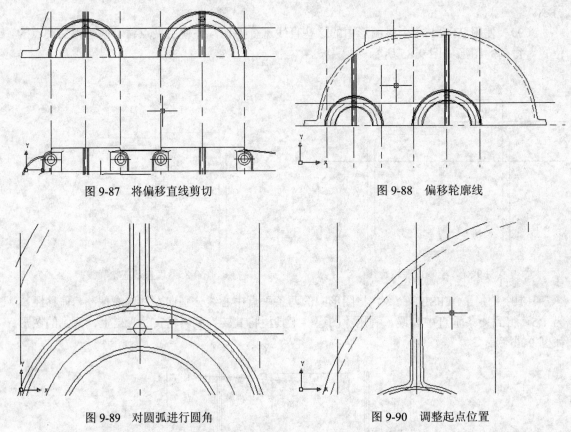

图 9-87　将偏移直线剪切　　　　　　　　图 9-88　偏移轮廓线

图 9-89　对圆弧进行圆角　　　　　　　　图 9-90　调整起点位置

（15）　在俯视图中，使用 FILLET 命令对图形中轴孔的棱线进行圆角，设置圆角半径为
2；然后使用夹点编辑操作调整另一条直线的位置，得到的图形如图 9-91 所示。同样对右侧
的轴孔进行相同的圆角和编辑操作。

（16）　在图形中绘制两条直线，距离水平中心线和右侧轴孔中心线的间距分别为 83 和
68，这两条直线用来确定安装孔在图形中的位置，如图 9-92 所示。

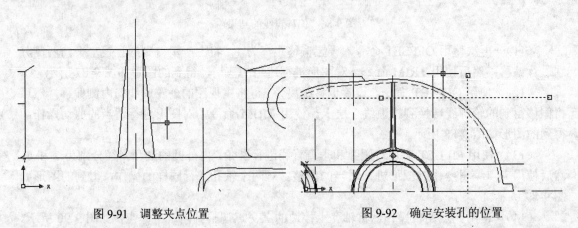

图 9-91　调整夹点位置　　　　　　　　　图 9-92　确定安装孔的位置

（17）　使用 CIRCLE 命令，在俯视图中对应的位置分别绘制 5 个同心圆，半径分别为 3、
3.6、4.8、5.5 和 6.2，如图 9-93 所示。

（18）　使用 LINE 命令，在图形中绘制两条直线，作为安装孔的轮廓线，并使用 MIRROR

命令对其进行镜像操作，得到的图形如图 9-94 所示。

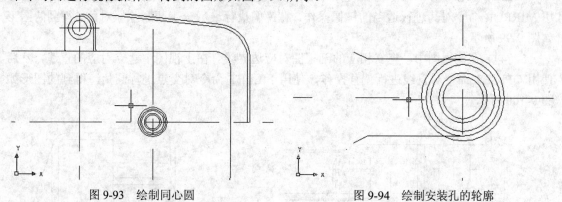

图 9-93　绘制同心圆　　　　　　　　图 9-94　绘制安装孔的轮廓

（19）　使用 TRIM 命令，对图形进行适当的剪切，然后绘制两条直线将外圆弧与水平直线的起点相连接，得到的图形如图 9-95 所示。

（20）　使用 LINE 命令，过俯视图中圆形的切点绘制垂直直线，并将其延长到主视图中，作为安装孔的边界线，然后使用 MIRROR 命令得到另外一侧的直线，如图 9-96 所示。

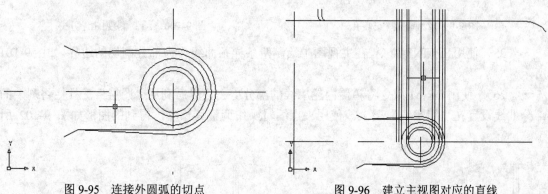

图 9-95　连接外圆弧的切点　　　　　　　图 9-96　建立主视图对应的直线

（21）　使用 TRIM 命令，对图形进行适当的剪切操作，得到安装孔在主视图中的图样，如图 9-97 所示。在剪切过程中，结合两个视图的对应关系进行，注意各条直线所对应的孔深。

（22）　使用 TRIM 命令对安装孔外轮廓的组成直线进行适当的剪切，然后使用 LINE 命令连接轮廓线的外边界，得到的图形如图 9-98 所示。

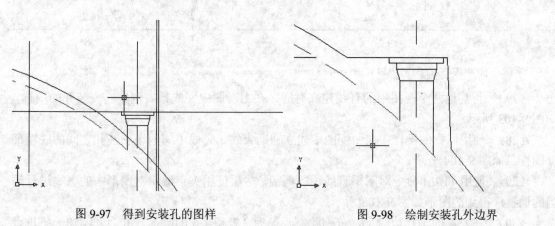

图 9-97　得到安装孔的图样　　　　　　　图 9-98　绘制安装孔外边界

（23）　使用 COPY 命令将俯视图中右侧安装孔的图形复制到左侧相应的位置上，然后使用 MIRROR 命令对其进行适当的镜像操作，在镜像执行最后一步要删除原对象，得到的图形如图 9-99 所示。

（24）　在侧视图中，建立相应的剖视图对应边界线。在主视图中建立对应的直线，然后使用 OFFSET 命令对直线进行偏移操作，使用 FILLET 命令对交点进行圆角，得到的图形如图 9-100 所示。

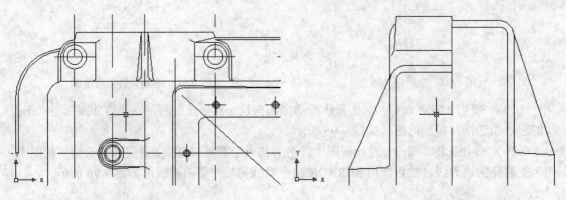

图 9-99　绘制左侧安装孔　　　　　　　　　　图 9-100　绘制侧视图剖切线

（25）使用 SPLINE 命令，在主视图中绘制两条样条曲线作为部分剖切的边界，如图 9-101 所示。

（26）　使用 TRIM 命令将箱盖内轮廓线的部分剪去，然后利用"图层"工具栏将剩余的部分曲线设置在"粗实线"层上。使用夹点编辑操作调整其长度，得到的图形如图 9-102 所示。

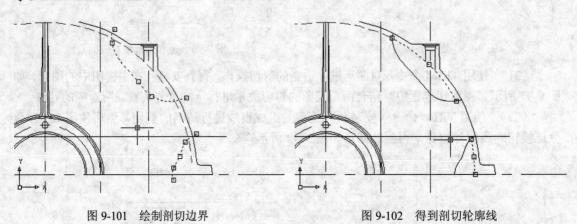

图 9-101　绘制剖切边界　　　　　　　　　　图 9-102　得到剖切轮廓线

（27）　与其他两个视图中的直线建立对应，在主视图中完成最右侧底座安装孔的图样，如图 9-103 所示。

（28）　使用同样的操作，在俯视图中建立辅助直线，完成中间两个安装孔之间的底座部分图样，如图 9-104 所示。

（29）　使用 TRIM 命令对水平直线进行剪切，然后使用夹点编辑对图形中的直线进行适当的调整，得到的图形如图 9-105 所示。

（30）　在左侧的轴孔边缘上，分别绘制直径为 3.2 和 1.6 的圆形，并为之添加一条垂直中心线。使用 ARRAY 命令得到 3 个对象，如图 9-106 所示。

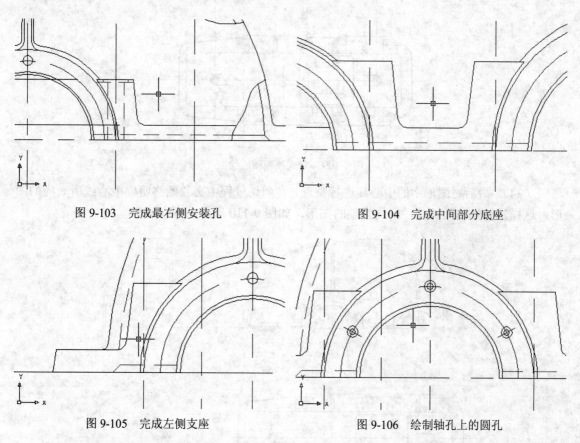

图 9-103　完成最右侧安装孔

图 9-104　完成中间部分底座

图 9-105　完成左侧支座

图 9-106　绘制轴孔上的圆孔

（31）　使用同样的操作，在右侧的轴孔上，分别绘制直径为 2 和 4 的圆形及其中心线，并将其进行阵列操作，得到的图形如图 9-107 所示。

（32）　按照三视图相互对应的原则，通过主视图中的关系，完成侧视图的主要部分的绘制，如图 9-108 所示。

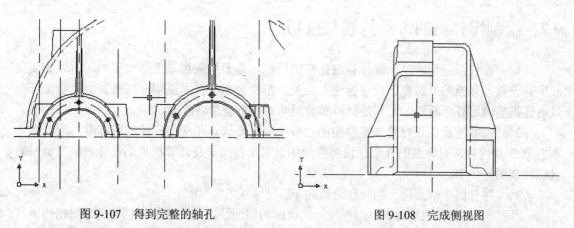

图 9-107　得到完整的轴孔

图 9-108　完成侧视图

（33）　使用 MIRROR 命令对俯视图进行操作，完成俯视图的绘制，如图 9-109 所示。

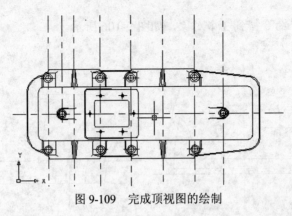

图 9-109　完成顶视图的绘制

（34）　最后对图形中的中心线进行整理，在剪切过程中必须始终明确中心线所对应的图形，这样就能知道其长度，得到完整的图形，如图 9-110 所示。

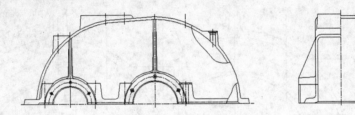

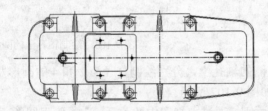

图 9-110　绘制完成的三视图

9.7　绘制零件图的常见问题与技巧

（1）　零件图是反映整个零件详细信息的图纸，是要用来指导生产加工的，所以需要完成所有设置，包括图纸边框、尺寸标注、公差、形位公差、技术说明，以及表面粗糙度等，最后还需要填写好标题栏，尤其是材料和数量两项更不能忽略。

（2）　需要注意的还有绘制零件图的过程中一定要遵守相应的机械制图标准，可以参考本书第 2 章内容，更详细的介绍建议参考清华大学工程图学及计算机辅助设计教研室编写的《机械制图》一书。

（3）　零件图中剖面符号的画法总结如下：

- 同一金属零件的零件图、剖视图、剖面图的剖面线应该画成间隔相等、方向相同而且与水平方向成 45° 角（当主要轮廓线与水平方向成 45° 时，应该画成与水平方向成 30°）的平行线，而且最好单独建立剖面线图层。
- 相邻的辅助零件或者部件一般不标出剖面符号，当需要标出时应该遵照相关的要求进行。

- 当被剖部分的图形面积较大时，可以只沿轮廓的周边画出剖面符号。
- 如果仅需要绘制出剖视图中的一部分图形，其边界又不绘制波浪线时应该将剖面线绘制整齐。

9.8 习题

9.8.1 填空和选择题

（1）完整的零件图必须包括以下几项内容：_____、_____、_____和_____。

（2）在实际工作中绘制零件图，可分为_____和_____两种途径。

（3）实心轴主视图以显示外形为主，局部孔、槽可采用_____表达。键槽、花键等结构需绘制单独的_____，既能清晰表达结构细节，又有利于尺寸和技术要求的标注。

  A. 局部剖视；断面图   B. 断面图；局部剖视

（4）箱壳类零件的功能特点决定了其结构和加工要求重点在于内腔，所以大量地采用_____画法。

  A. 剖面   B. 剖视

9.8.2 简答题

（1）绘制轴类零件时使用什么命令绘制轮廓线最为便捷？

（2）盘类零件的标注除了使用"标注直径"（或半径）外还有其他情况吗？

（3）绘制箱壳类零件时需要注意什么？

9.8.3 上机题

（1）绘制如图 9-111 所示的支撑滑动圆柱零件图。

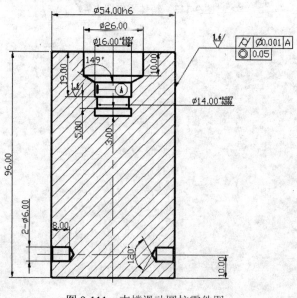

图 9-111 支撑滑动圆柱零件图

（2） 绘制如图 9-112 所示的法兰盘零件图，并自己填写标题栏。

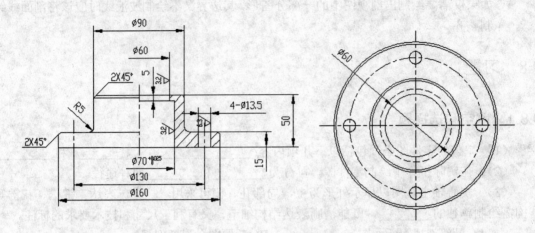

图 9-112　法兰盘零件图

（3） 绘制如图 9-113 所示的箱体零件图。

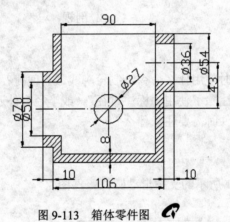

图 9-113　箱体零件图

第 10 章

装　配　图

教学目标：

在机械制图中，装配图是用来表达部件或机器的工作原理、零件之间的安装关系，以及相互位置的图样。它包含了装配、检验、安装时所需要的尺寸数据和技术要求，是指定装配工艺流程，进行装配、检验、安装，以及维修的技术依据。

本章主要介绍使用 AutoCAD 2009 绘制装配图的方法与过程。

教学重点与难点：

1. 装配图分析。

2. 装配图的一般绘制过程。

3. 装配图的绘制方法及绘图实例。

4. 绘制简单装配图实例。

5. 装配图中常见问题与使用技巧。

10.1　装配图分析

装配图反映了各个零件之间的装配和安装关系，实际生产中多在加工完零件后使用，但是其重要性不容忽略，几乎每一个稍微复杂的机械都具有复杂的装配图，本章将做简单介绍。

10.1.1　装配图的内容

表示产品及其部件结构的图样称为装配图，如图 10-1 所示为支撑梁的装配图。

由图 10-1 所示可以看出，部件装配图包含以下内容。

（1）一组视图，用来表示如下内容。

● 组成部件的零（组）件。

● 各零（组）件之间的装配关系。

● 部件的工作原理。

- 本部件和其他部件或机座间的装配关系。
- 零件的主要结构形状。

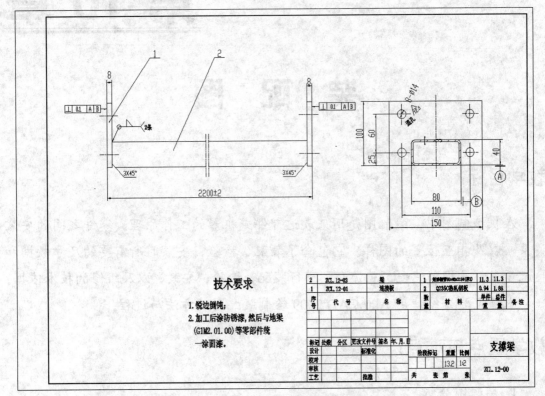

图 10-1　支撑梁装配图

（2）　必要的尺寸，用来表示零件间的配合、部件的安装、部件外形大小和部件的工作性能。

（3）　技术要求，用来说明对装配、安装质量的要求，及调试、检测和使用的某些要求。

（4）　标题栏，用来表示部件的名称、数量及填写与设计和生产管理有关的一些内容。

（5）　零（组）件序号、指引线和明细栏，用来说明组成部件的各零件的名称、数量和材料规格等。

10.1.2　装配图的规定画法及特殊表达方法

1.　规定画法

对于装配图而言，有一些基本的规定画法如下。

（1）　两零件的接触表面和配合表面只绘制一条公用的轮廓线（图 10-2 中的①）；两零件的不接触表面和非配合表面绘制两条轮廓线，并绘制出两表面各自的轮廓线（图 10-2 中的②）。

（2）　两个金属零件接触时，剖面线的倾斜方向应相反，或方向相同但间隔不同，如图 10-2 所示。同一零件在各视图上的剖面线必须一致，如图 10-2 所示。

（3）　在装配图中，对于螺钉等紧固件及实心零件如轴、销、键、球和杆等，当剖切平面通过其基本轴线时，这些零件按不剖绘制，如图 10-2 中③所示。需要时，可取局部剖。当剖切平面垂直于其基本轴线时，则应照常画剖面线。

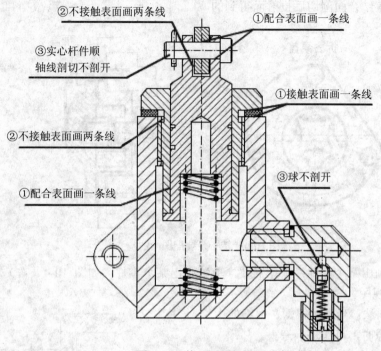

②不接触表面画两条线

①配合表面画一条线

③实心杆件顺
轴线剖切不剖开

①接触表面画一条线

②不接触表面画两条线

①配合表面画一条线

③球不剖开

图 10-2　装配图的规定画法

2. 特殊画法

装配图的特殊画法如下。

（1）拆卸画法：将某些零件拆卸后绘制欲表达的部分，如图 10-3 所示。

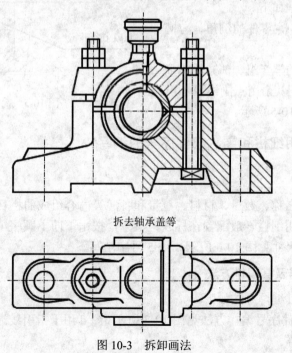

拆去轴承盖等

图 10-3　拆卸画法

（2）沿零件的结合面剖切：沿零件的结合面将部件剖切后投射，如图 10-4 中左视图所示是沿泵体与泵盖结合面剖切后投射而得到的。

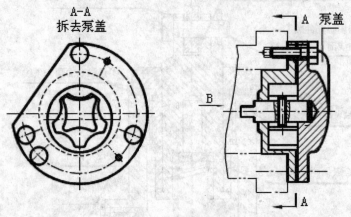

图 10-4　转子泵装配图画法

（3）单独画出某个零件：根据需要，单独画出某个零件，如图 10-4（右）所示为单独画出泵盖的 B 向视图。

（4）夸大画法：当遇到很薄，很细的零件或很小的间隙时，可作适当夸大。

（5）假想画法：与本部件有关，但不属于本部件的零件或部件，用双点画线画出，以表示连接关系。

3.　简化画法

装配图的简化画法如下。

（1）在装配图中，零件的倒角、沟槽等细节可不画。

（2）若干相同的零（组、部）件，可以仅详细地画出一处，其余用点画线表示出中心位置即可，如图 10-5 所示。

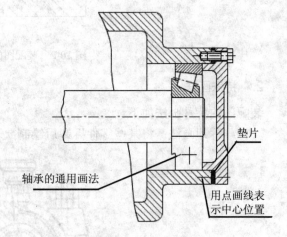

图 10-5　简化画法

10.1.3　装配图中明细栏和零、部件序号的编写

1.　明细栏

由序号、代号、名称、数量、材料、重量和备注等内容组成的栏目称为明细栏。装配图中一般应有明细栏，明细栏一般配置在标题栏上方，按由下向上顺序填写。学习用的简化标题栏和明细栏格式、尺寸见图 10-6 所示，用 5 号字填写。

2.　零、组件序号及其编排方法

零、组件序号及其编排方法如下。

（1）单个零、组件序号编排方法见图 10-7 所示（图 d 用于指引线端头不宜画小圆点时）。同一图样中形式应一样。

图 10-6　装配图标题栏和明细栏

（2）一组紧固件或装配关系清楚的零件组可按图 10-8 方式编排。

（3）指引线可以曲折一次，指引线不应与剖面线平行，指引线相互不能相交。

（4）序号字比尺寸数字大两号。

（5）各序号按水平、竖直排成直线，优先采用不分视图地全图顺时针或逆时针排列，排列示例见图 10-7 和图 10-8 所示。

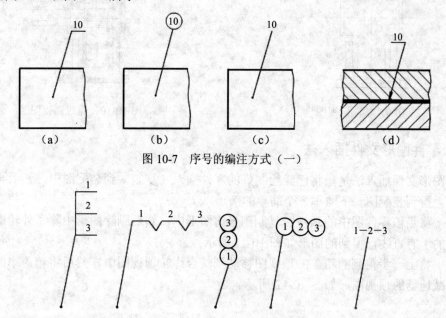

图 10-7　序号的编注方式（一）

图 10-8　序号的编注方式（二）

10.2　装配图的一般绘制过程

绘制装配图的方法按绘图顺序区分有以下两种：

（1）从部件的核心零件开始，"由内向外"，按装配关系逐层扩展绘制出各零件，最后绘制壳体、箱体等支撑、包容零件。

（2） 先将起支撑、包容作用的壳体、箱体等零件绘制出，然后再按装配关系逐层向内画出各零件，此种方法称为"由外向内"。

10.3 装配图的绘制方法及绘图实例

装配图的绘制方法主要包括以下几种：直接绘图、零件图块插入、零件图形文件插入、利用设计中心拼绘装配图法。

10.3.1 直接绘制装配图

直接绘制装配图是指像绘制零件图一样绘制装配图，下面举一个简单的机械零件装配图的例子。

（1） 先绘制箱盖零件图，然后删除部分直线，得到箱盖的主轮廓线，如图 10-9 所示。

（2） 在侧视图中使用"直线"等命令绘制轴承与轴，并使用 TRIM 命令对图形进行适当的修剪，对内外轮廓线之间的区域进行填充，得到如图 10-10 所示的侧视图。

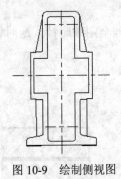

图 10-9　绘制侧视图

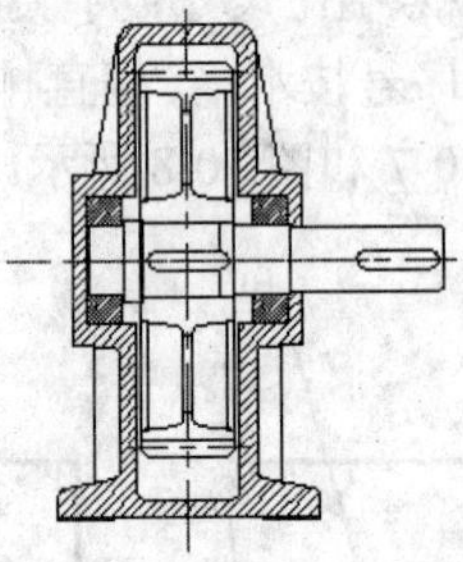

图 10-10　完成侧视图

10.3.2 零件图形文件插入法

零件图形文件插入法是指将已经绘制好的零件插入（复制）到装配图中，然后再进行适当的修剪，得到装配图。下面举一个简单的例子。

（1） 将箱盖零件图中的顶视图复制到当前图形中，然后删除图形中除了外轮廓线和中心线之外的所有直线，得到的图形如图 10-11 所示。

（2） 将上一步得到的箱盖的顶视图移动到啮合齿轮顶视图中，然后将箱盖中的图形删除，得到减速器的顶视图，如图 10-12 所示。

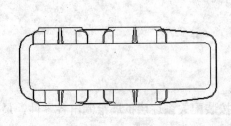

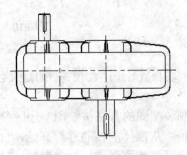

图 10-11　调整顶视图

图 10-12　完成顶视图

10.3.3 零件图块插入法与设计中心插入法

零件图块插入法就是将绘制好的零件创建为块，然后再插入块，并进行修剪，得到装配图。基本操作方式同零件图形文件插入法，不同的是通过创建块、插入块来完成零件图的复制，这里就不赘述了。

设计中心插入法就是利用设计中心提供的块，进行插入，基本方法和原理同零件图块插入法，并且可以自己向设计中心中添加常用的零件图块。

10.4 绘制简单装配图实例

机械零件的装配图对于图纸的幅度和图框的大小都有严格的要求。装配图要求能够表现出各个组件的装配尺寸，并且有标题栏、零件明细栏、各种标注和技术要求。除了基本绘图技巧以外，装配图绘制的要求也应该注意。本例是一个支撑梁的装配图，如图 10-1 所示。由于此装配图比较简单，本例采用直接绘制的方法。

（1）绘制图幅和图框。本例的图幅为 594 ×840，为标准 A1 图纸，如图 10-13 所示。外矩形框表示图幅，内部的矩形框为图框，全部的绘图都在这个矩形框中进行，图框和图幅之间左边的边距为 50，其他的边距都为 10。选择"绘图"|"矩形"命令，命令行提示如下：

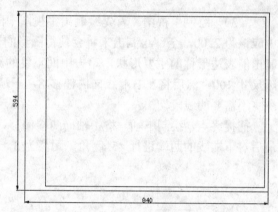

图 10-13　边框和标题栏

```
命令: _rectang
指定第一个角点或 [倒角(C)/标高(E)/圆角(F)/厚度(T)/宽度(W)]: 0,0
指定另一个角点或 [面积(A)/尺寸(D)/旋转(R)]: 840,594
```

改换图层，选择"绘图"|"多段线"命令，命令行提示如下：

```
命令: _pline
指定起点: 50,50
当前线宽为 0.000
指定下一个点或 [圆弧(A)/半宽(H)/长度(L)/放弃(U)/宽度(W)]: w
指定起点宽度 <0.000>: 0.3
指定端点宽度 <0.300>:
指定下一个点或 [圆弧(A)/半宽(H)/长度(L)/放弃(U)/宽度(W)]: 830,10
指定下一点或 [圆弧(A)/闭合(C)/半宽(H)/长度(L)/放弃(U)/宽度(W)]: 830,584
指定下一点或 [圆弧(A)/闭合(C)/半宽(H)/长度(L)/放弃(U)/宽度(W)]: 50,584
指定下一点或 [圆弧(A)/闭合(C)/半宽(H)/长度(L)/放弃(U)/宽度(W)]: c
```

（2）绘制标题栏。将装配图的标题栏置于图框的右下角，右边和下边的边线和图框线重合。标题栏和明细栏的尺寸有严格规定，如图 10-14 所示。图的上部分为明细栏，下部分为标题栏。明细栏的行数由零件的个数决定，需要增加时复制粘贴即可。标题栏和明细栏采用大字体，shx 字体为 simplex.shx，大字体为 vcadhz.shx，除"支撑梁"三个字字高为 6 外，其他字高为 3.5。

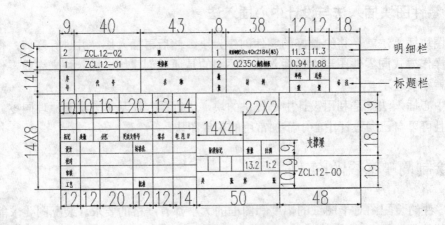

图 10-14　标题栏和明细栏

（3）绘制主视图。首先绘制出主视图中的左右端线和底线，左右端线之间的距离在图中应该为 2200，全部绘制出来将会使得图形的长宽比例失调，影响显示效果，所以只需要绘制出能表达形体的主要形状，略去中间重复的结构。下端线绘制为 330，左右端线则按照实际尺寸 100。然后将左右端线向内偏移 8，下端线向上偏移 40，再选择"修改"|"修剪"命令将不需要的线段切去。

捕捉终点，绘制中轴。将中轴向两端偏移，生成两条省略线，将省略线中间的直线切除。最后对下端线的两端进行 45º 倒角，距离为 3。得到主视图如图 10-15 所示。

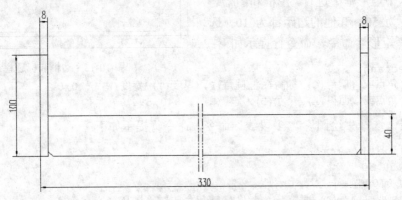

图 10-15　绘制主视图

（4）绘制左视图中心线。绘制两条垂直的短线，作为一个圆孔的中心线。然后选择"修改"|"阵列"命令或者单击"修改"工具栏中的"阵列"按钮，在弹出的"阵列"对话框中选中"矩形阵列"单选按钮，行数和列数都为 2，行距为 60，列距为 110。单击拾取对象，然后用光标拾取已有的两条中心线，按 Enter 键返回对话框，单击"确定"按钮。然后按照尺寸绘制出竖直的一条中心线，如图 10-16 所示。

（5）完成左视图。选择"绘图"|"圆"命令绘制 4 个圆孔，圆心根据中心线可以确定，半径为 7。将圆孔的水平中心线向上偏移 20，与中轴线相交得到外轮廓线上的点，再根据图 10-17 所示的尺寸绘制出完整的轮廓线。

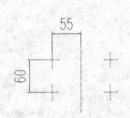

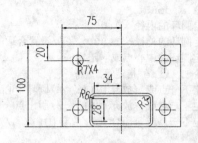

图 10-16　主视图轮廓　　　　　　　　　　图 10-17　绘制左视图

（6）绘制环形梁截面的轮廓线，选择"绘图"|"直线"命令，绘制直线，选择"绘图"|"圆弧"命令中的"起点、圆心、角度"模式绘制 1/4 圆弧。绘制如图 10-18 所示的环形外轮廓，首先通过偏移命令得到起始点，命令行提示如下：

```
命令：_arc 指定圆弧的起点或 [圆心(C)]：//指定起始点
指定圆弧的第二个点或 [圆心(C)/端点(E)]：_c 指定圆弧的圆心：@0,6//相对坐标
指定圆弧的端点或 [角度(A)/弦长(L)]：_a 指定包含角：90 //1/4圆弧
LINE 指定第一点：//上一次终点
指定下一点或 [放弃(U)]：@0,28
```

使用类似的方法完成内轮廓线，由此完成左视图的绘制。

（7）表面加工精度。图中没有特殊加工表面，所有的表面精度都在图右上角统一标出，表面加工符号用 LINE 命令和"绘图"|"圆"|"相切、相切、半径"命令绘制，如图 10-19 所示，表示表面为去材料方法获得，无粗糙度特殊要求。

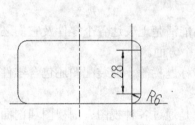

图 10-18　环形轮廓线　　　　　　　　　　图 10-19　表面加工精度

（8）形位公差。形位公差的符号如图 10-20 所示，用于表达图中有要求的形状或位置公差，这里是垂直度公差。绘制的方法如下：选择"标注"|"公差"命令，在弹出的对话框中单击"符号"的示意图标，选择⊥符号，在后面的"公差"文本框中输入 0.1，"基准 1"为 A，"基准 2"为 B。单击"确定"按钮，即可生成形位公差符号。

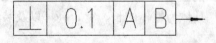

图 10-20　形位公差符号

（9）零件标号。装配图中的每个零件都必须在明细栏中记载，而零件的标号应该在装配图中用引线标出。引线的绘制：选择"绘图"|"圆环"命令，指定圆环内径为 0，外径为适当的值，可以直接绘制出一个实心的圆点，然后使用直线命令将引线绘制出来。零件标号的形式如图 10-21 所示，命令行提示如下：

```
命令: _donut
指定圆环的内径 <0.000>:
指定圆环的外径 <1.000>: //设置合适的点半径
指定圆环的中心点或 <退出>:
命令: _line 指定第一点:
指定下一点或 [放弃(U)]: //圆环中心
指定下一点或 [放弃(U)]: //引出点
指定下一点或 [闭合(C)/放弃(U)]: //开启极轴功能, 捕捉水平方向点
```

（10）技术要求。技术要求写在图形的空白处，选择"绘图"|"文字"|"单行文字"命令，采用大字体，shx 字体为 simplex.shx，大字体为 vcadhz.shx，字高 3.5，本例技术要求如图 10-22 所示。

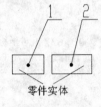

技术要求

1. 锐边倒钝；

2. 加工后涂了锈漆，然后与

地梁（G1M2.01.00）等零部

件统一面漆。

图 10-21　零件标号　　　　　　　　　　　　图 10-22　技术要求

（11）填写标题栏与明细栏，最终的效果如图 10-1 所示。

10.5　装配图中常见问题与使用技巧

在装配图中通常会有很多零件，这就需要装配图能清楚地表达各个零件及它们之间的相互位置关系。在绘制装配图的过程中需要注意以下几个方面。

（1）装配图和零件图一样，包含视图、尺寸和标题栏等，但装配图还包含零件编号和明细栏，用以说明零件的编号、名称和数量等关系。

（2）装配图的表达方法和零件图基本相同，都是通过各种视图、剖视图和剖面图来表示相应的结构或者关系。

（3）装配图的表达方法和零件图的区别在于：零件图需要把零件的各个部分形状清楚地表达出来，以便能用于加工零件；而装配图只要求把部件的功能、工作原理和零件间的装配关系表达清楚，不需要零件的形状。这是由于零件图和装配图不同的用途所决定的。

（4）装配图的尺寸与零件图不同，也是由于零件图和装配图不同的用途所决定的。

在零件图上需要标注零件的全部尺寸，而在装配图中只需要注明与部件性能、装配、安装和运输等有关的少数尺寸，具体为整体的长、宽、高，以及装配尺寸等。

10.6　习题

10.6.1　填空和选择题

（1）装配图与零件图相比，增加了_____和_____两项。

（2）　装配图的尺寸标注_____（多于或少于）零件图的尺寸标注。

（3）　一般对于简单的装配图可以采用_____方法，复杂的装配图需要采用_____。

    A. 直接绘制；零件图形文件插入法   B. 零件图形文件插入法；直接绘制

（4）　若采用块插入法插入的零件需要修改时，可以先使用_____命令处理块，然后才能对其进行编辑。

    A. 分解   B. 打断

10.6.2　简答题

（1）　简单装配图可以直接绘制，那么复杂的装配图如何绘制呢？

（2）　装配图中明细栏的作用是什么？

（3）　装配图的技术要求主要有哪些？与零件图相同吗？

10.6.3　上机题

（1）　绘制如图 10-23 所示的简单装配图，建议使用直接绘制方法。图 10-24 和图 10-25 所示是其放大图形。

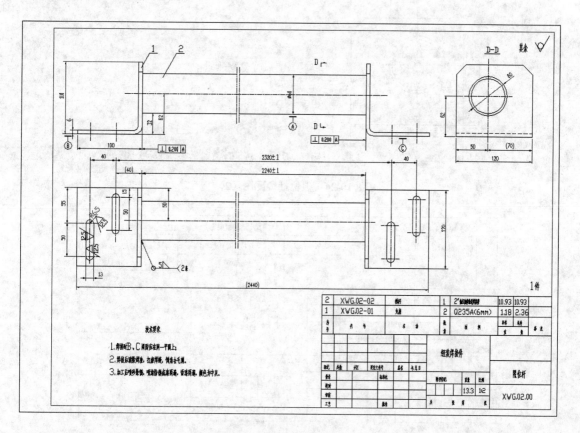

图 10-23　限位杆装配图（1）

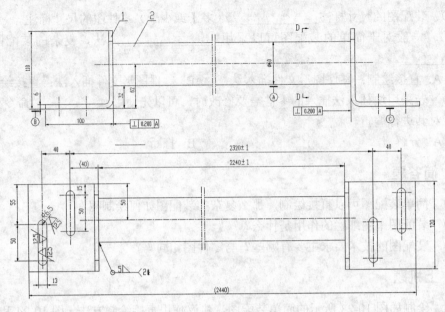

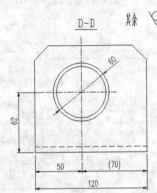

技术要求

1. 焊接时 B、C 两面应在同一平面上;

2. 焊接后清除焊渣,打磨焊缝,倒角去毛刺。

3. 加工后喷砂除锈,喷涂防锈漆底漆两遍,面漆两遍,颜色为中灰。

图 10-24 限位杆装配图 (2)

2	XWG.02-02	横杆	1	2″低压流体输送焊接管	10.93	10.93	
1	XWG.02-01	支座	2	Q235A(6mm)	1.18	2.36	
序号	代　号	名　称	数量	材　料	单件	总件	备注
					重　量		
				组装焊接件		限位杆	
标记	处数	分区	更改文件号	签名	年月日		
设计			标准化				
校对				阶段标记	重量	比例	
审核					13.3	1:2	XWG.02.00
工艺			批准	共　张　第　张			

图 10-25 限位杆装配图 (3)

(2) 尝试绘制如图 10-26 所示的较复杂的装配图。

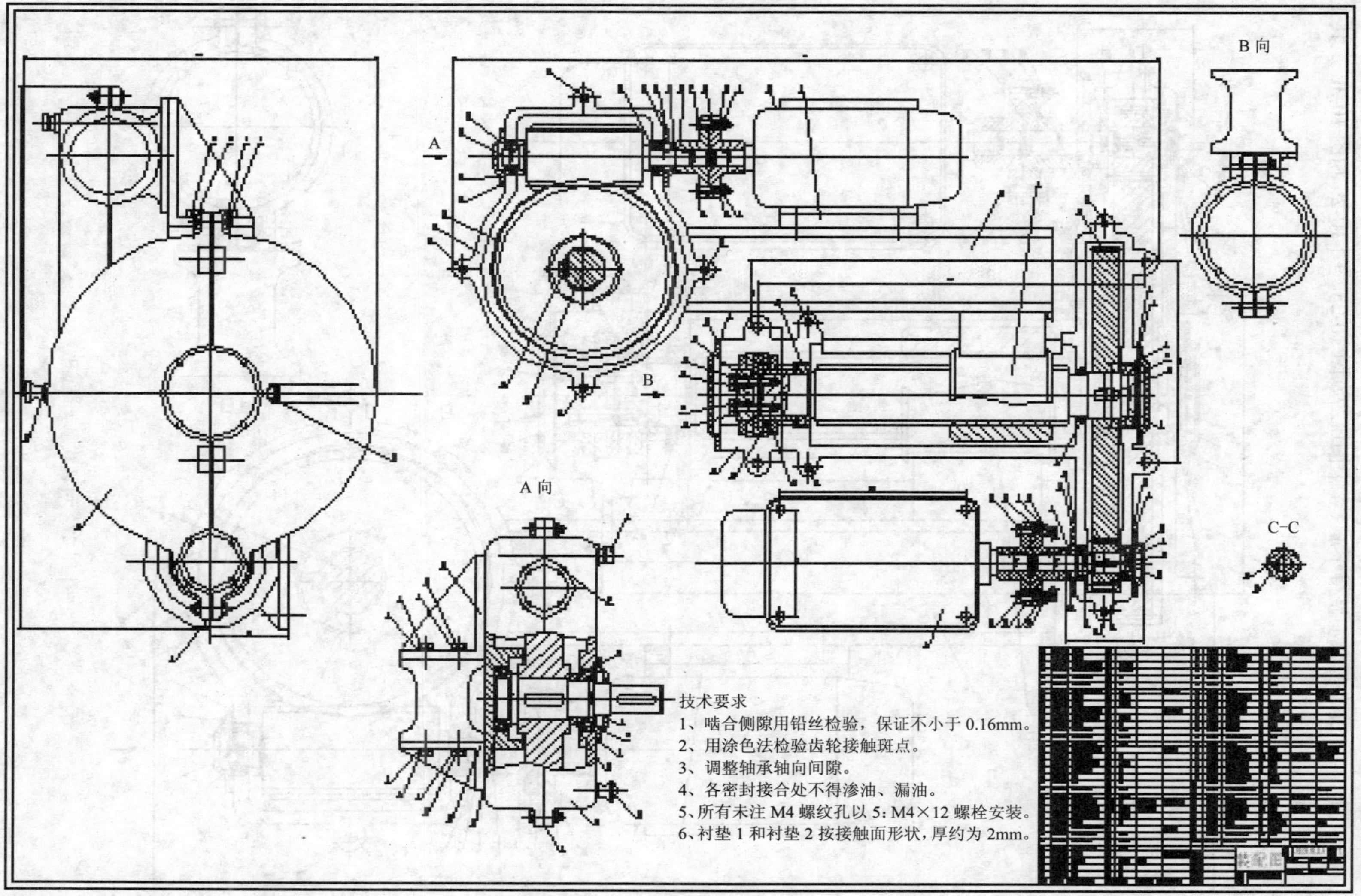

B 向

C-C

A 向

技术要求

1. 啮合侧隙用铅丝检验，保证不小于 0.16mm。
2. 用涂色法检验齿轮接触斑点。
3. 调整轴承轴向间隙。
4. 各密封接合处不得渗油、漏油。
5. 所有未注 M4 螺纹孔以 5：M4×12 螺栓安装。
6. 衬垫 1 和衬垫 2 按接触面形状，厚约为 2mm。

图 10-26　可调式悬架装配图

由于图 10-26 过于复杂，显得不清楚，图 10-27、图 10-28、图 10-29 和图 10-30 是其主要部分的详细图。

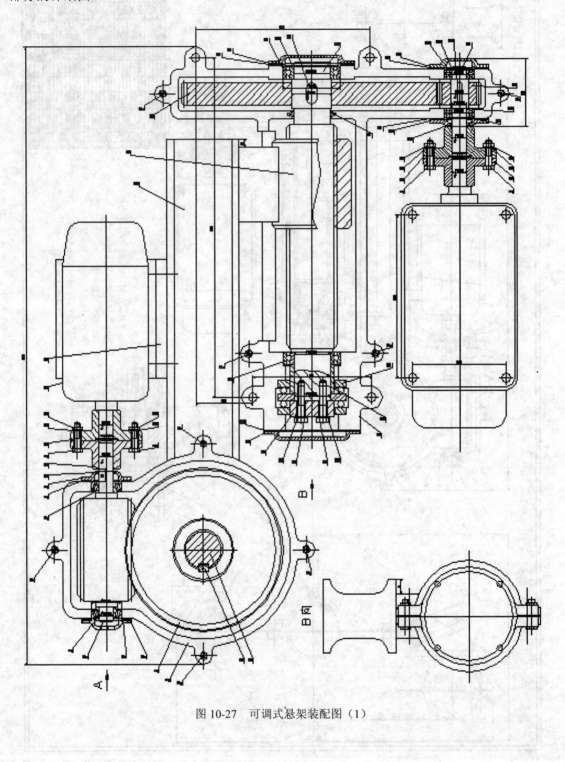

图 10-27　可调式悬架装配图（1）

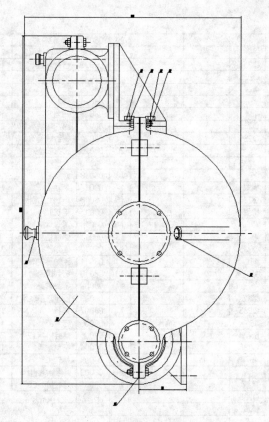

图 10-28　可调式悬架装配图（2）

A向

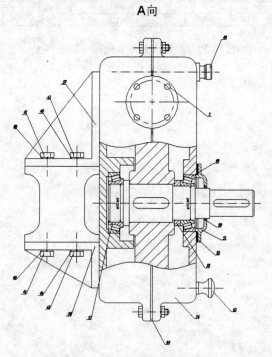

图 10-29　可调式悬架装配图（3）

序号	件 号	名 称	数量	材料	热处理	附 注
64	08064	衬垫2	1			
63	08063	衬垫1	1			
62	08062	提手式通气器2	1	Q235A		
61	08061	提手式通气器1	1	Q235A		
60	08060	轴1辅助端	1	45		
59	08059	连轴器键	4	45		
58	08058	连轴器顶针M4	4	45		GB71-85
57	08057	弯板2	1	Q235		
56	08056	弯板1	1	Q235		
55	08055	圆锥滚子轴承3	1			32010X2
54	08054	蜗轮蜗杆箱上箱体	1	Q235		
53	08053	套筒2	1	45		
52	08052	密封胶垫5	1	橡胶		
51	08051	密封端盖7	1	Q235		
50	08050	密封橡胶圈4	2	橡胶		
49	08049	圆锥滚子轴承2	1			32009
48	08048	杆式油标2	1	45		
47	08047	齿轮箱上箱体	1	Q235		
46	08046	杆式油标1	1	45		
45	08045	键3	1	45		
44	08044	轴3	1	45		
43	08043	密封胶垫4	1	橡胶		
42	08042	密封端盖6	1	Q235		
41	08041	螺栓M10×25	10	45	镀锌钝化	GB5782-86
40	08040	弹性垫圈M10	10	65Mn	表面氧化	
39	08039	齿轮箱下箱体	1	Q235		
38	08038	套筒1	1	45		
37	08037	双向推力球轴承	1			51212
36	08036	密封橡胶圈3	1	橡胶		
35	08035	密封端盖5	1	Q235		
34	08034	密封橡胶圈2	1	橡胶		
33	08033	电机2	1			ZXQ-13.5/30
32	08032	小齿轮	1	Q235	正火	
31	08031	轴2	1	45		
30	08030	键2	1	45		
序号	件 号	名 称	数量	材料	热处理	附 注

序号	件 号	名 称	数量	材料	热处理	附 注
29	08029	挡圈2	2	碳素钢	表面氧化	GB895.2-86
28	08028	深沟球轴承2	2			6004
27	08027	密封端盖4	1	Q235		
26	08026	密封胶垫3	2	橡胶		
25	08025	轴1	1	45		
24	08024	键1	1	45		
23	08023	挡圈1	1	碳素钢	表面氧化	GB895.2-86
22	08022	深沟球轴承1	2			6010
21	08021	密封端盖3	1	Q235		
20	08020	密封胶垫2	1	橡胶		
19	08019	大齿轮	1	结构钢	正火	
18	08018	螺旋套	1	45		
17	08017	半轴梁	1	Q235		
16	08016	电机1固定板	1	45		
15	08015	电机1	1			定制
14	08014	薄螺母M8	8	45		GB6170-86
13	08013	弹性垫圈M8	16	65Mn	表面氧化	GB93-87
12	08012	连轴器右端	2	45		
11	08011	连轴器左端	2	45		
10	08010	密封橡胶圈1		橡胶		
9	08009	密封端盖2	1	Q235		
8	08008	圆锥滚子轴承1	2			32004
7	08007	蜗杆	1	45	表面淬火	
6	08006	密封胶垫1	1	橡胶		
5	08005	螺栓M4×12	28	45	镀锌钝化	GB5782-86
4	08004	密封端盖1	1	Q235		
3	08003	蜗轮	1	ZCuSn10P1		砂型
2	08002	蜗轮蜗杆箱下箱体	1	Q235		
1	08001	螺栓M8×20	16	45	镀锌钝化	GB5782-86
序号	件 号	名 称	数量	材料	热处理	附 注

批准		**装配图**		图号 08000	件数 1
描图				材料	重量	比例
审图					
制图		机器名称 **转向系统**		共 张	第01张
设计					

图 10-30　可调式悬架装配图（5）

第 11 章

轴 测 图

教学目标：

轴测投影图（简称轴测图）通常称为立体图，其直观性强，是生产中的一种辅助图样，常用来说明产品的结构和使用方法等。它是在平行投影条件下，改变物体相对于投影面的位置，或者改变投射方向。在投影面上得到的具有立体感的投影图，其实质是用二维图形模拟三维对象。

由于采用平行投影的方法，因此轴测图具有以下两个投影特性：

（1）物体上相互平行的线段在轴测图中仍相互平行。

（2）物体上平行于直角坐标轴的线段，共轴测投影仍平行于相应的轴测轴，且同一轴向的伸缩系数相同。

教学重点与难点：

1. 轴测图基础。

2. 激活轴测投影模式。

3. 在轴测投影模式下绘图。

4. 标注尺寸。

5. 在轴测图中写文本。

6. 轴测图中常见问题与使用技巧。

11.1　轴测图基础

在机械工程中常用的两种图示方法是：多面正投影和轴测投影，如图 11-1 所示。

用多面正投影表达物体的优点是绘图简便、度量性好。但由于每一个投影只能反映物体的两个向度，因此直观性较差。轴测图是单面投影图，在一个投影面上，能够同时反映物体的 3 个向度，立体感好。但缺点是度量性较差，多数表面均不反映实形。

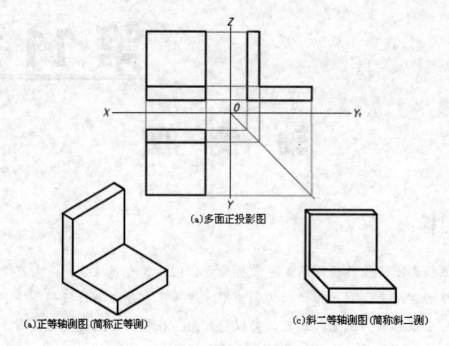

(a)多面正投影图

(a)正等轴测图（简称正等测）　　　　　　(c)斜二等轴测图（简称斜二测）

图 11-1　常用的图示方法

　　轴测图是一种很有实用价值的图示方法。它可以作为工程图样的辅助图，如进行机械设计时，常常先把构思出来的零部件绘制成轴测草图，然后再将其绘制成投影图。可见了解轴测图的概念、掌握轴测图的画法是十分有意义的。

　　将物体连同其参考直角坐标系沿不平行于任一坐标面的方向用平行投影法将其投射在单一投影面上所得的具有立体感的图形，称为轴测图。该投影称为轴测投影面。空间直角坐标轴（投影轴）在轴测投影面内的投影称为轴测轴，用 O1X1、O1Y1、O1Z1 表示。两轴测轴之间的夹角称为轴间角。

11.2　激活轴测投影模式

　　AutoCAD 2009 为绘制轴测图创建了一个特定的环境。在这个环境中，系统提供了相应的辅助手段以帮助用户方便地构建轴测图，这就是轴测图绘制模式（简称轴测模式）。用户可以使用 DSETTINGS 或 SNAP 命令来设置轴测模式。

　　（1）使用 DSETTINGS 命令

　　在如图 11-2 所示的"草图设置"对话框中打开"捕捉和栅格"选项卡，然后在"捕捉类型和样式"选项组中选中"等轴测捕捉"单选按钮，即可将绘图环境设置成轴测模式。

　　（2）使用 SNAP 命令

　　SNAP 命令中的"样式"选项可用于在标准模式和轴测模式之间切换。命令行提示如下：

```
命令：snap
指定捕捉间距或 [开(ON)/关(OFF)/纵横向间距(A)/样式(S)/类型(T)] <10.0000>: s
输入捕捉栅格类型 [标准(S)/等轴测(I)] <I>:
指定垂直间距 <10.0000>: 5
```

设置完成后可从十字光标线的变化（如图 11-3 所示）看出当前的绘图环境已处于轴测模式下。

图 11-2 "草图设置"对话框

图 11-3 等轴测绘图环境下的十字光标

11.3 在轴测投影模式下绘图

设置为轴测模式后，用户可以方便地绘制出直线、圆、圆弧和文本的轴测图，并由这些基本图形对象组成复杂形体（组合体）的轴测投影图。

绘图过程中切换轴测面可以通过以下两种方法：

（1） 按"Ctrl+E"组合键或 F5 功能键，可按顺时针方向在左平面、顶平面和右平面 3 个轴测面之间切换。

（2） 使用 ISOPLANE 命令，在命令提示下键入首字母 L、T 或 R，可选择相应的轴测面；也可按 Enter 键在 3 个轴测面之间切换。

11.3.1 在轴测模式下绘制直线

根据轴测投影特性，在绘制轴测图时，对于与直角坐标轴平行的直线，可在切换至当前轴测面后，打开正交模式（ORTHO），仍将它们绘制成与相应的轴测轴相平行；对于与 3 个直角坐标轴均不平行的一般位置直线，则可关闭正交模式，沿轴向测量获得该直线两个端点的轴测投影，然后相连即可得到一般位置直线的轴测图。对于组成立体的平面多边形，其轴测图是由边直线的轴测投影连接而成。其中，矩形的轴测图是平行四边形。

下面举一个简单的实例来进行说明。

单击"绘图"工具栏中的"直线"按钮，绘制 3 个轴测轴方向的绘图基准线，命令行提示如下：

```
命令：_line 指定第一点：200,200
指定下一点或 [放弃(U)]：@52<30
指定下一点或 [放弃(U)]：
LINE 指定第一点：200,200
```

```
指定下一点或 [放弃(U)]: @38<90
指定下一点或 [放弃(U)]:
LINE 指定第一点: 200,200
指定下一点或 [放弃(U)]: @54<150
指定下一点或 [放弃(U)]:
```

绘制效果如图 11-4 所示。

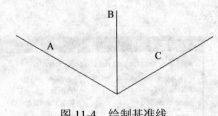

图 11-4　绘制基准线

11.3.2　轴测图中的组合体

组合体是由若干个基本的图形对象（如直线、圆和圆弧等）按照一定的位置关系组合而成的。组合体的轴测图也是由这些基本的图形对象的轴测图组成的。需注意的是，在绘制组合体中不同方位的基本图形对象时，必须切换到不同的轴测面上去绘图。在组合体轴测图的后期绘制中，往往需要做一些修改，如去掉图上多余的线段，或补上缺少的线段等，使用前面介绍的 TRIM、LINE 等命令修改即可。

11.3.3　在轴测面内绘制平行线

轴测面内绘制平行线时，可以使用复制或者偏移命令来完成。下面继续上面的实例来说明平行线的绘制方法。

（1）按 F5 键切换至左等轴测平面，单击"修改"工具栏中的"复制"按钮，命令行提示如下：

```
命令: _copy
选择对象: 找到 1 个　//选择直线A
选择对象:
当前设置:　复制模式 = 单个
指定基点或 [位移(D)/模式(O)] <位移>: 8<90//直接输入位移
指定第二个点或 <使用第一个点作为位移>://按Enter键，完成复制
COPY
选择对象: 找到 1 个　//选择直线A
选择对象:
当前设置:　复制模式 = 单个
指定基点或 [位移(D)/模式(O)] <位移>: 38<90
指定第二个点或 <使用第一个点作为位移>:
```

（2）按 F5 键切换至右等轴测平面，单击"修改"工具栏中的"复制"按钮，命令行提示如下：

```
命令: _copy
选择对象: 找到 1 个　//选择直线B
选择对象:
指定基点或 [位移(D)/模式(O)] <位移>: 52<30
指定第二个点或 <使用第一个点作为位移>:
```

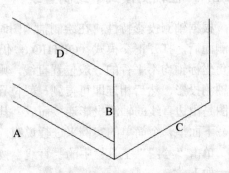

图 11-5　复制得到其他线段

得到的效果如图 11-5 所示。

（3）绘制其他定位线段（以直线 D 为基准线段）。单击"修改"工具栏中的"复制"按钮，命令行提示如下：

```
命令: _copy
选择对象: 找到 1 个   //选择直线D
选择对象:
当前设置:  复制模式 = 单个
指定基点或 [位移(D)/模式(O)] <位移>: 30<30↵//直接输入位移
指定第二个点或 <使用第一个点作为位移>://按Enter键,完成复制
COPY
选择对象: 找到 1 个   //选择直线D
选择对象:
当前设置:  复制模式 = 单个
指定基点或 [位移(D)/模式(O)] <位移>: 52<30↵//直接输入位移
指定第二个点或 <使用第一个点作为位移>: //按Enter键,完成复制
```

绘制效果如图 11-6 所示。

（4） 绘制零件基本边框。单击"绘图"工具栏中的"直线"按钮 ，然后再单击"修改"工具栏中的"修剪"按钮 ，绘制零件基本边框并编号，绘制效果如图 11-7 所示。

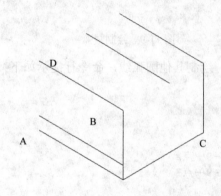

图 11-6　绘制其他辅助线

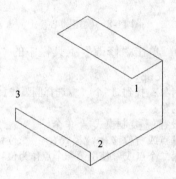

图 11-7　绘制基本线框

11.3.4　绘制圆的轴测投影

平行于坐标面的圆的轴测图是内切于一菱形的椭圆，且椭圆的长轴和短轴分别与该菱形的两条对角线重合。轴测模式下的椭圆可使用 ELLIPSE 命令直接绘制。下面继续上面的机械制图中的实例来进行说明。

（1） 绘制圆弧轮廓。按 F5 键切换至右等轴测平面，单击"绘图"工具栏中的"椭圆"按钮 ，命令行提示如下：

```
命令: _ellipse
指定椭圆轴的端点或 [圆弧(A)/中心点(C)/等轴测圆(I)]: i
指定等轴测圆的圆心: //指定点1
指定等轴测圆的半径或 [直径(D)]: 40
ELLIPSE
指定椭圆轴的端点或 [圆弧(A)/中心点(C)/等轴测圆(I)]: i
指定等轴测圆的圆心: //指定点2
指定等轴测圆的半径或 [直径(D)]: 40
```

两个圆的交点即为圆弧圆心，编号为 4，绘制效果如图 11-8 所示。

（2）以图 11-8 中所示的点 4 为圆心，绘制一个等轴测圆，半径为 40 mm，此圆必然经过点 1 和点 2。单击"修改"工具栏中的"修剪"按钮 /··，删去多余的线条，绘制效果如图 11-9 所示。

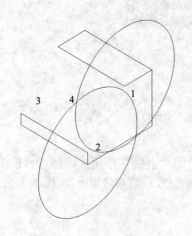

图 11-8　确定圆心

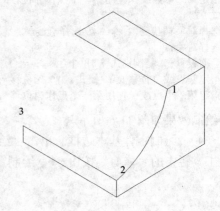

图 11-9　绘制圆弧

（3）单击"修改"工具栏中的"复制"按钮，绘制其他圆弧线，命令行提示如下：

```
命令：_copy
选择对象：找到 1 个  //选择圆弧线12
选择对象：
当前设置：复制模式 = 单个
指定基点或 [位移(D)/模式(O)] <位移>： //指定图11-9中点2
指定第二个点或 <使用第一个点作为位移>： //指定图11-9中点3
COPY
选择对象：找到 1 个  //选择圆弧线12
选择对象：
当前设置：复制模式 = 单个
指定基点或 [位移(D)/模式(O)] <位移>：4<150//直接输入位移
指定第二个点或 <使用第一个点作为位移>://按Enter键，完成复制
COPY
选择对象：找到 1 个  //选择圆弧线12
选择对象：
当前设置：复制模式 = 单个
指定基点或 [位移(D)/模式(O)] <位移>：50<150//直接输入位移
指定第二个点或 <使用第一个点作为位移>://按Enter键，完成复制
```

绘制的图形如图 11-10 所示。

（4）绘制内轮廓。单击"修改"工具栏中的"复制"按钮，命令行提示如下：

```
命令：_copy
选择对象：找到 1 个  //选择直线12
选择对象：
当前设置：复制模式 = 单个
指定基点或 [位移(D)/模式(O)] <位移>： //指定点1
指定第二个点或 <使用第一个点作为位移>： //指定点3
COPY
选择对象：找到 1 个  //选择直线25
```

选择对象：
当前设置：复制模式 = 单个
指定基点或 [位移(D)/模式(O)] <位移>：//指定点5
指定第二个点或 <使用第一个点作为位移>：//指定点4

两条直线的交点编号为 6，绘制的效果如图 11-11 所示。

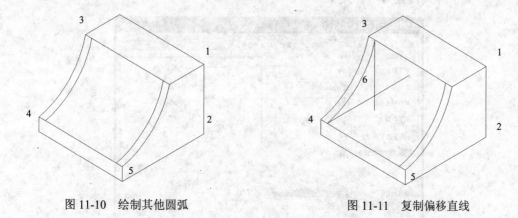

图 11-10　绘制其他圆弧　　　　　　　　　图 11-11　复制偏移直线

11.4　标注尺寸

不同于平面图中的尺寸标注，轴测图的尺寸标注要求和所在的等轴测面平行，所以需要将尺寸线、尺寸界线倾斜某一角度，以使它们与相应的轴测轴平行。

下面绘制的轴测图为标注对象，对其进行尺寸标注。

（1）进行尺寸标注前首先建立倾角为 30º 和-30º 的两种文字样式，单击"菜单浏览器"按钮，选择"格式"|"文字样式"命令，弹出如图 11-12 所示的"文字样式"对话框。

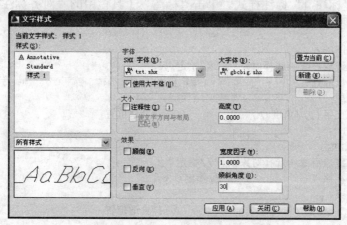

图 11-12　"文字样式"对话框

单击"新建"按钮，建立样式名为"样式 1"的字型，默认字体，倾斜角度为 30º。设置完成后单击"关闭"按钮，弹出"AutoCAD"询问对话框，单击"是"按钮或者按 Enter 键即可（系统默认保存）。

使用同样的方法建立名为"样式 2"的文字样式，倾斜角度为-30º。

（2）利用创建的两种文字样式创建标注样式，单击"菜单浏览器"按钮，选择"格式"|"标注样式"命令或者选择"标注"|"标注样式"命令，弹出"标注样式管理器"对话框。

在对话框中单击"新建"按钮，在弹出的"创建新标注样式"对话框中设置新的标注样式名为"标注 1"，继续操作弹出"新建标注样式"对话框，如图 11-13 所示。打开"文字"选项卡，将文字样式设置为"样式 1"。

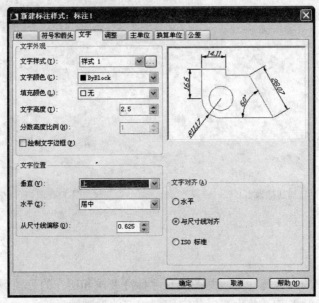

图 11-13　"新建标注样式"对话框

以上建立了文字倾斜角度为 30º 的"标注 1" 标注样式，使用同样的方法创建文字倾斜角度为-30º 的"标注 2"标注样式。

（3）使用"标注 1"标注样式。单击"标注"工具栏中的"对齐标注"按钮，命令行提示如下：

```
命令：_dimaligned
指定第一条延伸线原点或 <选择对象>：  //指定点6
指定第二条延伸线原点：              //指定点7
指定尺寸线位置或
[多行文字(M)/文字(T)/角度(A)]：       //选择合适位置
标注文字 =8
命令：DIMALIGNED
指定第一条延伸线原点或 <选择对象>：  //指定点2
指定第二条延伸线原点：              //指定点3
指定尺寸线位置或
[多行文字(M)/文字(T)/角度(A)]：       //选择合适位置
标注文字 =54
命令：DIMALIGNED
指定第一条延伸线原点或 <选择对象>： //指定点4
指定第二条延伸线原点：            //指定点5
指定尺寸线位置或
[多行文字(M)/文字(T)/角度(A)]：       //选择合适位置
标注文字 =52
```

标注效果如图 11-14 所示。

（4）使用"标注 2"标注样式。单击"标注"工具栏中的"对齐标注"按钮，命令行提示如下：

```
命令：_dimaligned
指定第一条延伸线原点或 <选择对象>：          //指定点1
指定第二条延伸线原点：            //指定点2
指定尺寸线位置或
[多行文字(M)/文字(T)/角度(A)]：      //选择合适位置
标注文字 =22
命令：DIMALIGNED
指定第一条延伸线原点或 <选择对象>：     //指定点3
指定第二条延伸线原点：            //指定点4
指定尺寸线位置或
[多行文字(M)/文字(T)/角度(A)]：      //选择合适位置
标注文字 =38
```

标注效果如图 11-15 所示。

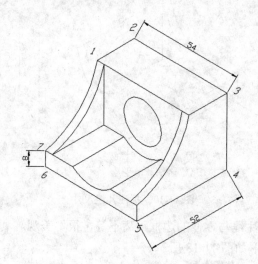

图 11-14 标注文字倾角为 30° 的尺寸

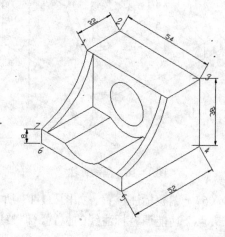

图 11-15 标注文字倾角为-30° 的尺寸

 注意：对象的标注是使用"标注 1"还是使用"标注 2"取决于文字倾斜角度的规定。

（5）单击"标注"工具栏中的"编辑标注"按钮，将尺寸标注旋转到相对应的等轴测面上去，命令行提示如下：

```
命令：_dimedit
输入标注编辑类型 [默认(H)/新建(N)/旋转(R)/倾斜(O)] <默认>：o
选择对象：找到 1 个            //选择标注"54"
选择对象：找到 1 个,总计 2 个    //选择标注"38"
选择对象：
输入倾斜角度 (按 Enter 表示无):30
命令：DIMEDIT
```

输入标注编辑类型 [默认(H)/新建(N)/旋转(R)/倾斜(O)] <默认>:o
选择对象：找到 1 个　　　　　　　//选择标注"22"
选择对象：找到 1 个，总计 2 个　//选择标注"8"
选择对象：
输入倾斜角度 (按 Enter 表示无):150
命令： DIMEDIT
输入标注编辑类型 [默认(H)/新建(N)/旋转(R)/倾斜(O)] <默认>:o
选择对象：找到 1 个　　　　　　　//选择标注"52"
选择对象：
输入倾斜角度 (按 Enter 表示无):90

倾斜效果如图 11-16 所示。

标注其他尺寸（选用样式 1），效果如图 11-19 所示。

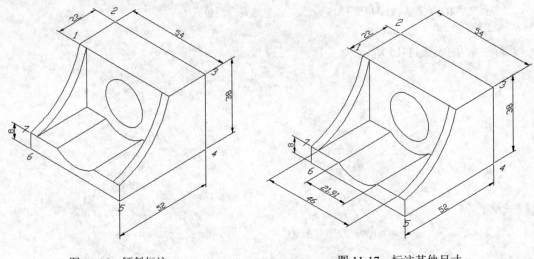

图 11-16　倾斜标注　　　　　　　　图 11-17　标注其他尺寸

（6）调整标注位置。如图 11-17 所示，标注线与零件的边框距离不等，很不美观。利用"夹点"功能调整标注线的位置，调整后的图形如图 11-18 所示。

11.5　在轴测图中写文字

在轴测图中写文字与标注尺寸一样需要先创建等轴测文字样式。

选择"格式"|"文字样式"命令，弹出"文字样式"对话框，单击"新建"按钮，建立样式名为"样式3"的字型，并在"字体"区中将字体改为"宋体"，将倾斜角度改为 30。并按照同样的方法建立倾斜角度为-30°的字型"样式 4"。

以前面绘制的轴测图为对象，进行文字书写操作。

（1）按 F5 键切换至右轴测面，单击"菜单浏览器"按钮，选择"绘图"|"文字"|"单行文字"命令，使用"样式3"字型在右轴测面上书写文字，命令行提示如下：

命令： _dtext
当前文字样式： "样式3"　当前文字高度： 5.0000
指定文字的起点或 [对正(J)/样式(S)]： //选择适当的位置
指定高度 <5.0000>:

指定文字的旋转角度 <0>: -30 //输入旋转角度，按Enter键，弹出动态文字输入框，输入文字"标注"，按两次Enter键，完成输入

（2）按F5键切换至上轴测面，单击"菜单浏览器"按钮，选择"绘图"|"文字"|"单行文字"命令，使用"样式4"字型在上轴测面上书写文字，命令行提示如下：

命令：_dtext
当前文字样式："样式 4"　当前文字高度：5.0000
指定文字的起点或 [对正(J)/样式(S)]：//选择适当的位置
指定高度 <5.0000>:4
指定文字的旋转角度 <-30>: //输入旋转角度，按Enter键，弹出动态文字输入框，输入文字"等轴测图"，按两次Enter键，完成输入

效果如图 11-19 所示。

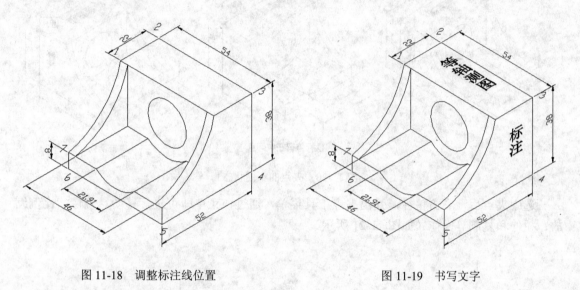

图 11-18　调整标注线位置　　　　　　　　　图 11-19　书写文字

11.6　轴测图中常见问题与使用技巧

1. 等轴测面尺寸标注怎样倾斜

标注文字的倾斜角度具有以下规律：
（1）右轴测面内的标注，若尺寸线与 X 轴平行，则标注文字的倾斜角度为 30°。
（2）右轴测面内的标注，若尺寸线与 Z 轴平行，则标注文字的倾斜角度为-30°。
（3）左轴测面内的标注，若尺寸线与 Z 轴平行，则标注文字的倾斜角度为 30°。
（4）左轴测面内的标注，若尺寸线与 Y 轴平行，则标注文字的倾斜角度为-30°。
（5）顶轴测面内的标注，若尺寸线与 Y 轴平行，则标注文字的倾斜角度为 30°。
（6）顶轴测面内的标注，若尺寸线与 X 轴平行，则标注文字的倾斜角度为-30°。

2. 等轴测面文字怎样倾斜

在等轴测面上文字的倾斜规律是：
（1）在左轴测面上，文本的倾斜角为-30°。

（2） 在右轴测面上，文本的倾斜角为 30°。

（3） 在顶轴测面上，当文本平行于 X 轴时，倾斜角为 -30°。

（4） 在左轴测面上，当文本平行于 Y 轴时，倾斜角为 30°。

3. 怎样在轴测图中使用夹点编辑

选中某个对象后，控制点上出现的蓝色正方形框被称为夹点。光标经过夹点时，自动将光标与夹点对齐（夹点变为绿色），对齐后单击鼠标即可选中夹点（夹点变为红色），以上过程见图 11-20 所示。

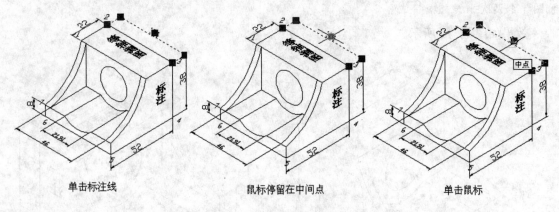

| 单击标注线 | 鼠标停留在中间点 | 单击鼠标 |

图 11-20　夹点的不同状态

选中夹点后，右击鼠标，弹出夹点工具菜单，通过该菜单即可进行移动、镜像、比例缩放、拉伸和复制等操作（如图 11-21 所示）。

图 11-21　夹点工具菜单

11.7　习题

11.7.1　填空和选择题

（1） 用多面正投影表达物体的优点是绘图简便、度量性好。但由于每一个投影只能反映物体的两个向度，因此_____较差。

（2）用户可以使用 DSETTINGS 或_____命令来设置轴测模式。

（3）按"Ctrl+E"组合键或_____功能键，可按顺时针方向在左平面、顶平面和右平面 3 个轴测面之间切换。

    A. F4   B. F5   C. F6

（4）平行于坐标面的圆的轴测图是内切于一菱形的椭圆，且椭圆的长轴和短轴分别与该菱形的两条对角线重合，轴测模式下的椭圆可使用_____命令直接绘制。

    A. ELLIPSE   B. CIRCLE

11.7.2 简答题

（1）轴测图是三维图形吗？

（2）轴测图在机械制图中的主要应用是什么？

（3）简单分析轴测图的优缺点。

11.7.3 上机题

（1）绘制如图 11-22 所示的简单零件轴测图。

（2）按照尺寸绘制如图 11-23 所示的轴测图。

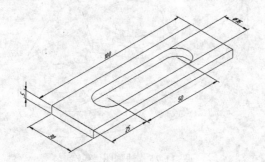

图 11-22　简单零件轴测图

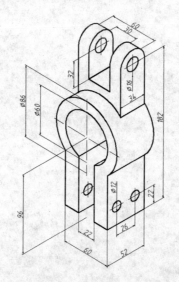

图 11-23　复杂轴测图

— 249 —

（2）按图 11-24 所示的二维视图零件的尺寸，绘制如图 11-25 所示的复杂零件轴测图。

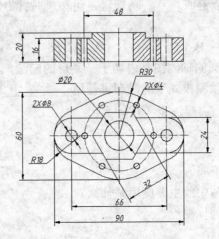

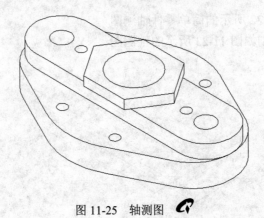

图 11-24　二维零件图

图 11-25　轴测图

第 12 章

三 维 绘 图

教学目标：

AutoCAD 2009 不仅具有强大的二维绘图功能，而且还具备同样强大的三维绘图功能。利用 AutoCAD 2009 三维绘图功能，可以绘制各种三维的线、平面，以及曲面等，直接实现三维实体造型，并且用户还可以对所绘制的三维体进行任意修改。

本章主要介绍了编辑三维对象和三维模型的后期处理。读者需要熟练掌握常用的编辑操作，如拉伸、旋转等建模方法，以及编辑模型的三维旋转、镜像、阵列、布尔运算和剖切实体等工具的使用。

教学重点与难点：

1. 基本概念。
2. 基本三维绘图操作。
3. 基本三维编辑操作。
4. 观察和渲染三维机械图形。
5. 绘制和编辑三维制图中的常见问题。
6. 三维机械绘图高级技巧。
7. 三维典型零件绘制实例。

12.1 基本概念

本节主要介绍三维绘图的一些基本概念，为三维绘图的学习打好基础。

12.1.1 三维造型的分类

AutoCAD 2009 支持 3 种类型的三维建模：线框模型、曲面模型和实体模型。三维造型不是本书讲述的重点，接下来将会简要地介绍一下这方面的内容。

（1）线框模型是使用直线和曲线的真实三维对象的边缘或骨架来表示三维对象。在 AutoCAD 2009 中，可以使用线框模型完成如下内容：

- 任何位置查看模型。
- 生成分解视图和透视图。
- 自动生成标准的正交、辅助视图。
- 减少原型需求数量。
- 分析空间关系。

（2）曲面模型。在二维模型和三维中可以创建网格，但其主要在三维空间中使用。网格使用平面镶嵌面来表示对象的曲面。网格的密度（或镶嵌面的数目）由包含 M 乘 N 个顶点的矩阵决定，类似于用行和列组成的栅格。M 和 N 分别用于指定给定顶点的列和行的位置。

为了简化绘图工作，系统提供了一系列常用的曲面，用户可以输入所需的参数，直接完成预定义曲面的创建，如图 12-1 所示。

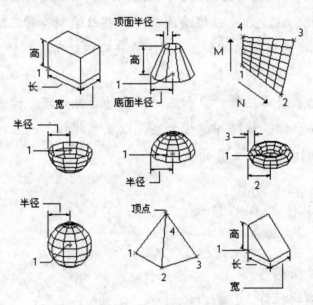

图 12-1 预定义曲面的参数

（3）在三维建模中，实体的信息最完整，歧义最少，复杂实体比线框和网格更容易构造和编辑。有 3 种创建实体的方法：

- 根据基本实体形（长方体、圆锥体、圆柱体、球体、圆环体和楔体）创建实体。
- 沿路径拉伸面域对象。
- 绕轴旋转二维对象。

12.1.2 用户坐标系的基本概念

在三维绘图时，要在世界坐标系（WCS）或用户坐标系（UCS）中指定 X、Y 和 Z 的坐标值。在三维中创建对象时，可以使用笛卡尔坐标、柱坐标或球坐标定位点，下面详细介绍这 3 种坐标系。

1. 三维笛卡尔坐标系

在三维笛卡尔坐标系中，3 个坐标轴的位置关系如图 12-2 所示。

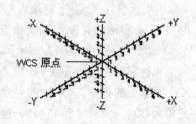

在三维笛卡尔坐标系中，坐标值（1，2，3）表示一个 X 坐标为 1，Y 坐标为 2，Z 坐标为 3 的点。在任何情况下，都可以通过输入一个点的 X、Y、Z 坐标值来确定该点的位置。如果在输入点时输入了"3，2"并按下 Enter 键，表示输入了一个位于当前 XY 平面上的点，系统会自动给该点加上 Z 轴坐标 0。

图 12-2　三维笛卡尔系中 X 轴、Y 轴和 Z 轴的位置关系

相对坐标在三维笛卡尔坐标系中仍然有效，例如相对于点（1，2，3），坐标值为"@1，0，0"的点绝对坐标为（2，2，3）。由于在创建三维对象的过程中，经常需要进行调整视图的操作，导致判断 3 个坐标轴的方向并不是很简单。在笛卡尔坐标系中，在已知 X、Y 轴方向的情况下，一般使用右手定则确定 Z 轴的方向。要确定 X 轴、Y 轴和 Z 轴的正方向，可以将右手背对着屏幕放置，拇指指向 X 轴的正方向，伸出食指和中指，且食指指向 Y 轴的正方向，中指所指的方向就是 Z 轴的正方向。要确定某个坐标轴的正旋转方向，用右手的大拇指指向该轴的正方向并弯曲其他四个手指，右手四指所指的方向是该坐标轴的正旋转方向。

2. 柱坐标系

在三维柱坐标中，点是通过指定沿 UCS 的 X 轴夹角方向的距离，以及垂直于 XY 平面的 Z 坐标进行定位的。输入柱坐标与输入二维极坐标类似，但还需要输入从极坐标垂足到 XY 平面的距离。在图 12-3 中，坐标（5<30，6）表示该点到当前 UCS 原点的水平距离为 5 个单位，在 XY 平面上的投影与 X 轴正方向的夹角为 30º，且沿 Z 轴方向有 6 个单位。坐标（8<60，1）表示到当前 UCS 原点水平距离为 8 个单位，在 XY 平面上的投影与 X 轴的夹角为 60º，且沿 Z 轴方向有 1 个单位的点。

如图 12-4 所示，相对柱坐标（@4<45，5）表示该点相对上一输入点（不一定是 UCS 原点）在 XY 平面上的距离为 4 个单位，在 X 轴上的投影与 X 轴正方向的夹角为 45º，两点连线在 Z 轴上的投影为 5 个单位。

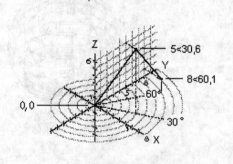

图 12-3　绝对柱坐标的表示

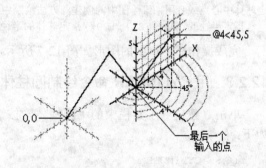

图 12-4　相对柱坐标的表示

3. 球坐标系

指定点时，分别指定该点与当前 UCS 原点的距离，该点与坐标原点的连线在 XY 平面上的投影与 X 轴的角度，以及该点与坐标原点的连线与 XY 平面的角度。每项数据都用尖括号（<）作分隔符。如图 12-5 所示，坐标（8<30<30）表示一个点，它相对于当前 UCS 原点的距离为 8 个单位，在 XY 平面上的投影与 X 轴的夹角为 30º，与 XY 平面的夹角为 30º。坐标（5<45<15）也表示一个点，它相对原点的距离为 5 个单位，在 XY 平面上的投影与 X 轴的夹角为 45º，与 XY 平面上的夹角为 15º。

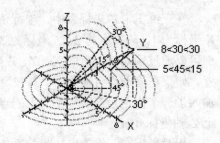

图 12-5 球面坐标

12.2 基本绘图操作

本节将介绍使用 AutoCAD 2009 现有实体生成命令绘制基本实体的方法。

12.2.1 用 BOX 命令绘制长方体

单击"建模"工具栏中的"长方体"按钮，命令行提示如下：

```
命令：_box
指定第一个角点或 [中心(C)]://指定长方体的第一个角点
指定其他角点或 [立方体(C)/长度(L)]:@200,100,80//指定长
方体的另外一个角点
```

完成操作后，得到的图形如图 12-6 所示。

12.2.2 用 SPHERE 命令绘制球体

单击"建模"工具栏中的"球体"按钮，命令行提示如下：

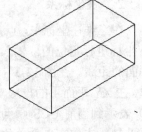

图 12-6 长方体

```
命令：isolines
输入 ISOLINES 的新值 <4>:20//设定每个面的轮廓线数目
命令：_sphere
指定中心点或 [三点(3P)/两点(2P)/相切、相切、半径(T)]://指
定球体中心点或者用二维绘图中的创建圆方法绘制中心圆
指定半径或 [直径(D)]:100//指定球体的半径或者直径
```

完成操作后，得到的图形如图 12-7 所示。

12.2.3 用 CYLINDER 命令绘制圆柱体

单击"建模"工具栏中的"圆柱体"按钮，命令行提示如下：

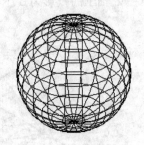

图 12-7 球体

```
命令：_CYLINDER
指定底面的中心点或 [三点(3P)/两点(2P)/相切、相切、半径(T)/椭圆(E)]:
//在绘图区拾取或通过坐标设定底面中心点或者用二维绘图中的创建圆方法绘制底面圆或椭圆
指定底面半径或 [直径(D)] <83.6220>:100    //设定圆柱体底面的半径或者直径
指定高度或 [两点(2P)/轴端点(A)] <53.6092>:200   //设定圆柱体的高度
```

完成操作后，得到的图形如图 12-8 所示。

12.2.4 用 CONE 命令绘制圆锥体

单击"建模"工具栏中的"圆椎体"按钮 △，命令行提示如下：

```
命令：_CONE
指定底面的中心点或 [三点(3P)/两点(2P)/相切、相切、半径(T)/椭圆(E)]：
//在绘图区拾取或通过坐标设定底面中心点或者绘制圆的方式绘制底面圆或者椭圆
指定底面半径或 [直径(D)]：100     //设定圆锥体底面的半径或者直径
指定高度或 [两点(2P)/轴端点(A)/顶面半径(T)]:250  //设定圆锥体的高度
```

完成操作后，得到的图形如图 12-9 所示。

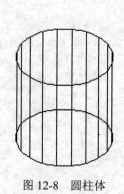

图 12-8　圆柱体

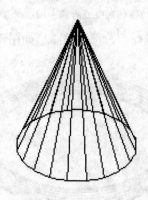

图 12-9　圆锥体

12.2.5 用 WEDGE 命令绘制楔体

楔形体可以看做是沿长方体对角边切去一半所得到的，利用该功能所生成的楔形体的底面与当前 UCS 的 XOY 平面平行。单击"建模"工具栏中的"楔体"按钮 ◹，命令行提示如下：

```
命令：_wedge
指定第一个角点或 [中心(C)]://在屏幕上任意拾取一点。
指定其他角点或 [立方体(C)/长度(L)]：@150,100//设
置XY平面上对角点坐标
指定高度或 [两点(2P)] <164.6751>:100//设置楔体高
度
```

完成操作后，得到的图形如图 12-10 所示。

12.2.6 用 TORUS 命令绘制圆环体

图 12-10　楔体

单击"建模"工具栏中的"圆环"按钮 ◎，命令行提示如下：

```
命令：_TORUS
指定中心点或 [三点(3P)/两点(2P)/相切、相切、半径(T)]：
//在绘图区拾取或通过坐标设定圆环体中心，或者使用绘制圆方法绘制圆环所在圆
指定半径或 [直径(D)] <78.1206>:100//设定圆环体半径或者直径
指定圆管半径或 [两点(2P)/直径(D)]:10//设定圆管半径或者直径
```

完成操作后，得到的图形如图 12-11 所示。

12.2.7　用 PYRAMID 命令绘制棱锥体

单击"建模"工具栏中的"棱锥体"按钮◇，命令行提示如下：

```
命令：_PYRAMID
 4 个侧面  外切
指定底面的中心点或 [边(E)/侧面(S)]：s//输入s，设置棱锥体的侧面数
输入侧面数 <4>：8//输入侧面的数量
指定底面的中心点或 [边(E)/侧面(S)]://指定棱锥体的底面中心
指定底面半径或 [内接(I)] <103.5448>:10//输入底面外接圆半径数值
指定高度或 [两点(2P)/轴端点(A)/顶面半径(T)] <118.1093>:20
//指定棱锥体高度或者输入顶面外接圆半径
```

完成操作后，得到的图形如图 12-12 所示。

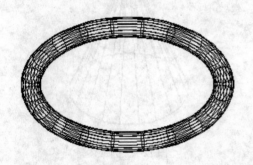

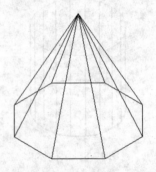

图 12-11　圆环　　　　　　　　　　　　　　　　图 12-12　棱锥体

12.2.8　用 HELIX 命令绘制螺旋体

螺旋就是开口的二维或三维螺旋。单击"建模"工具栏中的"螺旋"按钮，命令行提示
如下：

```
命令：_Helix
圈数 = 3.0000       扭曲=CCW
指定底面的中心点：//指定螺旋底面的中心点
指定底面半径或 [直径(D)] <10.0000>: 5//指定底面半径
指定顶面半径或 [直径(D)] <5.0000>: 5//指定底面半径
指定螺旋高度或 [轴端点(A)/圈数(T)/圈高(H)/扭曲(W)] <2.0000>:
t//设置螺旋圈数
输入圈数 <3.0000>: 10//输入螺旋圈数
指定螺旋高度或 [轴端点(A)/圈数(T)/圈高(H)/扭曲(W)] <2.0000>:
20//指定螺旋高度
```

完成操作后，得到的图形如图 12-13 所示。

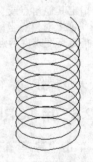

图 12-13　螺旋

12.2.9　用 EXTRUDE 命令拉伸二维图形以生成三维实体

使用 EXTRUDE 命令，可以通过拉伸（添加厚度）选定的对象来创建实体。可以拉伸闭
合的对象，例如多段线、多边形、矩形、圆、椭圆、闭合的样条曲线、圆环和面域。不能拉

伸三维对象、包含在块中的对象、有交叉或横断部分的多段线，或非闭合多段线。可以沿路径拉伸对象，也可以指定高度值和倾斜角度。

创建如图 12-14 所示的对象，其为机械制图中常见的平面图，将其制作成面域对象，作为拉伸的截面。

单击"建模"工具栏中的"拉伸"按钮 ，或者在命令行中执行 EXTRUDE 命令，按照命令行的提示进行操作：

```
命令: _extrude
当前线框密度: ISOLINES=24
选择要拉伸的对象: 找到 1 个//选择拉伸对象
选择要拉伸的对象://按Enter键, 完成对象拉伸
指定拉伸的高度或 [方向(D)/路径(P)/倾斜角(T)] <10.0000>: 100//输入拉伸高度, 或者输入p
设置拉伸路径
```

完成操作后，得到的图形如图 12-15 所示。

图 12-14　拉伸的截面

图 12-15　拉伸效果

12.2.10　用 REVOLVE 命令旋转二维图形以生成三维实体

使用 REVOLVE 命令，可以通过将一个闭合对象围绕当前 UCS 的 X 轴或 Y 轴旋转一定角度来创建实体。也可以围绕直线、多段线或两个指定的点旋转对象。创建如图 12-16 所示的图形，并将其制作成面域对象，作为旋转的截面。

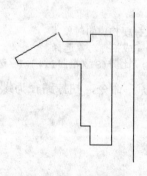

图 12-16　旋转的截面

单击"建模"工具栏中的"旋转"按钮 ，或者在命令行中执行 REVOLVE 命令，按照命令行的提示进行操作：

```
命令: _revolve
当前线框密度: ISOLINES=20
选择要旋转的对象: 找到 1 个    //选择所要操作的截面对象
```

选择要旋转的对象： //按Enter键
指定轴起点或根据以下选项之一定义轴 [对象(O)/X/Y/Z] <对象>： //拾取旋转轴上的第一点
指定轴端点： //拾取旋转轴上的第二点
指定旋转角度或 [起点角度(ST)] <360>： //按Enter键，默认旋转角度为360°

旋转得到的实体如图 12-17 所示。

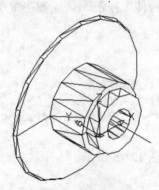

图 12-17　旋转得到实体

12.2.11　用 SWEEP 命令扫掠二维图形以生成三维实体

SWEEP 命令可以通过沿开放或闭合的二维或三维路径扫掠开放或闭合的平面曲线（轮廓）来创建新实体或曲面。

SWEEP 命令用于沿指定路径并以指定轮廓的形状（扫掠对象）来绘制实体或曲面，可以扫掠多个对象，但是这些对象必须位于同一平面中。如果沿一条路径扫掠闭合的曲线，则生成实体。如果沿一条路径扫掠开放的曲线，则生成曲面。

用户可通过在命令行中输入 SWEEP、单击"建模"工具栏中的"扫掠"按钮，或单击"菜单浏览器"按钮，选择"绘图"|"建模"|"扫掠"命令来执行"扫掠"命令。命令行提示如下：

命令：_SWEEP
当前线框密度： ISOLINES=4
选择要扫掠的对象：找到 1 个//选择要扫掠的对象
选择要扫掠的对象://按Enter键，完成扫掠对象选择
选择扫掠路径或 [对齐(A)/基点(B)/比例(S)/扭曲(T)]://选择扫掠路径

对图 12-18 所示的圆执行"扫掠"命令，扫掠路径为螺旋线，扫掠效果如图 12-19 所示。

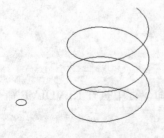

图 12-18　扫掠对象和路径

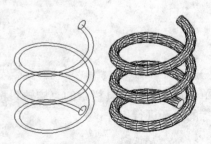

图 12-19 扫掠效果

12.2.12 用 LOFT 命令放样二维图形以生成三维实体

LOFT 命令可以通过对包含两条或两条以上横截面曲线的一组曲线进行放样（绘制实体或曲面）来创建三维实体或曲面。

LOFT 命令可在横截面之间的空间内绘制实体或曲面，横截面定义了结果实体或曲面的轮廓（形状）。横截面（通常为曲线或直线）可以是开放的（例如圆弧），也可以是闭合的（例如圆）。如果对一组闭合的横截面曲线进行放样，则生成实体。如果对一组开放的横截面曲线进行放样，则生成曲面。

用户可通过在命令行中输入 LOFT、单击"建模"工具栏中的"放样"按钮 ⬜，或选择"绘图"|"建模"|"放样"命令来执行"放样"命令。命令行提示如下：

```
命令：_LOFT
按放样次序选择横截面：找到 1 个//拾取横界面1
按放样次序选择横截面：//按Enter键，完成截面拾取
输入选项 [导向(G)/路径(P)/仅横截面(C)] <仅横截面>：p//输入p，按路径放样
选择路径曲线：//拾取多段线路径，按Enter键生成放样实体
```

以图 12-20 所示的 5 个圆截面为放样截面，直线为路径，放样效果如图 12-21 所示。

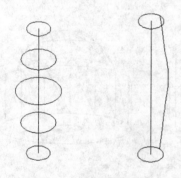

图 12-20　放样截面和路径

图 12-21　放样效果

12.2.13 用布尔运算命令创建三维组合体

布尔运算用于两个或两个以上的实心体之间，通过它可以完成并集、差集和交集运算。各种运算结果均将产生新的实心体。

（1）差集运算所建立的实心体（域）将基于一个实体（域）与另一个实体（域）的差集来确定，实心体由一个实心体集的体积与另一个实心体集的体积的差集来确定。

单击"实体编辑"工具栏中的"差集"按钮，命令行提示如下：

```
命令：_subtract 选择要从中减去的实体或面域...
选择对象：找到 1 个 //选中圆柱体
选择对象：
选择要减去的实体或面域 ..
选择对象：找到 1 个//选中球体
选择对象：//按Enter键
```

完成操作后，得到的图形如图 12-22 所示。

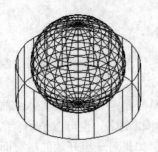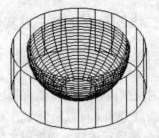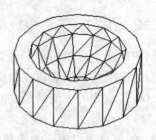

图 12-22　差集运算的结果

（2）　并集运算将建立一个合成实心体与合成域。合成实心体通过计算两个或者更多现有的实心体的总体积来建立，合成域通过计算两个或者更多现有域的总面积来建立。

对不同的圆柱体进行并集操作如下。

单击"实体编辑"工具栏中的"并集"按钮，命令行提示如下：

命令：_union
选择对象：找到 1 个//选择圆柱体
选择对象：找到 1 个，总计 2 个//选择球体
选择对象：//按Enter键

完成操作后，得到的图形如图 12-23 所示。

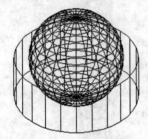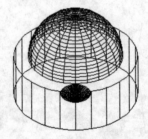

图 12-23　并集计算的结果

（3）　交集运算可以从两个或者多个相交的实心体中建立一个合成实心体或者域，所建立的域将基于两个或者多个相互覆盖的域而计算出来，实心体将由两个或多个相交实心体的共同值计算产生，即使用相交的部分建立一个新的实心体或域。

单击"实体编辑"工具栏中的"交集"按钮，命令行提示如下：

命令：_intersect　选择对象：//选择圆柱体。
选择对象：//选择球体。
选择对象：//按Enter键

完成操作后，得到的图形如图 12-24 所示。

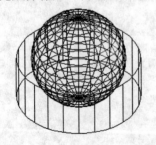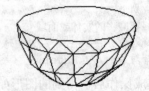

图 12-24　交集运算的结果

12.3 基本编辑操作

三维基本编辑操作主要包括三维阵列、三维旋转，以及三维镜像等，本节将做详细介绍。

12.3.1 用 3DARRAY 进行三维阵列

三维阵列可以在三维空间创建对象的矩形阵列或环形阵列，命令为 3DARRAY。与二维阵列不同，用户除了指定列数和行数之外，还要指定阵列的层数。

选择"修改"|"三维操作"|"三维阵列"命令，命令行提示如下：

```
命令：_3darray
选择对象：找到 1 个//选择阵列对象
选择对象：//按Enter键，完成对象选择
输入阵列类型 [矩形(R)/环形(P)] <矩形>:p//输入p，进行环形阵列
输入阵列中的项目数目：6//输入阵列的数目
指定要填充的角度 (+=逆时针，-=顺时针) <360>://设定阵列的填充角度
旋转阵列对象？ [是(Y)/否(N)] <Y>://设置是否旋转阵列对象，这里不旋转
指定阵列的中心点://捕捉阵列的中心点
指定旋转轴上的第二点：@0,0,10//输入旋转轴上的第二点坐标
```

完成操作后，得到的图形如图 12-25 所示。

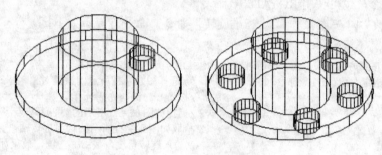

图 12-25 三维阵列的操作

上面介绍了三维环形阵列的用法，三维矩形阵列的操作与二维阵列基本相同，唯一不同的就是要增加在 Z 轴方向上的项目数和层的间距，这里不再详细介绍。

12.3.2 用 MIRROR3D 进行三维镜像

使用 MIRROR3D 命令可以沿指定的镜像平面创建对象的镜像。镜像平面可以是以下平面：

（1） 平面对象所在的平面。

（2） 通过指定点且与当前 UCS 的 XY、YZ 或 XZ 平面平行的平面。

（3） 由选定的 3 点定义的平面。

选择"修改"|"三维操作"|"三维镜像"命令，按照命令行的提示进行操作：

```
命令：_mirror3d
选择对象：找到 1 个//选择镜像对象
选择对象：//按Enter键，完成对象选择
指定镜像平面 (三点) 的第一个点或[对象(O)/最近的(L)/Z 轴(Z)/视图(V)/XY 平面(XY)/YZ 平
```

面(YZ)/ZX 平面(ZX)/三点(3)]〈三点〉: xy//使用XY平面为镜像面
   指定 XY 平面上的点〈0,0,0〉://输入XY平面上的点
   是否删除源对象？[是(Y)/否(N)]〈否〉://按Enter键

    上面的操作使用了三点法定义镜像平面，完成操作后得到的图形如图 12-26 所示。

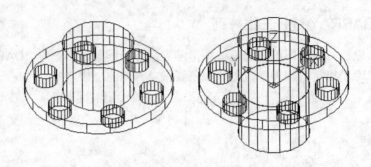

图 12-26　三维镜像实体

12.3.3　用 ROTATE3D 进行三维旋转

    三维旋转用于将实体沿指定的轴旋转，命令为 ROTATE3D。可以根据两点指定旋转轴，指定对象，指定 X 轴、Y 轴或 Z 轴，或者指定当前视图的 Z 方向。要旋转三维对象，可以使用 ROTATE 命令，也可使用 ROTATE3D 命令。

    选择"修改"|"三维操作"|"三维旋转"命令，命令行提示如下：

命令：_3DROTATE　　　　　　　　　　　　　　　//选择菜单执行命令
UCS 当前的正角方向：ANGDIR=逆时针　ANGBASE=0//系统提示信息
选择对象：指定对角点：找到 2 个　　　　　　//选择图12-21所示的铁锤对象
选择对象：　　　　　　　　　　　　　　//按Enter键，完成选择
指定基点：　　　　　　　　　　　　　　//捕捉如图12-21所示的圆心为基点
拾取旋转轴：　　　　　　　　　　　　　//拾取如图12-21所示的轴为旋转轴
指定角的起点：90　　　　　　　　　　　//输入旋转角度，按Enter键，效果如图12-21所示
正在重生成模型。

    完成操作后，得到的图形如图 12-27 所示。

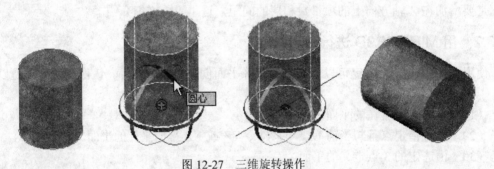

图 12-27　三维旋转操作

12.3.4　用 3DALIGN 进行三维对齐

    使用"三维对齐"命令可以在二维和三维空间中将对象与其他对象对齐。选择"修改"|

"三维操作" | "三维对齐"命令可以执行 3DALIGN 命令。执行 3DALIGN 命令后，命令行提示如下：

```
命令: _3dalign
选择对象: 找到 1 个//选择要对齐的对象
选择对象://按Enter键，完成对象的选择
指定源平面和方向 ...
指定基点或 [复制(C)]://指定源对象的基点
指定第二个点或 [继续(C)] <C>://指定源对象上的第二个点
指定第三个点或 [继续(C)] <C>://指定源对象上的第三个点
指定目标平面和方向 ...
指定第一个目标点://指定目标对象上的基点，与源对象基点对应
指定第二个目标点或 [退出(X)] <X>://指定目标对象的第二个点，与源对象第二点对应
指定第三个目标点或 [退出(X)] <X>://指定目标对象的第三个点，与源对象第三点对应
```

使用"三维对齐"命令，可以为源对象和目标指定一个、两个或三个点，并将移动和旋转选定的对象，使三维空间中的源和目标的基点、X 轴和 Y 轴对齐。3DALIGN 可用于动态 UCS，因此可以动态地拖动选定对象并使其与实体对象的面对齐。

12.3.5 用 SLICE 命令进行剖切

利用"剖切"命令可以用平面或曲面剖切实体，用户可以通过多种方式定义剪切平面，包括指定点、选择曲面或平面对象。使用该命令剖切实体时，可以保留剖切实体的一半或全部，剖切实体保留原实体的图层和颜色特性。

选择"修改" | "三维操作" | "剖切"命令，或者在命令行中输入 SLICE，均可执行"剖切"命令，命令行提示如下：

```
命令: _SLICE
选择要剖切的对象: 找到 1 个//选择剖切对象
选择要剖切的对象://按Enter键，完成对象选择
指定 切面 的起点或 [平面对象(O)/曲面(S)/Z 轴(Z)/视图(V)/XY/YZ/ZX/三点(3)]
<三点>://选择剖切面指定方法
指定平面上的第二个点://指定剖切面上的点
在所需的侧面上指定点或 [保留两个侧面(B)] <保留两个侧面>://指定保留侧面上的点
```

图 12-28 显示了将底座空腔剖开的效果。

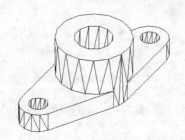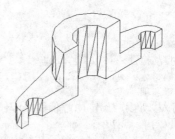

图 12-28　剖切效果

12.3.6 编辑三维实体对象的面和体

可以通过拉伸、移动、旋转、偏移、倾斜、删除或复制实体对象来对三维实体对象的面

和边进行编辑，或者改变面的颜色。AutoCAD 2009 也可以改变边的颜色或复制三维实体对象的各个边。

1. 拉伸

用户可以沿一条路径拉伸平面，或者通过指定一个高度值和倾斜角来对平面进行拉伸，该命令与第 9 章介绍的"拉伸"命令类似，各参数含义不再赘述。选择"修改"|"实体编辑"|"拉伸面"命令，或单击"拉伸面"按钮 ，命令行提示如下：

```
命令： _SOLIDEDIT
实体编辑自动检查： SOLIDCHECK=1
输入实体编辑选项 [面(F)/边(E)/体(B)/放弃(U)/退出(X)] <退出>： _face
输入面编辑选项
[拉伸(E)/移动(M)/旋转(R)/偏移(O)/倾斜(T)/删除(D)/复制(C)/颜色(L)/材质(A)/放弃
(U)/退出(X)] <退出>：
_extrude
选择面或 [放弃(U)/删除(R)]： 找到一个面。//选择需要拉伸的面
选择面或 [放弃(U)/删除(R)/全部(ALL)]://按Enter键，完成面选择
指定拉伸高度或 [路径(P)]： 10//输入拉伸高度
指定拉伸的倾斜角度 <0>： 10//输入拉伸角度
```

图 12-29 演示了使用拉伸面拉伸长方体上表面的效果。

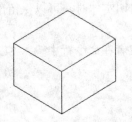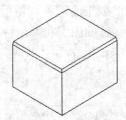

图 12-29　拉伸面的效果

2. 移动

用户可以通过移动面来编辑三维实体对象，AutoCAD 只移动选定的面而不改变其方向。

选择"修改"|"实体编辑"|"移动面"命令，或单击"移动面"按钮 ，命令行提示如下：

```
命令： _SOLIDEDIT
实体编辑自动检查： SOLIDCHECK=1
输入实体编辑选项 [面(F)/边(E)/体(B)/放弃(U)/退出(X)] <退出>： _face
输入面编辑选项
[拉伸(E)/移动(M)/旋转(R)/偏移(O)/倾斜(T)/删除(D)/复制(C)/颜色(L)/材质(A)/放弃
(U)/退出(X)] <退出>： _move
选择面或 [放弃(U)/删除(R)]： 找到一个面。//选择需要移动的面
选择面或 [放弃(U)/删除(R)/全部(ALL)]://按Enter键，完成选择
指定基点或位移://拾取或者输入基点坐标
指定位移的第二点://输入位移的第二点，按Enter键，完成面移动
已开始实体校验。
已完成实体校验。
```

图 12-30 演示了移动长方体侧面的效果。

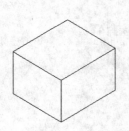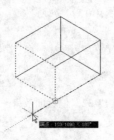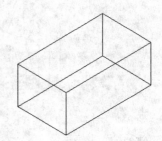

图 12-30　移动面效果

3．旋转

通过选择一个基点和相对（或绝对）旋转角度，可以旋转选定实体上的面或特征集合。所有三维面都可绕指定的轴旋转，当前的 UCS 和 ANGDIR 系统变量的设置决定了旋转的方向。

用户可以通过指定两点、一个对象、X 轴、Y 轴、Z 轴或相对于当前视图视线的 Z 轴方向来确定旋转轴。

用户可以通过选择"修改"｜"实体编辑"｜"旋转面"命令，或单击"旋转面"按钮来执行该命令。

该命令与 TOTATE3D 命令类似，只是前者用于三维面旋转，后者用于三维体旋转，这里不再赘述。

图 12-31 演示了绕图示轴旋转长方体侧面 30°的效果。

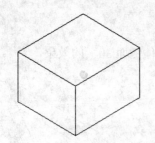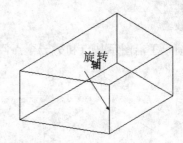

图 12-31　旋转面效果

4．偏移

在一个三维实体上，可以按指定的距离均匀地偏移面。通过将现有的面从原始位置向内或向外偏移指定的距离可以创建新的面（在面的法线、曲面或面的正侧偏移）。例如，可以偏移实体对象上较大的孔或较小的孔，指定正值将增大实体的尺寸或体积，指定负值将减少实体的尺寸或体积。

选择"修改"｜"实体编辑"｜"偏移面"命令，或单击"偏移面"按钮，可执行此命令，该命令与二维制图中的偏移命令类似，这里不再赘述。

图 12-32 演示了偏移圆锥体锥体面的效果。

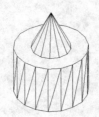

图 12-32　偏移面效果

5. 倾斜

用户可以沿矢量方向以绘图角度倾斜面，以正角度倾斜选定的面将向内倾斜面，以负角度倾斜选定的面将向外倾斜面。

选择"修改"|"实体编辑"|"倾斜面"命令，或单击"倾斜面"按钮 ，命令行提示如下：

```
命令: _solidedit
实体编辑自动检查: SOLIDCHECK=1
输入实体编辑选项 [面(F)/边(E)/体(B)/放弃(U)/退出(X)] <退出>: _face
输入面编辑选项
[拉伸(E)/移动(M)/旋转(R)/偏移(O)/倾斜(T)/删除(D)/复制(C)/颜色(L)/材质(A)/放弃
(U)/退出(X)] <退出>: _taper
选择面或 [放弃(U)/删除(R)]: 找到一个面。//选择需要倾斜的面
选择面或 [放弃(U)/删除(R)/全部(ALL)]://按Enter键，完成选择
指定基点://拾取基点
指定沿倾斜轴的另一个点://拾取倾斜轴的另外一个点
指定倾斜角度: 30//输入倾斜角度
已开始实体校验。
已完成实体校验。
```

图 12-33 演示了沿图示基点和另一个点倾斜长方体侧面 30° 的效果。

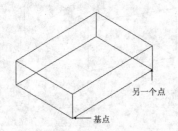
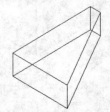

图 12-33　倾斜面效果

12.4　观察和渲染三维图形

三维建模有时候需要借助后期的图形处理才能达到更好的效果。隐藏能够增强模型的立体感，着色能够反映模型的轮廓；着色除了能增强模型的立体感，还能赋予模型不同的色彩以区分不同部分，并能把效果保存在文件中；渲染则能够对模型进行细致的处理，得到真实性更强的图形，并能够输出到其他程序中，但渲染效果不能保存。

12.4.1 观察三维视图

观察三维视图可以使用三维动态观察器，三维动态观察器能在图形窗口中交互地控制视图。启用三维动态观察器，使用鼠标操作模型的视图，可以从模型周围不同的视点观察整个模型或者模型的一部分。用户在"三维导航"工具栏中单击相应按钮或者选择"视图"|"动态观察"命令的子菜单，即可执行其中的一种动态观察方式。

快速设置视图的方法是选择预定义的三维视图，可以根据名称或说明选择预定义的标准正交视图或等轴测视图。系统提供的预置三维视图包括：俯视、仰视、主视、左视、右视和后视。此外，还可以从等轴测选项设置视图：西南等轴测、东南等轴测、东北等轴测和西北等轴测。

下面将使用系统所提供的工具，在各个正交视图间进行切换，找到各个正交视图的位置情况。具体的操作步骤如下。

打开所要操作的图形，如图 12-34 所示。为了方便读者观察，对模型进行了着色处理。选择"视图"|"命名视图"命令，弹出"视图管理器"对话框，在"查看"视图列表中选择"预设视图"|"俯视"选项，然后单击"置为当前"按钮，再单击"确定"按钮，在图形窗口中，图形显示俯视图，如图 12-35 所示。

图 12-34 三维模型

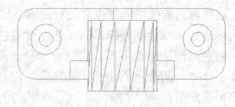

图 12-35 模型俯视图

使用坐标轴和角度定义视图。可以通过输入一个点的坐标值或测量两个旋转角度定义观察方向，此点表示朝原点（0,0,0）观察模型时，用户在三维空间中的位置。可以使用 DDVPOINT 命令旋转视图，通过相对于世界坐标的 X 轴和 XY 平面的两个夹角定义视图。

使用视点预置的方法设置查看方向的步骤如下。

选择"视图"|"三维视图"|"视点预设"命令，弹出如图 12-36 所示的"视点预设"对话框。设置观察角度，如果是在世界坐标系中定义视点位置，选中"绝对于 WCS"单选按钮；如果是在自定义的 UCS 中定义视点位置，则选中"相对于 UCS"单选按钮。在"自：X 轴"和"自：XY平面"文本框中输入相应的数值作为角度和距离的偏移，单击"确定"按钮完成操作。

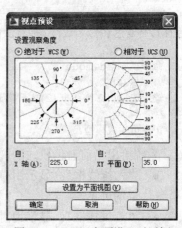

图 12-36 "视点预设"对话框

12.4.2 隐藏工具

创建或编辑图形时，处理的是对象或表面的线框图，隐藏操作仅用来验证这些表面的当前位置。在命令行中输入 HIDE 并按下 Enter 键，能够对当前视图中的所有对象进行隐藏操作。在查看或打印线框图时，复杂图形往往会显得十分混乱，以至于无法表达正确的信息。隐藏操作将隐藏被前景对象遮掩的背景对象，从而使图形的显示更加简洁，设计更加清晰。

如果使用二维线框图，就不容易看出其中各个部分的位置关系。如果对图形进行隐藏操作，就能够得到一幅更有立体感的图形，如图 12-37 所示。

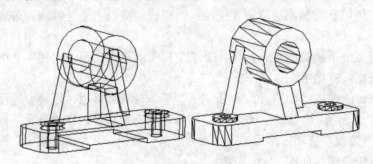

图 12-37　隐藏前后的图形效果

12.4.3 着色处理

在 AutoCAD 2009 中，使用 SHADE 命令和 SHADEMODE 命令，能够对实体进行着色处理，这样得到的模型同时也会进行隐藏，比隐藏的图形更具立体感。同时，在模型着色之后，还可以进行某些绘制和编辑的工作，使着色功能真正成为一种实时的辅助绘图工具。

着色与渲染命令不同，它只有一种光源，该光源位于用户视点的后面。着色的效果，取决于实体本身的颜色（组成对象的颜色）、显卡的类型、显示器，以及系统变量 SHADEMODE 的当前设定值。

在命令行中键入 SHADEMODE 命令，系统给出如下提示：

命令：shademode当前模式：二维线框　输入选项 [二维线框(2D)/三维线框(3D)/隐藏(H)/平面着色(F)/体着色(G)/带边框平面着色(L)/带边框体着色(O)] <二维线框>：。

命令：shademode
VSCURRENT
输入选项 [二维线框(2)/三维线框(3)/三维隐藏(H)/真实(R)/概念(C)/其他(O)/当前(U)] <当前>：2
正在重生成模型。

系统给出当前着色模式的说明，用户可以对着色模式进行修改，命令行各选项含义如下。

- "二维线框"：显示用直线和曲线表示边界的对象，其中光栅、OLE 对象、线型和线宽均可见。
- "三维线框"：显示用直线和曲线表示边界的对象。
- "三维隐藏"：显示用三维线框表示的对象并隐藏表示后向面的直线。
- "真实"：为多边形平面间的对象着色，并使对象的边平滑化，将显示已附着到对象的材质。

- "概念"：为多边形平面间的对象着色，并使对象的边平滑化，着色使用古氏面样式，一种冷色和暖色之间的过渡而不是从深色到浅色的过渡。

图 12-38 显示了 5 种视觉样式的显示效果。

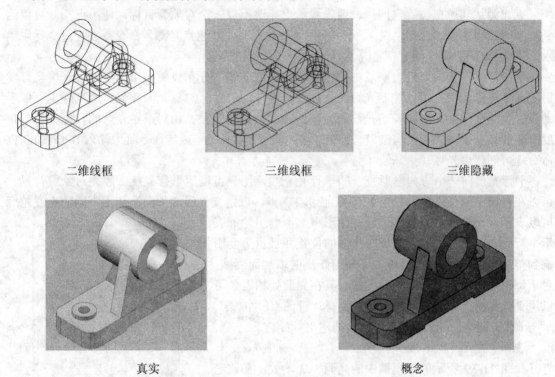

二维线框　　　　　　　三维线框　　　　　　　三维隐藏

真实　　　　　　　　　　　　概念

图 12-38　视觉样式显示效果

12.4.4　渲染处理

建模工作完成后，如果需要将这一成果与他人交流或向其他人展示，最好的方法就是对模型进行渲染，同时这也是检查建模和设计成果的一个好的方法。在外观设计领域，这一点更为突出。在三维项目中，渲染花费的工作时间通常是最多的。渲染一般可以分为 5 个步骤来进行。

（1）准备要渲染的模型，为了保证模型的真实感，必须建立一幅透视图。

（2）在透视图中，建立并指定材质。

（3）照明，包括创建和放置光源、创建阴影。

（4）添加颜色，包括定义材质的反射性质、指定材质和可见表面的关系。

（5）渲染，用"照片级光线跟踪渲染"模式进行渲染，将渲染保存在一个位图文件中，为打印或其他用途做好准备。

上述步骤只是概念上的划分，在实际渲染过程中，这些步骤通常结合使用，也不一定非要按照上述顺序进行。

1. 光线的设置

在场景中布置合适的光线，可以影响实体各个表面的明暗情况，并能产生阴影效果，增强模型的立体感。用户可以在一个视图中任意组合光线，从而组成渲染的场景，光线的强度可由用户控制。

AutoCAD 2009 为用户提供了 3 种形式的灯光，包括点光源、聚光灯和平行光。

点光源从其所在位置向四周发射光线，点光源不以一个对象为目标，使用点光源可以达到基本的照明效果。选择"视图"|"渲染"|"光源"|"新建点光源"命令或者在命令行中输入 POINTLIGHT 均可创建点光源。

聚光灯（例如闪光灯、剧场中的跟踪聚光灯或前灯）分布投射一个聚焦光束。聚光灯发射定向锥形光，用户可以控制光源的方向和圆锥体的尺寸。与点光源相似，聚光灯也可以手动设置为强度随距离衰减。但是，聚光灯的强度始终还是根据相对于聚光灯的目标矢量的角度衰减的。选择"视图"|"渲染"|"光源"|"新建聚光灯"命令，或者命令行中输入 SPOTLIGHT 命令均可创建聚光灯。

平行光仅向一个方向发射统一的平行光光线，用户可以用平行光统一照亮对象或背景。可以在视口中的任意位置指定 FROM 点和 TO 点，以定义光线的方向。使用不同的光线轮廓可以表示聚光灯和点光源，但是在图形中，不会用轮廓表示平行光和阳光，因为它们没有离散的位置并且也不会影响到整个场景。平行光的强度并不随着距离的增加而衰减；对于每个照射面，平行光的亮度都与其在光源处相同。可以用平行光统一照亮对象或背景。选择"视图"|"渲染"|"光源"|"新建平行光"命令，可创建平行光。

选择"视图"|"渲染"|"光源"|"光源列表"命令，打开如图 11-39 所示的"模型中的光源"选项板，在该选项板中可以添加和修改光源。在"模型中的光源"选项板中按照名称和类型列出了每个添加到图形的光源，其中不包括阳光、默认光源，以及块和外部参照中的光源。

在列表中选定一个光源时，将在图形中选定该光源，反之亦然。选中光源后，双击可以弹出"特性"选项板，可以在其中更改特性。在图形中选定一个光源时，可以使用夹点工具来移动或旋转该光源，并可更改光源的其他特

图 11-39 "模型中的光源"选项板

性（如聚光灯中的聚光锥角和衰减锥角）。更改光源特性后，可以在模型上看到更改的效果。

提示： 光源的设置是比较复杂的，在应用过程中，必须细心地进行调整，才能得到较好的效果。

2. 材质

在渲染之前，还可以给每一个模型指定一种材质，在渲染过程中就会产生这种材质的效果。给模型指定材质要使用两个过程，从模型库中加载材质到当前图形和设置某种模型的材质。在 AutoCAD 中，用户可以使用多种不同的材质文件，每个文件都带有.MLI 扩展名，建立材质文件库。

选择"视图"|"渲染"|"材质"命令，将弹出如图 11-40 所示的"材质"选项板，在选项板中，用户可以设置各种材质。图形中可用的材质样例将显示在"材质"选项板的顶部。通过选择每种材质样例，"材质"选项板各部分的材质特性都将处于活动状态。

3. 渲染

完成上面的操作，就可以进行渲染。在"三维建模"工作空间的面板控制台中，如图 11-41 所示的"输出"选项卡下的"渲染"面板可以帮助用户快速使用基本的渲染功能。

图 11-40 "材质"选项板

图 11-41 "渲染"面板

选择"视图"|"渲染"|"渲染"命令或单击"渲染"面板上的"渲染"按钮 ，可以弹出如图 11-42 所示的"渲染"窗口。在这种状态下，用户可以渲染整个视图、渲染修剪的部分视图、选择渲染预设，以及取消正在进行的渲染任务。

单击"高级渲染设置"按钮 ，弹出如图 11-43 所示的"高级渲染设置"选项板，可利用该选项板进行更多高级的设置。

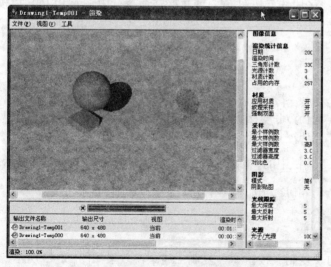

图 11-42 "渲染"对话框

图 11-43 "高级渲染设置"选项板

12.5 绘制和编辑三维机械图形中的常见问题

本节介绍绘制和编辑三维机械图形中的常见问题，以及这些问题的解决方法。

12.5.1 三维对象定义和转换中的常见问题

厚度和标高是 AutoCAD 模拟网格的一种方法。使用厚度和标高的优势，在于可以快速地修改新建对象和现有对象。

为了改变一组对象的高度，可以使用 CHANGE 命令，也可以使用 MOVE 命令把对象移到新的 Z 轴高度。另外，STRETCH 命令、COPY 命令也可以改变对象的标高，或得到与原对象标高不同的复制对象。

修改或设置标高和厚度时，需要注意以下几点：

（1） AutoCAD 不考虑三维面、三维多段线、三维多边形网格、标注和视口对象的厚度。使用 CHANGE 命令可以修改这些对象的厚度，而且不会影响它们的外观。

（2） 创建新文本或者属性定义对象时，不管当前的设置如何，AutoCAD 均将其厚度指定为 0。

（3） 切换 UCS 时，用 ELEV 命令建立的当前标高仍然有效，并用于定义当前用户坐标系的图形平面。

12.5.2 三维机械图形绘制中的常见问题

旋转曲面是指在 AutoCAD 中由一条轨迹曲线绕着某一个轴旋转，生成一个用三维网格表示的回转面，若旋转 360° 则生成一个闭合的回转面。AutoCAD 提供的 REVSURF 命令可以用来绘制旋转曲面。

下面举一个机械制图的实例来说明其应用。

（1） 设置用户坐标系。在命令行中直接输入 UCS，设新的原点为（150,150,0）。

（2） 单击"绘图"工具栏中的"多段线"按钮，或直接在命令行中输入 PLINE 后按 Enter 键，命令行提示如下：

```
命令: _pline
指定起点: 0,0,0//指定起点
当前线宽为 0.0000
指定下一个点或 [圆弧(A)/半宽(H)/长度(L)/放弃(U)/宽度(W)]: @200<15
指定下一点或 [圆弧(A)/闭合(C)/半宽(H)/长度(L)/放弃(U)/宽度(W)]: @200<165
指定下一点或 [圆弧(A)/闭合(C)/半宽(H)/长度(L)/放弃(U)/宽度(W)]:
```

重复上述步骤，并单击"绘图"工具栏中的"圆"按钮，AutoCAD 将依次出现如下提示：

```
指定圆的圆心或 [三点(3P)/两点(2P)/相切、相切、半径(T)]: 0,0//设置圆心
指定圆的半径或 [直径(D)]: 15//输入圆半径
```

得到的图形如图 12-44 所示。

（3） 单击"修改"工具栏中的"复制"按钮，复制上述圆，效果如图 12-45 所示。

（4） 绘制过第一条多段线中点的正交线，再单击"绘图"工具栏中的"直线"按钮，

AutoCAD 将依次出现如下提示：

指定第一点：//选中第一段多段线中点
指定下一点或 [放弃(U)]：@50<105
指定下一点或 [放弃(U)]：

重复上述步骤，效果如图 12-46 所示。

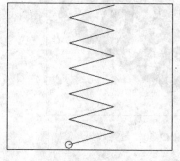

图 12-44　绘制圆

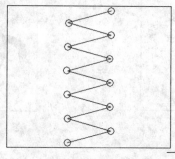

图 12-45　复制圆

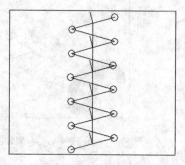

图 12-46　绘制线段

（5）单击"修改"工具栏中的"镜像"按钮 ，或者直接在命令行中输入 MIRROR 后按 Enter 键，镜像刚制作的轴，效果如图 12-47 所示。

（6）单击"修改"工具栏中的"复制"按钮，复制刚制作的轴，复制完成后删除所镜像出的轴，效果如图 12-48 所示。

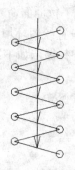

图 12-47　镜像线段

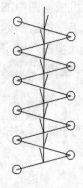

图 12-48　复制线段

（7）单击"菜单浏览器"按钮，选择"绘图"|"建模"|"网格"|"旋转网格"命令，命令行提示如下：

```
命令：_revsurf
当前线框密度：SURFTAB1=6  SURFTAB2=6
选择要旋转的对象：//选中图12-49左下方第一个圆
选择定义旋转轴的对象：//选中最下方的一根对称轴
指定起点角度 <0>://使用默认起点角度0
指定包含角 (+=逆时针，-=顺时针) <360>:-180//指定包含角为-180
选择要旋转的对象：//选中图12-49右下方第一个圆
选择定义旋转轴的对象：//选中下方第二根对称轴
指定起点角度 <0>://默认起点角度为0
```

指定包含角 (+=逆时针，-=顺时针) <360>:180//指定包含角为180

效果如图 12-49 所示。

（8）重复上述步骤，并选择合适材质进行渲染，最终效果如图 12-50 所示。

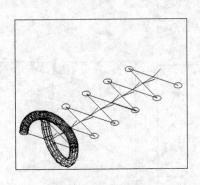

图 12-49　旋转曲面

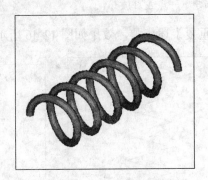

图 12-50　最终效果

12.5.3　三维机械图形编辑中的常见问题

拉伸是利用二维对象创建三维实体的有效方法。拉伸的二维对象可以是圆、椭圆、封闭的二维多线段、封闭样条曲线、面域等对象。用于拉伸的路径可以是圆、圆弧、椭圆、二维多线段、三维多线段和二维样条曲线等。路径可以是封闭的，也可以是不封闭的。拉伸面的对象必须是实体的某一个平面，这是和拉伸的根本区别。

下面举一个机械绘图中的实例来进行说明。蝶形螺母适用于经常拆卸且受力不大的场合，要求操作便利、手感舒适。绘制过程中既用到了拉伸命令又用到了拉伸面命令。

（1）选择"视图"|"三维视图"|"西南等轴侧"命令，设置绘图环境。

（2）单击"绘图"工具栏中的"正多边形"按钮⬠，命令行提示如下：

```
命令：_polygon 输入边的数目 <4>:
指定正多边形的中心点或 [边(E)]: <捕捉 开>  //打开捕捉功能，选中原点
输入选项 [内接于圆(I)/外切于圆(C)] <I>: c      //选择外切于圆
指定圆的半径：6                              //外切圆的半径为6 mm
命令：'_pan                                  //调整视图大小
按 Esc 或 Enter 键退出，或单击鼠标右键显示快捷菜单。
```

绘制的图形如图 12-51 所示。

（3）单击"建模"工具栏中的"拉伸"按钮🔼，拉伸正方形成锥台，命令行提示如下：

```
命令：_extrude
当前线框密度： ISOLINES=4
选择要拉伸的对象：找到 1 个//选择步骤2创建的正四边形
选择要拉伸的对象://按Enter键，完成对象选择
指定拉伸的高度或 [方向(D)/路径(P)/倾斜角(T)] <1.0000>: t//输入t，设置倾斜角度
指定拉伸的倾斜角度 <0>: 40//设置角度为40
指定拉伸的高度或 [方向(D)/路径(P)/倾斜角(T)] <1.0000>: 1//输入拉伸高度为1
```

绘制的图形如图 12-52 所示。

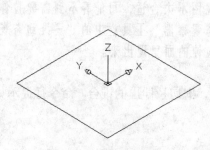
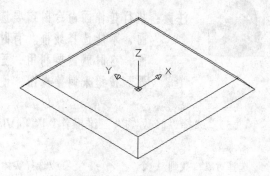

图 12-51　绘制正方形　　　　　　　　　　图 12-52　拉伸成锥台

（4）单击"实体编辑"工具栏中的"拉伸面"按钮，拉伸面，命令行提示如下：

命令：_solidedit
实体编辑自动检查：SOLIDCHECK=1
输入实体编辑选项 [面(F)/边(E)/体(B)/放弃(U)/退出(X)] <退出>：_face
输入面编辑选项[拉伸(E)/移动(M)/旋转(R)/偏移(O)/倾斜(T)/删除(D)/复制(C)/着色(L)/放弃(U)/退出(X)] <退出>：_extrude
选择面或 [放弃(U)/删除(R)]：找到一个面。　　　　　//单击左侧面上任一点
选择面或 [放弃(U)/删除(R)/全部(ALL)]：找到一个面。//单击右侧面上任一点
选择面或 [放弃(U)/删除(R)/全部(ALL)]：　　　　　//按Enter键，结束拉伸面的选择
指定拉伸高度或 [路径(P)]：20
指定拉伸的倾斜角度 <0>：-20
已开始实体校验。
已完成实体校验。
输入面编辑选项[拉伸(E)/移动(M)/旋转(R)/偏移(O)/倾斜(T)/删除(D)/复制(C)/着色(L)/放弃(U)/退出(X)] <退出>：　　　　　　　　　　　　//按Enter键
实体编辑自动检查：SOLIDCHECK=1
输入实体编辑选项 [面(F)/边(E)/体(B)/放弃(U)/退出(X)] <退出>：　//按Enter键
命令：'_pan　　　　　　　　　　　　　　　　//调整视图大小
按 Esc 或 Enter 键退出，或单击鼠标右键显示快捷菜单。

绘制的图形如图 12-53 所示。

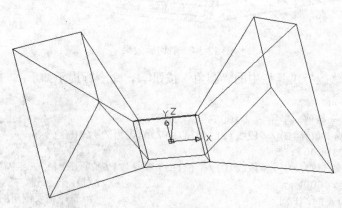

图 12-53　拉伸面

注意： 执行拉伸面命令时需要选择拉伸对象，一定要选择面上的点来确定平面，不能选择线框。有时由于视图不太合适，可能看不到需要拉伸的面，这时就需要利用"三维动态观察器"工具栏中的"三维动态观察器"按钮来调整视图，使需要拉伸的面呈现出来。

（5）选择"修改"|"三维操作"|"剖切"命令，剖切拉伸出的锥台，命令行提示如下：

命令：_slice
选择对象：找到 1 个　　　　　　　　//选择实体
选择对象：　　　　　　　　　　//按Enter键
指定 切面 的起点或 [平面对象(O)/曲面(S)/Z 轴(Z)/视图(V)/XY(XY)/YZ(YZ)/ZX(ZX)/三点
(3)] <三点>：zx　//剖切平面平行于ZX平面
指定 ZX 平面上的点 <0,0,0>：0,-1.5,0　　//制定剖切平面上一点，确定剖切平面
在所需的侧面上指定点或 [保留两个侧面(B)] <保留两个侧面>：　//单击Y轴正方向的任一点
命令：_slice
选择对象：找到 1 个
选择对象：
指定 切面 的起点或 [平面对象(O)/曲面(S)/Z 轴(Z)/视图(V)/XY(XY)/YZ(YZ)/ZX(ZX)/三点
(3)] <三点>：zx
指定 ZX 平面上的点 <0,0,0>：0,1.5,0　　//选剖切平面上一点，确定剖切平面
在所需的侧面上指定点或 [保留两个侧面(B)] <保留两个侧面>：
命令：'_pan
按 Esc 或 Enter 键退出，或单击鼠标右键显示快捷菜单。

绘制的图形如图 12-54 所示。

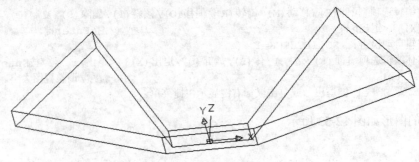

图 12-54　剖切后效果

（6）单击"修改"工具栏中的"圆角"按钮，命令行提示如下：

命令：_fillet
当前设置：模式 = 修剪，半径 = 0.0000
选择第一个对象或 [放弃(U)/多段线(P)/半径(R)/修剪(T)/多个(M)]：r
指定圆角半径 <0.0000>：5
选择第一个对象或 [放弃(U)/多段线(P)/半径(R)/修剪(T)/多个(M)]：//选中需要倒角的第一条边
输入圆角半径 <5.0000>：　　　　　　　　　　　　　//按Enter键
选择边或 [链(C)/半径(R)]：　　　　　　　　//选中需要倒角的第二条边
选择边或 [链(C)/半径(R)]：　　　　　　　　//选中需要倒角的第三条边
选择边或 [链(C)/半径(R)]：　　　　　　　　//选中需要倒角的第四条边
选择边或 [链(C)/半径(R)]：　　　　　　　　//按Enter键
已选定 4 个边用于圆角。

绘制的图形如图 12-55 所示。

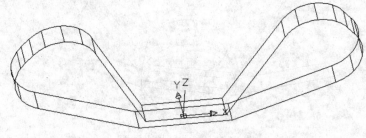

图 12-55　倒圆角

（7）　单击"建模"工具栏中的"圆柱体"按钮 ⬭ ，命令行提示如下：

命令：_cylinder
指定底面的中心点或 [三点(3P)/两点(2P)/相切、相切、半径(T)/椭圆(E)]:0,0,0 //指定原点为底面中心点
指定底面半径或 [直径(D)]: 6
指定高度或 [两点(2P)/轴端点(A)] <3.4964>: 1

绘制的图形如图 12-56 所示。

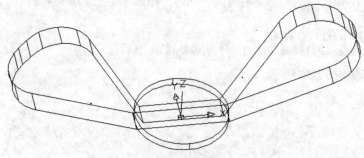

图 12-56　绘制圆柱体

（8）　单击"实体编辑"工具栏中的"拉伸面"按钮 ⬚ ，拉伸圆柱上端面，命令行提示如下：

命令：_solidedit
实体编辑自动检查：SOLIDCHECK=1
输入实体编辑选项 [面(F)/边(E)/体(B)/放弃(U)/退出(X)] <退出>: _face
输入面编辑选项[拉伸(E)/移动(M)/旋转(R)/偏移(O)/倾斜(T)/删除(D)/复制(C)/着色(L)/放弃(U)/退出(X)] <退出>: _extrude
选择面或 [放弃(U)/删除(R)]: 找到一个面。 //选中圆柱的上端面，用鼠标在上端面单击一下
选择面或 [放弃(U)/删除(R)/全部(ALL)]: 　//按Enter键
指定拉伸高度或 [路径(P)]: 5
指定拉伸的倾斜角度 <0>: 10
已开始实体校验。
已完成实体校验。
输入面编辑选项[拉伸(E)/移动(M)/旋转(R)/偏移(O)/倾斜(T)/删除(D)/复制(C)/着色(L)/放弃(U)/退出(X)] <退出>: *取消*　　//按ESC键

绘制的图形如图 12-57 所示。

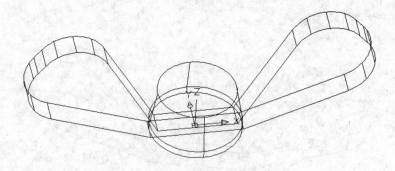

图 12-57 拉伸圆柱上端面

(9) 单击"实体编辑"工具栏中的"并集"按钮 ⚭，命令行提示如下：

```
命令: _union
选择对象: 找到 1 个            //选中拉伸体
选择对象: 找到 1 个, 总计 2 个   //选中棱台
选择对象:                     //按Enter键, 结束
```

(10) 单击"建模"工具栏中的"圆柱体"按钮 ▢，命令行提示如下：

```
命令: _cylinder
指定底面的中心点或 [三点(3P)/两点(2P)/相切、相切、半径(T)/椭圆(E)]:0,0,0 //指定原点为
底面中心点
指定底面半径或 [直径(D)]:3
指定高度或 [两点(2P)/轴端点(A)] <3.4964>:10
```

绘制的图形如图 12-58 所示。

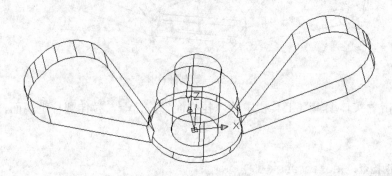

图 12-58 绘制圆柱

(11) 单击"实体编辑"工具栏中的"差集"按钮 ⚭，命令行提示如下：

```
命令: _subtract 选择要从中减去的实体或面域...
选择对象: 找到 1 个         //选择带蝶片的实体
选择对象:
选择要减去的实体或面域 ..
选择对象: 找到 1 个         //选择需要减去的圆柱
选择对象:                  //按Enter键
```

绘制的图形如图 12-59 所示。

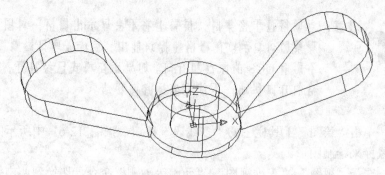

图 12-59　剪切实体

（12）　单击"渲染"工具栏中的"隐藏"按钮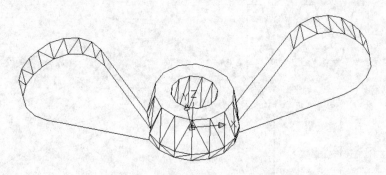，绘制的图形如图 12-60 所示。

图 12-60　隐藏效果图

12.6　三维机械绘图高级技巧

三维机械绘图比起二维机械绘图更为复杂，所使用命令涵盖的范围也有所增加，而且引进了 Z 轴，所以在绘图过程中相应的技巧也增加了许多，本节将简单介绍三维机械制图的高级技巧。

12.6.1　转化平面机械图为立体图的技巧

1.　如何使用旋转方法造型

旋转造型是 AutoCAD 创建实体的 3 种方法之一，其他两种为：直接使用命令创建实体和拉伸面域创建实体。"旋转"命令可以旋转闭合的多边形、多线段、圆、闭合样条曲线、圆环和面域等，但是不能旋转具有相交或自交线段的多线段，而且每次只能旋转一个对象。所以在绘制需要旋转的轮廓线时，一定要保证是一个对象，如果不是一个对象也要合并为一个对象，常用的是多线段编辑命令 PEDIT。另外，对于需要旋转出空心的实体，旋转之前应注意距离的选择适当，比如本实例中平面图形距旋转轴的距离如果太大，则会造成轮心直径过粗的后果。

下面举一个机械绘图中的例子来进行说明。

（1）　选择"工具"|"草图设置"命令，启用"栅格"和"捕捉"功能。

注意：当栅格过于密集时，屏幕上将不会显示出栅格，对图形进行局部放大观察即可看到。在栅格捕捉功能中，旋转选项只影响栅格和正交模式，不影响 UCS 的原点和方向。如果正交模式已经打开，绘图时只能沿栅格的方向移动，不能沿坐标方向移动。

(2) 单击"绘图"工具栏中的"多线段"按钮，按图 12-61 中所示的图形中各点位置通过单击鼠标来绘制图形。

(3) 选择"视图"|"三维视图"|"西南等轴测"命令，切换到西南等轴测视图，效果如图 12-62 所示。

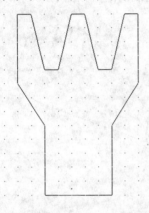

图 12-61　绘制闭合图形

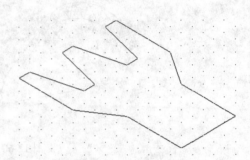

图 12-62　转换成三维坐标

(4) 单击状态栏中的"实时缩放"按钮，调整图形的大小，使旋转后的实体完全显示在绘图窗口。由于要旋转出一个小孔，所以图形不能离旋转轴太远，图形到旋转轴的距离等于孔的半径。本实例以 X 轴为旋转轴，所以要把图形移到距离 X 轴一个栅格的位置。

(5) 单击"修改"工具栏中的"移动"按钮，命令行提示如下：

```
命令：MOVE                    //移动命令
选择对象：找到 1 个            //选择需要移动的"V"字图形
选择对象：                    //按Enter键结束
指定基点或 [位移(D)] <位移>://拾取左下角点为基点
指定第二个点或 <使用第一个点作为位移>://移动至距离X轴一个栅格的位置
```

绘制的图形如图 12-63 所示。

(6) 单击"建模"工具栏中的"旋转"按钮，命令行提示如下：

```
命令：_revolve                          //实体旋转命令
当前线框密度：ISOLINES=4                 //提示当前线框密度值
选择要旋转的对象：找到 1 个               //选择需要旋转的"V"字形
选择要旋转的对象：                       //按Enter键，结束选择
指定旋转轴的起点或
指定轴起点或根据以下选项之一定义轴 [对象(O)/X/Y/Z] <对象>：X   //以X轴为旋转轴线
指定旋转角度或 [起点角度(ST)] <360>：              //按Enter键，选择默认值
```

所绘制的图形渲染后的效果如图 12-64 所示。

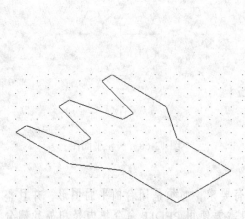

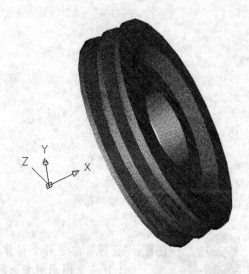

图 12-63　调整后的图形　　　　　　　　　　　　图 12-64　渲染效果图

2.　怎样拉伸面域造型

在 AutoCAD 2009 中，可以通过拉伸闭合平面图形来造型，并且拉伸命令可以让封闭的平面图形按照任意高度或者任意轨迹拉伸，功能非常强大，其重要性要高于旋转命令。上面已经介绍了旋转造型的方法，以及实例，下面举一个简单的例子来进行说明。

（1）　利用绘制"圆"命令，绘制半径分别为 15 和 30 的同心圆。为了绘图方便，绘制中心线，绘制的效果如图 12-65 所示。

（2）　绘制键槽。键槽的位置选择在 Y 轴正方向上，键槽宽度为 8，顶端距离圆心 18.5。绘制过程比较简单，不再赘述，绘制的效果如图 12-66 所示。

（3）　绘制轮齿。首先在外轮廓圆正上方绘制一个直径为 4 的圆，然后利用"阵列"命令，绘制其余 16 个圆，绘制的效果如图 12-67 所示。

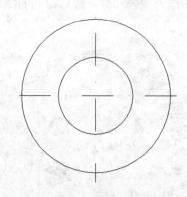

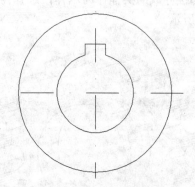

图 12-65　绘制外轮廓和内径　　　　　　　　　　图 12-66　绘制键槽

（4）　使用"修剪"命令，修剪掉轮廓线上的多余部分和 17 个小圆在轮廓线外的部分，得到的齿轮平面图如图 12-68 所示。

图 12-67 绘制轮齿   图 12-68 齿轮平面图

注意："拉伸"命令对于拉伸对象也有要求，必须是闭合的平面图形，并且整体为一个图形对象。所以我们需要使用 PEDIT 命令把内径和外轮廓分别连接成单一图形对象。

（5）先将内径和外轮廓分别拉伸成实体，再利用差集命令得到齿轮。单击⊡按钮，命令行提示：

```
命令: _extrude
当前线框密度: ISOLINES=4
选择要拉伸的对象: 找到 1 个  //选择外轮廓
选择要拉伸的对象: 找到 1 个，总计 2 个  // 选择内径轮廓
选择要拉伸的对象: //按Enter键，完成对象选择
指定拉伸的高度或 [方向(D)/路径(P)/倾斜角(T)] <4.7165>: 26//输入拉伸高度
```

绘制的效果如图 12-69 所示。

（6）利用"差集"命令编辑图形。选择"修改"|"实体编辑"|"差集"命令，并选择外轮廓拉伸成的实体作为本体，选择内径拉伸成的实体作为减去部分，最后得到的图形如图 12-70 所示。

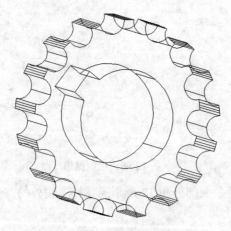
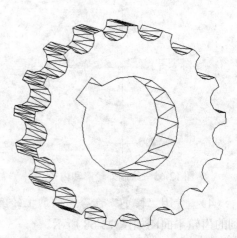

图 12-69 图形拉伸结果   图 12-70 执行"差集"命令后的图形

（7）利用"倒角"命令给内径倒角，单击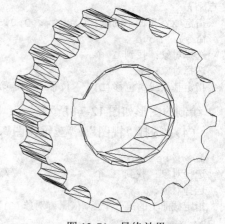按钮，命令行提示：

命令：_chamfer
（"修剪"模式）当前倒角距离 1 = 10.0000，距离 2 = 10.0000
选择第一条直线或 [放弃(U)/多段线(P)/距离(D)/角度(A)/修剪(T)/方式(E)/多个(M)]：//选择内径的一端
基面选择...
输入曲面选择选项 [下一个(N)/当前(OK)] <当前(OK)>：
指定基面的倒角距离 <10.0000>：1
指定其他曲面的倒角距离 <10.0000>：1
选择边或 [环(L)]： //选择内径的相同一端
选择边或 [环(L)]：

使用同样的步骤，给内径另一端倒角，倒角后的效果如图 12-71 所示。

图 12-71 最终效果

12.6.2 三维向二维转化的技巧

这里将介绍从三维实体提取二维剖面的方法。主要会用到"实体"工具栏中的"切割"按钮，绘制过程中还需要不停地变换视图，以达到绘制的目的。

（1）在命令行输入命令 section，命令行提示如下：

命令：section
选择对象：找到 1 个//选择如图12-73所示的实体
选择对象：//按Enter键，完成选择
指定截面上的第一个点，依照 [对象(O)/Z 轴(Z)/视图(V)/XY(XY)/YZ(YZ)/ZX(ZX)/三点(3)] <三点>：xy//输入xy，表示平行于xy平面的一个截面
指定 XY 平面上的点 <0,0,0>：0,0,5//指定点

绘制的图形如图 12-72 所示。

（2）所提取的剖面在目前的图形中很难观察到，需要移出观察，效果如图 12-73 所示。

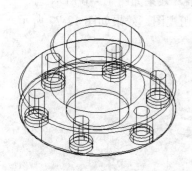

图 12-72 切割圆盘

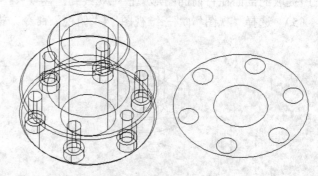

图 12-73 生成圆盘剖面

（3）使用同样的方法，生成套筒剖面，命令行提示如下：

命令：_section
选择对象：找到 1 个
选择对象：找到 1 个，总计 1 个　　　　　//选中实体

选择对象：

指定截面上的第一个点，依照 [对象(O)/Z 轴(Z)/视图(V)/XY(XY)/YZ(YZ)/ZX(ZX)/三点(3)] <
三点>：xy

指定 XY 平面上的点 <0,0,0>：0,0,50　　//以平行于XY平面，高为50 mm的平面切割

命令：_move

选择对象：找到 1 个　　　　　　　//选中切割出来的平面

选择对象：

指定基点或 [位移(D)] <位移>：指定第二个点或 <使用第一个点作为位移>：

　绘制的图形如图 12-74 所示。

（4）选择"视图"|"三维视图"|"东南视图"命令，输入 section，命令行提示如下：

命令：section

选择对象：找到 1 个　　　　　　　//选中法兰实体

选择对象：

指定截面上的第一个点，依照 [对象(O)/Z 轴(Z)/视图(V)/XY(XY)/YZ(YZ)/ZX(ZX)/三点(3)] <
三点>：xy

指定 XY 平面上的点 <0,0,0>：　　//利用捕捉功能，选中圆心

　绘制的图形如图 12-75 所示。

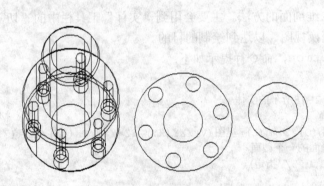
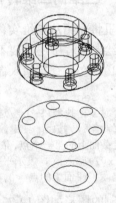

图 12-74　生成套筒剖面　　　　　　　　　图 12-75　垂直剖面的提取

　所提取的剖面在目前的图形中很难观察到，需要移出观察，效果如图 12-76 所示。

（5）选择"视图"|"三维视图"|"俯视"命令，提取俯视图，效果如图 12-77 所示。

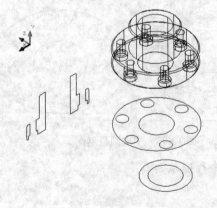
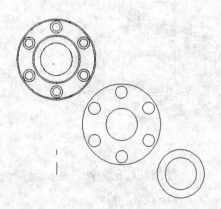

图 12-76　移出剖面　　　　　　　　　　　图 12-77　提取俯视图

（6）选择"视图"｜"三维视图"｜"左视"命令，提取左视图，效果如图 12-78 所示。

图 12-78　提取左视图

（7）单击"绘图"工具栏中的"填充图案"按钮 ⬚，填充垂直剖面，图案为 ANSI31，比例为 50，绘制的图形如图 12-79 所示。

图 12-79　填充剖面

（8）单击"修改"工具栏中的"移动"按钮 ✛，使剖面和实体重合，绘制的图形如图 12-80 所示。

（9）选择"视图"｜"三维视图"｜"俯视"命令，并将法兰盘和剖面对应的点连接起来，效果如图 12-81 所示。

注意： 剖面在机械制图领域用途很广，本实例为读者提供了一个简洁的生成剖面的方法。需要注意的是，在绘图过程中要完善剖面。

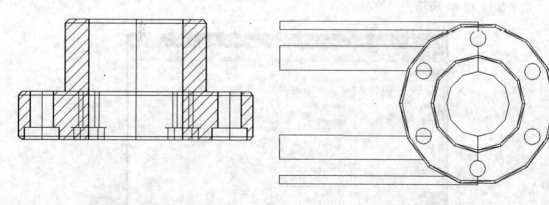

图 12-80　移动剖面　　　　　　　　　　图 12-81　完善剖视图

（10）将前面得到的剖面图，放入一个新的文件中，如图 12-82 所示。

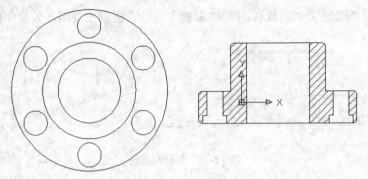

图 12-82　最终效果图

12.6.3　机械制图其他高级技巧

AutoCAD 提供了许多查询和测量功能，而且都有其技巧性。熟练掌握这些技巧能够提高对图形参数的掌控程度，提高绘图效率。而且对于测量的信息，可以直接保存成文件使用。

下面举一个机械制图的实例来进行说明。

（1）绘制的图形如图 12-83 所示，步骤省略。

（2）单击"查询"工具栏中的"面域/质量特性"按钮🖆，或者在命令行中输入 MASSPROP 命令（测量体积），命令行提示如下：

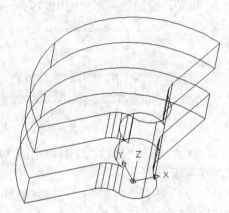

图 12-83　已经完成部分

```
命令：massprop
选择对象：找到 1 个        //选中实体
选择对象：    //按Enter键，弹出文本窗口如图12-84所示
按 Enter 键继续：
是否将分析结果写入文件？[是(Y)/否(N)] <否>：  //按Enter键，不存入文件
```

结果如图 12-84 所示。

图 12-84　测试结果显示窗口

（3）根据测量数据，显示的质心位置为（-5.6971,21.2620,22.5000），主轴径下圆面圆心为（-5.6971,21.2620,30），单击"建模"工具栏中的"圆柱"按钮，绘制主轴径，命令行提示如下：

```
命令：_cylinder
指定底面的中心点或 [三点(3P)/两点(2P)/相切、相切、半径(T)/椭圆(E)]：-5.6971,21.2620,30  //输入中心点坐标
指定底面半径或 [直径(D)] <8.9518>：10
指定高度或 [两点(2P)/轴端点(A)]<11.1421>:40
```

绘制的图形如图 12-85 所示。

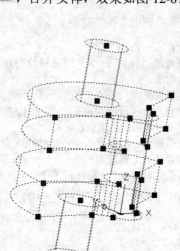

图 12-85　绘制主轴径

（4）单击"修改"工具栏中的"复制"按钮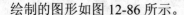，复制主轴径，命令行提示如下：

```
命令：_copy
选择对象：找到 1 个    //选中主轴径
选择对象：            //按Enter键
当前设置：复制模式 = 多个
指定基点或 [位移(D)/模式(O)] <位移>：//在绘图区任意拾取一点为基点
指定第二个点或 <使用第一个点作为位移>:@0,0,-55
```

绘制的图形如图 12-86 所示。

（5）单击"实体编辑"工具栏中的"并集"按钮⬤，合并实体，效果如图 12-87 所示。

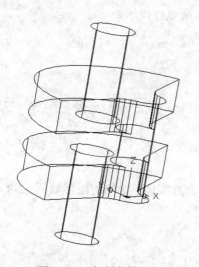

图 12-86　复制主轴径

图 12-87　合并实体

12.7　三维典型零件绘制实例

绘制三维典型零件——轴承支座。它由底座、肩板、轴承孔和肋板等几部分组成，可以说是基本实体的综合体，而且不同部分的实体放置的位置不同，在同一个坐标系下很难完成，这就需要学会利用 AutoCAD 提供的强大的 UCS 坐标变换功能。通过这个实例，主要介绍：

- 定制 UCS 的方法（坐标变换）。
- 实体倒圆角。
- 三维镜像命令。

（1）绘制底座

绘制辅助线。单击"绘图"工具栏中的"直线"按钮 ✐，以（100,200）为正交中心绘制两条正交辅助线。

绘制底座。单击"建模"工具栏中的"长方体"按钮 ▱，绘制 36×30×2、90×30×10 的两个长方体，单击"实体编辑"工具栏中的"差集"按钮 ◍ 得到底座槽并倒圆角，圆角半径 7。绘制的图形如图 12-88 所示。

绘制凸台。单击"建模"工具栏中的"圆柱体"按钮 ▣，命令行提示如下：

```
命令：_cylinder
指定底面的中心点或 [三点(3P)/两点(2P)/相切、相切、半径(T)/椭圆(E)]：167,117,0
指定底面半径或 [直径(D)] <16.0139>:d
指定直径 <43.3699>: 13
指定高度或 [两点(2P)/轴端点(A)] <19.8859>:12
```

镜像出另一个凸台。先绘制一条 Z 方向的辅助线，单击"直线"按钮 ✐，命令行提示如下：

```
命令：_line 指定第一点：200,100,0
指定下一点或 [放弃(U)]：@0,0,100
指定下一点或 [放弃(U)]：
```

选择"修改"|"三维操作"|"三维镜像"命令，命令行提示如下：

```
命令：_mirror3d
选择对象：找到 1 个   //选择绘制好的凸台
选择对象：
指定镜像平面 (三点) 的第一个点或
    [对象(O)/最近的(L)/Z 轴(Z)/视图(V)/XY 平面(XY)/YZ 平面(YZ)/ZX 平面(ZX)/三点(3)]
<三点>：   //指定辅助线交点
在镜像平面上指定第二点：//指定Y方向辅助线上一点
在镜像平面上指定第三点：   //指定Z方向辅助线上一点
是否删除源对象？[是(Y)/否(N)] <否>：
```

单击"实体编辑"工具栏中的"并集"按钮 ◍，合并实体，绘制的图形如图 12-89 所示。

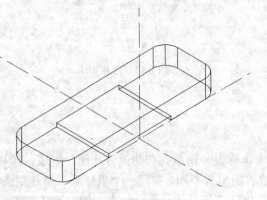

图 12-88 绘制底座

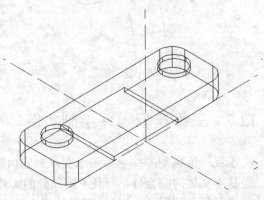

图 12-89 绘制凸台

注意： 三维镜像命令的对称标准为一个平面，所以需要给出能够确定一个平面的条件，可供选择的对象有"[对象（O）/最近的（L）/Z 轴（Z）/视图（V）/XY 平面（XY）/YZ 平面（YZ）/ZX 平面（ZX）/三点（3）]"，一般采用与当前 UCS 的 XY、YZ 或 XZ 平面平行的平面或者由选定的 3 点定义的平面。

绘制凸台上的紧定螺孔。单击"建模"工具栏中的"圆柱体"按钮⬚，以（167,117,0）为底面圆心，绘制 12 mm 高圆柱体；利用三维镜像命令绘制另一个凸台；单击"实体编辑"工具栏中的"差集"按钮⬚⬚，剪切出两个定位孔，绘制的图形如图 12-90 所示。

（2）绘制肩板

转换平面。单击 UCS 工具栏中的 UCS 按钮∟（或在命令行中输入 UCS 命令），命令行提示如下：

命令：ucs
当前 UCS 名称：*世界*
指定 UCS 的原点或 [面(F)/命名(NA)/对象(OB)/上一个(P)/视图(V)/世界(W)/X/Y/Z/Z 轴(ZA)] <世界>：//指定辅助线交点
指定 X 轴上的点或 <接受>：   //在X轴上指定一点
指定 XY 平面上的点或 <接受>：//在Z轴上指定一点

新建的坐标系如图 12-91 所示。

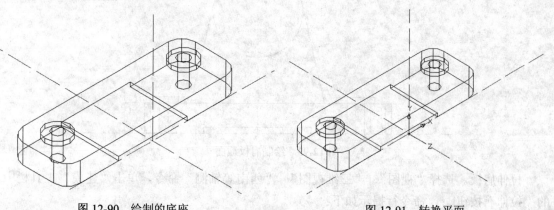

图 12-90　绘制的底座　　　　　　　　图 12-91　转换平面

注意： 在绘制拉伸图形时，最好在拉伸方向上绘制被拉伸图形，所以就需要把 XY 平面转换到拉伸图形所在的平面上。

保存新建坐标系。单击 UCS 工具栏中的 UCS 按钮∟（或命令行输入 UCS 命令），命令行提示如下：

命令：ucs
当前 UCS 名称：*没有名称*
指定 UCS 的原点或 [面(F)/命名(NA)/对象(OB)/上一个(P)/视图(V)/世界(W)/X/Y/Z/Z 轴(ZA)] <世界>：na//输入na，命名ucs

输入选项 [恢复(R)/保存(S)/删除(D)/?]:s//输入s,保存坐标系
输入保存当前 UCS 的名称或 [?]:新建坐标//输入坐标系名称

转换视图。选择"视图"|"三维视图"|"主视"命令,如图 12-92 所示。

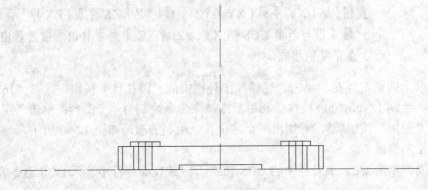

图 12-92　转换视图

绘制肩板的截面,圆弧半径 15,圆心至底座上表面距离为 30,肩板侧线下端点距离中心线为 22.5,绘制的图形如图 12-93 所示。

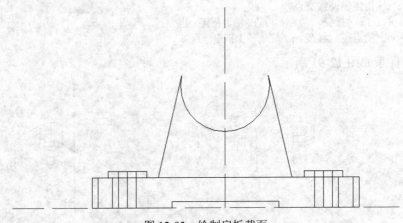

图 12-93　绘制肩板截面

拉伸肩板。选择"视图"|"三维视图"|"西南等轴测"命令,单击"建模"工具栏中的"拉伸"按钮 ,命令行提示如下:

命令:_extrude
当前线框密度: ISOLINES=4
选择要拉伸的对象:找到 1 个　　　　　　//选择肩板截面轮廓
选择要拉伸的对象:
指定拉伸的高度或 [方向(D)/路径(P)/倾斜角(T)] <33.9590>:8　//根据方向关系,输入正数

绘制的图形如图 12-94 所示。

注意: AutoCAD 中的操作均是有方向性的,也就是始终在某个坐标系下。向上拉伸时,指定拉伸长度为负值。

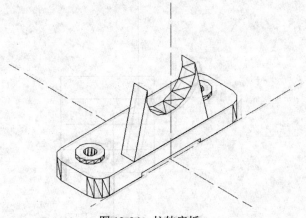

图 12-94　拉伸肩板

（3）绘制轴承孔

选择"视图"|"三维视图"|"东北等轴测"命令，转换视图。单击"绘图"工具栏中的"圆"按钮⊘，绘制半径分别为 8 和 15 的轴承孔内外径；然后单击"建模"工具栏中的"拉伸"按钮⬚，将内外径分别拉伸 30 mm；单击"实体编辑"工具栏中的"差集"按钮⬤，得到轴承孔。绘制的隐藏图如图 12-95 所示。

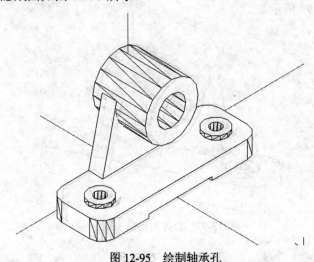

图 12-95　绘制轴承孔

（4）绘制肋板

由于肋板位置的特殊性，所以需要转换坐标系，将原坐标系绕 Y 轴旋转 90°，在命令行中输入 UCS 命令，命令行提示如下：

命令：ucs
当前 UCS 名称：*主视*
指定 UCS 的原点或 [面(F)/命名(NA)/对象(OB)/上一个(P)/视图(V)/世界(W)/X/Y/Z/Z 轴(ZA)] <世界>：y//输入y，绕y轴旋转
指定绕 Y 轴的旋转角度 <90>：90//输入90，表示旋转90°

选择"视图"|"三维视图"|"右视"命令，使绘图平面在绘图区显示，绘制的图形如图 12-96 所示。

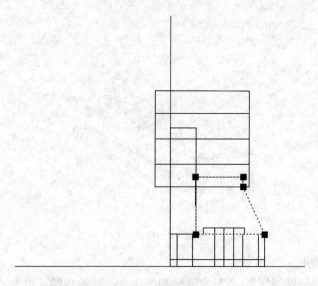

图 12-96 绘制肋板

（5）合并实体并隐藏

单击"实体编辑"工具栏中的"并集"按钮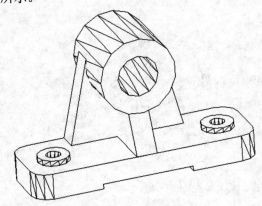，合并实体。再选择"视图"|"隐藏"命令，隐藏图形如图 12-97 所示。

图 12-97 合并后隐藏视图

12.8 习题

12.8.1 填空和选择题

（1）_____操作是将某些二维实体拉伸，从而建立新的实心体。执行过程中，用户不但可以指定高度，而且还可以使实心体的截面沿着_____方向变化，生成形状复杂的实体。

（2）在 AutoCAD 2009 中，使用_____命令可创建如面域或无名块等实体的相交截面，默认的方法是_____。

（3）用户可以使用_____命令将某一个图形转化为二维域。可以实现这种转化的实体包括：封闭多段线、直线、曲线、圆、圆弧、椭圆、椭圆弧和样条曲线。

（4）　通过选择一个基点和相对（或绝对）旋转角度，可以旋转选定实体上的面或特征集合，如孔。所有三维面都可绕指定的轴旋转，当前的_____和_____系统变量设置决定了旋转的方向。

（5）　三维阵列可以在三维空间创建对象的矩形阵列或环形阵列。与二维阵列不同，用户除了要指定列数和行数之外，还要指定_____。

（6）　绘制圆柱体的命令为_____。

  A. CYLINDER   B. CONE   C. WEDGE

（7）　_____运算将建立一个合成实心体与合成域，合成实心体通过计算两个或者更多现有的实心体的总体积来建立，合成域通过计算两个或者更多现有域的总面积来建立。

  A. 交集   B. 并集   C. 差集

12.8.2　简答题

（1）　AutoCAD 中的三维模型包括哪些形式？等轴测图形是否属于三维模型？

（2）　什么叫二维线框？什么叫三维线框？两者有何区别？

12.8.3　上机题

（1）　绘制如图 12-98 所示的连接轴套的实体效果图，参数自定。

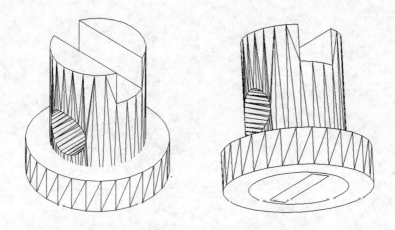

图 12-98　连接轴套的实体效果图

（2）根据绘制深沟球轴承的例子绘制如图 12-99 所示的滚柱轴承。

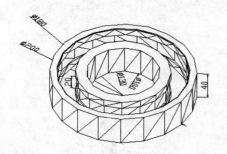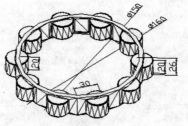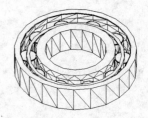

图 12-99　滚柱轴承

（3）利用圆柱体、长方体、楔体、布尔运算、拉伸、三维阵列等命令绘制如图 12-100 所示的拔叉。

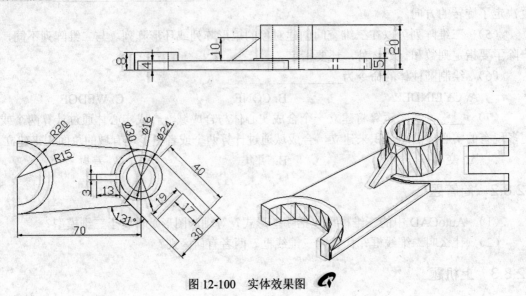

图 12-100　实体效果图

第 13 章

机械图形输出打印

教学目标：

在 AutoCAD 2009 中，制作完成的图形，可以生成电子图形保存，也可以作为原始模型导入到其他软件（如 3ds max、Photoshop 等）中进行处理，但是最为重要的应用还是打印输出，作为计算机辅助设计的最有效结果——指导生产和工作。AutoCAD 在国内最重要的应用就是利用计算机输出设计图纸，为制作过程提供指导，因此打印输出是使用 AutoCAD 2009 工作的用户必须掌握的技能。在打印工作进行之前，需要设置打印布局等。

教学重点与难点：

1. 设置打印参数。
2. 打印图形实例。
3. 输出机械图形到文件。
4. 创建电子图纸。
5. 从图纸空间出图。
6. 打印机械图纸的常见问题与技巧。

13.1 设置打印参数

在进行打印图纸之前需要先添加打印设备，这里就不再详述添加过程，默认为已经添加好了打印设备。

选择"文件"|"打印"命令，弹出如图 13-1 所示的"打印-模型"对话框。

图 13-1　"打印—模型"对话框

13.1.1　选择打印设备

在"打印机/绘图仪"选项组中的"名称"下拉列表框中，选择要使用的打印机，这里是前面已经配置好的某一个打印机配置，如图 13-2 所示。

13.1.2　使用打印样式

在"打印样式表"选项组中选择一种打印样式，单击"编辑"按钮可以对其进行编辑，如图 13-3 所示。

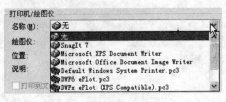

图 13-2　选择打印机

图 13-3　选择打印样式表

13.1.3　选择图纸幅面

在"图纸尺寸"下拉列表框中选择合适的图纸幅面，如图 13-4 所示。在右上角可以预览图纸幅面的大小。一般在机械制图中多用 ISOA4 和 ISOA3 幅面的图纸。

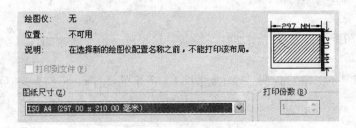

图 13-4　选择图纸幅面

13.1.4　设定打印区域

对话框的"打印区域"选项组中提供了 3 种确定打印区域的方法。

（1）　图形界限：打印布局时，将打印指定图纸尺寸的页边距内的所有内容，其原点从布局中的（0,0）点计算得出。从"模型"选项卡打印时，将打印图形界限定义的整个图形区域。如果当前视口不显示平面视图，该选项与"范围"选项效果相同。

（2）　显示：打印选定的"模型"选项卡当前视口中的视图或布局中的当前图纸空间视图。该选项仅在打印"当前选项卡"时有效，按照图形窗口的显示情况直接输出图形。

（3）　窗口：打印指定的图形的任何部分，这是直接在模型空间打印图形时最常用的方法。单击"窗口"按钮，在"指定第一个角点:"提示下，指定打印窗口的第一个角点，在"指定对角点:"提示下，指定打印窗口的另一个角点。使用窗口方式确定打印区域是一种简便且常用的方法。这个时候，机械图纸中的图幅框将会起到作用，如图 13-5 所示，使用捕捉功能直接指定图幅框为打印区域即可。

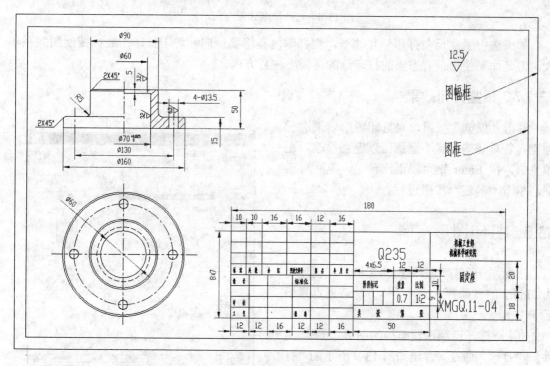

图 13-5　图幅框与图框

13.1.5　设定打印比例

当选中"布满图纸"复选框后，其他显示为灰色将不能更改，如图 13-6 所示。

当不选中"布满图纸"复选框时，可以自己设置比例，一般机械制图中多采用 1:1 的比例，如图 13-7 所示。

图 13-6　打印图形布满图纸

图 13-7　设置打印比例

13.1.6　调整图形打印方向和位置

在"图纸方向"选项组中，可以选择图形打印的方向和文字的位置，如图 13-8 所示。

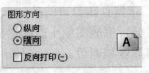

图 13-8　选择图纸放置方向

如果选中了"反向打印"复选框，则打印内容将要反向。对于打印一般机械制图关系不大，但是如果使用带有方向的打印纸的话需要注意方向。

13.1.7　预览打印效果

单击"预览"按钮，对打印图形效果进行预览，若对某些设置不满意可以返回修改。在预览中，按 Enter 键可以退出预览，返回对话框，单击"确定"按钮进行打印。

13.2　打印图形实例

下面举一个打印零件图的实例，先创建名为 Floor2 的打印样式表（具体方法请见本章最后一节）。

（1）打开已经设置布局的图形，选择"文件"|"打印"命令，弹出如图 13-9 所示的"打印"对话框。

（2）在"页面设置"，选项组中的"名

图 13-9　"打印"对话框

称"下拉列表框中选择所要应用的页面设置名称，或者单击"添加"按钮添加其他的页面设置，如图 13-10 所示。

图 13-10　选择页面设置

（3）在"打印机/绘图仪"选项组中的"名称"下拉列表框中，选择要使用的打印机，这里选择了已经配置的佳能打印机（请读者按照自己的打印机型号进行选择），如图 13-11 所示。

（4）在"打印样式表"的"名称"下拉列表框中，选择已经定义的 Floor 2 打印样式，单击"编辑"按钮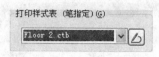可以对其进行编辑，或者新建标注样式，如图 13-12 所示。

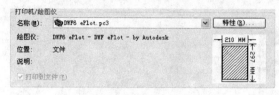

图 13-11　选择打印机

图 13-12　选择打印样式表

（5）完成后单击"完全预览"按钮对打印图形效果进行预览。

（6）在预览的过程中，按 Enter 键，可以返回"打印"对话框，单击"确定"按钮开始打印。

13.3　输出机械图形到文件

图形文件可以存储为其他格式保存在计算机上，这称为输出。在"打印"对话框的"打印机/绘图仪"选项组中，选中"打印到文件"复选框，如图 13-13 所示，单击"确定"按钮，弹出如图 13-14 所示的"浏览打印文件"对话框，通过该对话框就可以把选择的打印区域效果存放在一个图形文件上。

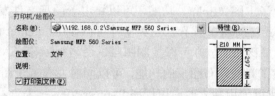

图 13-13　打印到文件

图 13-14　"浏览打印文件"对话框

更为方便的方法是，选中需要输出的图形对象，选择"文件"|"输出"命令，打开"输出数据"对话框，如图 13-15 所示。

指定文件名、文件格式和文件路径，就可以将图形的外观效果存放到一个图形文件中，文件类型都列举在"文件类型"下拉列表框中,如图 13-16 所示。根据系统绘图仪的配置不同,可以打印的文件类型也会不同。应当注意的是,必须选择了对象才可以进行这样的输出,输出的图形中也只是包含被选择的对象,未被选择的对象,即使在图形范围中存在也不会出现在输出的图形文件中。

图 13-15　"输出数据"对话框

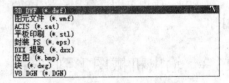

图 13-16　文件类型

13.4　创建电子图纸

通过 AutoCAD 的电子出图(Eplot)功能,可以将电子图形文件发布到 Internet 上。所创建的文件以 Web 图形格式(DWF)保存,这种文件可以使用 Internet 浏览器打开、查看和打印。DWF 文件支持实时平移和缩放,可以控制图层、命名视图和嵌入超级链接的显示。

AutoCAD 2009 提供了新的发布图形的功能,可以同时发布多个图形,每个图形可以包含多个布局文件,而且还可以使用独立的应用程序 Express Viewer 来查看 DWF 图形。

打开已经存在的、要创建 DWF 文件的图形,使用 ZOOM 命令,将其缩放到适当的大小。

选择"文件"|"发布"命令,弹出如图 13-17 所示的"发布"对话框。在对话框中给出了当前文件中包含的布局,以及发布 DWF 图形的保存位置等信息。

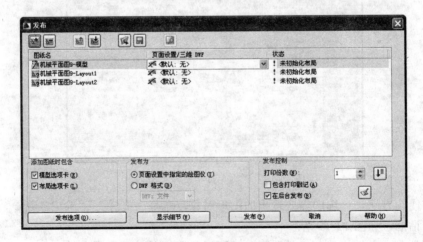

图 13-17　"发布"对话框

单击"添加图纸"按钮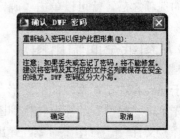，弹出如图 13-18 所示的"选择图形"对话框。在其中选择所要发布的图形文件，单击"选择"按钮，将其添加到发布图形的列表中。

图 13-18 "选择图形"对话框

在"发布为"选项组中，选中"DWF 格式"单选按钮。再单击"发布选项"按钮，弹出"发布选项"对话框，在此对话框中可以设置发布文件存储的方式，发布一个多页面的 DWF 文件，或者创建多个 DWF 文件，并设置"常规 DWF 选项"卷展栏的"密码保护"选项为"指定密码"，并设置"密码"选项，如图 13-19 所示。

设置完成后，单击对话框中的"确定"按钮，弹出如图 13-20 所示的"确认 DWF 密码"对话框，再次键入设定的密码，单击"确定"按钮，就创建了选定图形布局的 DWF 文件。

图 13-19 设置图形名称和保存路径

图 13-20 确认密码

单击"发布"按钮后，系统处于后台处理阶段，如图 13-21 所示。经过一个处理进程，弹出如图 13-22 所示的"完成打印和发布作业"提示框，可以单击链接查看详细的打印和发布信息。单击"关闭"按钮，关闭该提示框。

图 13-21　正在处理后台作业　　　　　　　　　图 13-22　完成发布图形

　　找到发布的 DWF 文件保存的位置，在其图标上双击鼠标打开该文件，弹出如图 13-23 所示的"输入口令"对话框（只有前面设置了密码才会出现该对话框）。输入设置的密码，然后单击"确定"按钮，打开 DWF 文件，弹出 Autodesk DWF Viewer 窗口。在图形界面区显示了 DWF 文件的内容，如果该文件包含多个页面，还可以使用标准工具栏中的箭头按钮在各个页面之间切换。

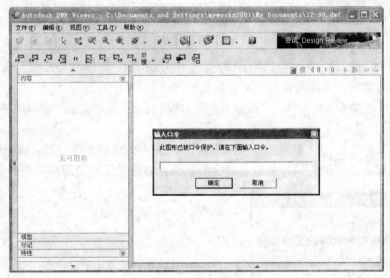

图 13-23　输入保护密码

　　在 Autodesk DWF Viewer 窗口中选择"文件" | "打印"命令，弹出"打印"对话框。设置相应的选项之后，就可以单击"确定"按钮，输出指定的 DWF 文件。

13.5　从图纸空间输出图形

　　对于已经存在于模型空间的图形，可以通过图纸空间来打印输出图形。在打印输出图形前需要先单击"模型"功能键转换到图纸空间，如图 13-24 所示。

　　选择"文件" | "打印"命令，弹出"打印-布局 1"对话框，对各个参数进行设置后便可以从图纸空间直接出图，具体步骤就不赘述。

　　　注意：也可通过右击"布局 1"选项卡，在弹出的快捷菜单中选择"打印"
　　　　　　命令，调出"打印-布局 1"对话框。

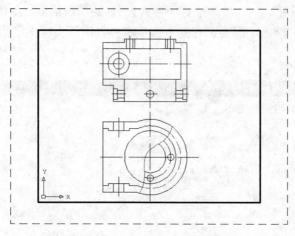

图 13-24　图纸空间中的零件图

13.6　打印机械图纸的常见问题与技巧

1.　怎样创建打印样式表

打印样式用于修改打印图形的外观。修改对象的打印样式，就能替代图形对象原有的颜色、线型和线宽。在打印样式中，可以指定端点、连接和填充样式，也可以指定抖动、灰度、笔指定和淡显等输出效果。如果需要以不同的方式打印同一图形，也可以使用打印样式。

打印样式的特性是在打印样式表中定义的，可以将它附着到"模型"标签和布局上。每个对象和图层都有打印样式特性。如果给对象指定一种打印样式，然后将包含该打印样式定义的打印样式表删除，则该打印样式将不起作用。通过附着不同的打印样式表到布局上，可以创建不同外观的打印图纸。

可以通过添加打印样式表的向导，创建新的打印样式表，其操作步骤如下：

选择"工具"|"向导"|"添加打印样式表"命令，弹出如图 13-25 所示的"添加打印样式表"向导说明。向导中给出如下说明：本向导可创建和命名打印样式表，打印样式表包含可指定给 AutoCAD 2009 对象的打印样式，打印样式包含颜色、线型、线宽、封口、直线填充和淡显的打印定义。

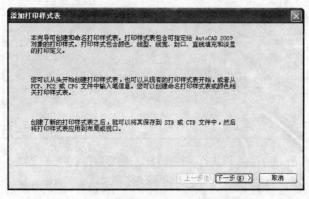

图 13-25　"添加打印样式表"对话框

单击"下一步"按钮，打开"添加打印样式表-开始"对话框，如图 13-26 所示。该对话框的左边有一个列表，给出了需要进行的全部步骤并且用箭头标出了当前所在的位置，与其他向导类对话框一样。

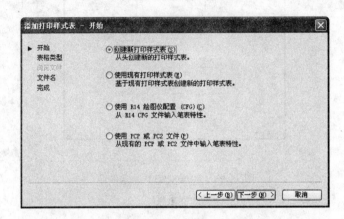

图 13-26　"添加打印样式表-开始"对话框

对话框中主要包含 4 个单选按钮，其含义如下。

（1）创建新打印样式表：从头开始创建新的打印样式表。

（2）使用现有打印样式表：以已经存在的打印样式表为起点，创建新的打印样式表，在新的打印样式表中会包括原有打印样式表中的一部分样式。

（3）使用 R14 绘图仪配置（CFG）：使用 acadr14.cfg 文件中指定的信息创建新的打印样式表。如果要输入设置，又没有 PCP 或 PC2 文件，则可以选择该选项。

（4）使用 PCP 或 PC2 文件：使用 PCP 或 PC2 文件中存储的信息创建新的打印样式表。

根据需要选择其中的一种，根据选择的不同，设置需要进行的步骤也不一样，这一点将会在坐标的列表中表现出来。

这里选中"创建新打印样式表"单选按钮，单击"下一步"按钮，打开"添加打印样式表-选择打印样式表"对话框，如图 13-27 所示。

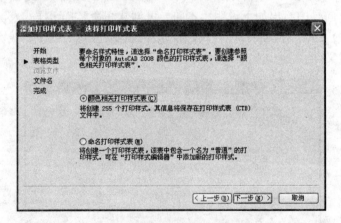

图 13-27　"添加打印样式表-选择打印样式表"对话框

在"添加打印样表-选择打印样式表"对话框中，选择打印样式表的类型"颜色相关打印样式表"或者"命名打印样式表"。它们的含义如下：

（1）"颜色相关打印样式表"是基于对象颜色的，使用对象的颜色控制输出效果。

（2）"命名打印样式表"不考虑对象的颜色，可以为任何对象指定任何打印样式。

选中其中一个，单击"下一步"按钮，打开"添加打印样式表-文件名"对话框，如图13-28所示。

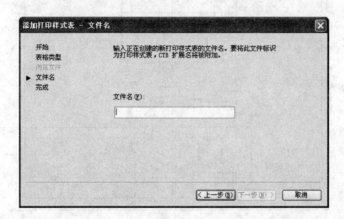

图 13-28　"添加打印样式表-文件名"对话框

在该对话框中，为所建立的打印样式表指定名称，该名称将作为所建立的打印样式的标识名。输入文件名后单击"下一步"按钮，打开如图13-29所示的对话框。

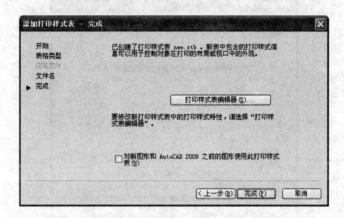

图 13-29　"添加打印样式表-完成"对话框

如果需要修改这个打印样式表，则单击"打印样式表编辑器"按钮；如果确定无需修改，则单击"完成"按钮；如果对添加的打印样式表还有什么问题，则通过单击"上一步"按钮，返回到前面的步骤进行修改。在完成打印样式表的创建后，就可以将其附着到布局中去进行打印了。

2. 图纸空间插入图框的大小问题

在图纸空间插入图框块时，可能会遇到如图13-30所示的情况：零件图大小和边框大小相差很大。

右击"布局1"选项卡，在弹出的快捷菜单中选择"页面设置管理器"选项，弹出如图13-31所示的对话框。

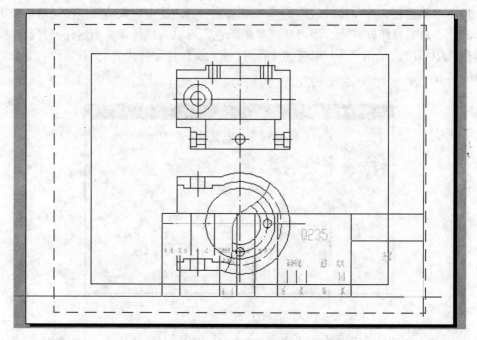

图 13-30　大小问题

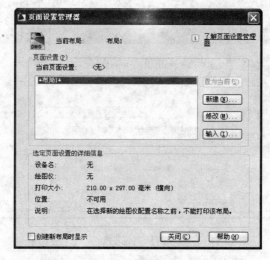

图 13-31　"页面设置管理器"对话框

单击"修改"按钮，弹出如图 13-32 所示的"页面设置-布局 1"对话框，此时图纸空间所使用的图纸尺寸为竖版的 A4，而插入的图框为横版的 A4，所以可将图纸尺寸改为"ISO A4（297.00×210.00 毫米）"。

单击"确定"按钮，再次插入图框的效果如图 13-33 所示。

图 13-32　修改图纸尺寸

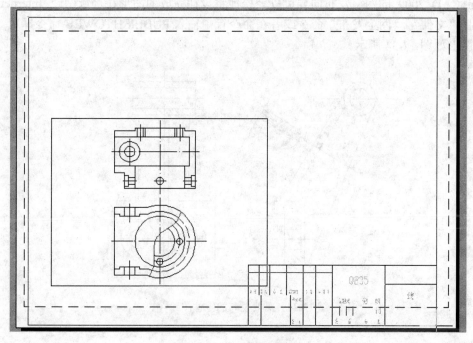

图 13-33　再次插入图框

13.7　习题

13.7.1　填空和选择题

（1）　PCP 文件是指 AutoCAD 早期版本创建的图形中的局部打印配置，而 PC2 文件则是 AutoCAD 早期版本创建的图形中的_____，可以从 PCP 或 PC2 文件中输入的打印设置信息包括打印区域、旋转角度、打印偏移、打印优化、图纸尺寸和比例。

（2）完成了打印机的配置和打印布局的创建后，就开始进入打印图形的最后阶段，在这个阶段，需要_____，对图形进行打印。

（3）实际应用中，经常使用_____打印样式来进行打印的设置。

    A. 颜色   B. 视图   C. 格式

（4）AutoCAD 2009 提供了_____种确定打印区域的方法。

    A. 3   B. 4   C. 5

13.7.2 简答题

（1）在打印图形时，打印样式表有什么作用？怎么创建和修改打印样式表？

（2）根据本章的知识，总结打印图形需要几个步骤？

（3）根据创建打印布局向导所完成的工作步骤，确定打印布局包含什么样的特性？

13.7.3 上机题

AutoCAD 2009 的网络发布向导可以轻松地将设计完成的图形在局域网或 Internet 中发布。选择"文件"|"网上发布"命令或者在命令行中输入 PUBLISHTOWEB 命令即可。需要发布的图形如图 12-34 所示。

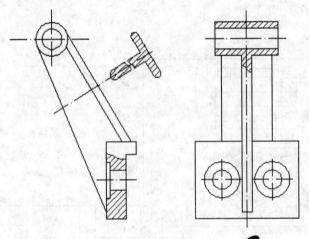

图 13-34　需要发布的零件图

附录 A 习题答案

第1章

1. Continuous；连续   2. 能；能；不能
3. "文件"|"另存为"；"保存"   4. 图纸
5. A   6. A   7. B

第2章

1. 粗实线　细实线   2. 模板
3. 点画线线段的交点　2 mm～3 mm   4. A

第3章

1. @dx，dy 2. 定位；填充的圆   3. 11
4. A   5. B   6. A

第4章

1. DTEXT   2. 多行文字标注
3. 实体对象的不同；能够设置的编辑选项不同。
4. A   5. B   6. A

第5章

1. DIMASO
2. 水平标注；垂直标注；旋转标注
3. 基线标注是基于同一个标注原点的，连续标注则是使用每个连续标注的第二个尺寸界线作为下一个标注的原点，所有的标注共享一条公共的尺寸线。
4. 引线；文字
5. B
6. A
7. A

第6章

1. 偏移   2. 定距等分；定数等分   3. A

第7章

1. 投射   2. 剖面区域   3. B   4. B

第 8 章

1. 移出剖面；重合剖面　　　　2. 局部放大　　　3. A　　4. B

第 9 章

1. 一组视图；全部尺寸；技术要求；标题
2. 测绘；拆图
3. A
4. B

第 10 章

1. 零件编号；明细栏
2. 少于
3. A
4. A

第 11 章

1. 直观性
2. SNAP
3. B
4. A

第 12 章

1. 拉伸；拉伸
2. SECTION；指定三点定义一个面
3. 面域（REGION）
4. UCS；ANGDIR
5. 阵列的层数
6. A
7. B

第 13 章

1. 完全打印配置
2. 定义打印样式
3. A
4. B

附录 B　AutoCAD 2009 常用命令

序　号	命　令	命令别名	命令说明
1	3DARRAY	3A	三维阵列
2	3DFACE	3F	创建三维曲面
3	3DORBIT	3DO	三维动态观察器
4	3DPOLY	3P	绘制三维多段线
5	ADCEnter	ADC	启动 AutoCAD 设计中心
6	ALIGN	AL	将多个图形对齐
7	APPLOAD	AP	加载应用程序（AutoLISP、ADS 和 ARX 等）
8	ARC	A	绘制一段圆弧
9	AREA	AA	计算选择区域的周长和面积
10	ARRAY	AR	执行阵列操作（—ARRAY 可以执行命令行操作）
11	ATTDEF	ATT	创建属性定义（—ATTDEF 可以执行命令行操作）
12	ATTEDIT	ATE	编辑已经存在的图块属性（—ATTEDIT 可以执行命令行操作）
13	BHATCH	H 或 BH	定义区域填充图案
14	BLOCK	B	将选择的图形对象定义为图块（—BLOCK 可以执行命令行操作）
15	BOUNDARY	BO	创建一个区域（—BOUNDARY 可以执行命令行操作）
16	BREAK	BR	折断图形
17	CHAMFER	CHA	为图形对象倒角
18	CHANGE	—CH	修改对象属性
19	CIRCLE	C	绘制圆形
20	COLOR	COL	设置实体颜色
21	COPY	CO 或 CP	复制图形对象
22	DBCONNECT	DBC	启动数据库连接管理
23	DDEDIT	ED	编辑文字或属性定义
24	DDVPOINT	VP	通过对话框设置三维视点
25	DIMALIGNED	DAL	对齐型标注
26	DIMANGULAR	DAN	标注角度尺寸
27	DIMBASELINE	DBA	基线型尺寸标注
28	DIMCEnter	DCE	标注圆心
29	DIMCONTINUE	DCO	连续尺寸标注
30	DIMDIAMETER	DDI	标注直径
31	DIMEDIT	DED	编辑尺寸标注
32	DIMLINEAR	DLI	线性尺寸标注
33	DIMORDINATE	DOR	标注点的坐标值
34	DIMOVERRIDE	DOV	临时覆盖标注系统变量的设置
35	DIMRADIUS	DRA	标注半径
36	DIMSTYLE	D 或 DST	标注样式管理器

序　号	命　令	命令别名	命　令　说　明
37	DIMTEDIT	DIMTED	编辑尺寸文字
38	DIST	DI	测量两点之间的距离
39	DIVIDE	DIV	等分实体
40	DONUT	DO	绘制圆环对象
41	DRAWORDER	DR	控制两个重叠图像的显示次序
42	DSETTINGS	DS	设置栅格和捕捉、角度和自动追踪等选项
43	DVIEW	DV	动态设置视点
44	ELLIPSE	EL	绘制椭圆或椭圆弧
45	ERASE	E	删除图形对象
46	EXPLODE	X	将实体分解为下一级对象
47	EXPORT	EXP	导出其他格式文件
48	EXTEND	EX	延长图形对象
49	EXTRUDE	EXT	将二维图形拉伸成三维实体
50	FILLET	F	倒圆角
51	FILTER	FI	过滤选择的实体
52	HATCH	−H	通过命令行进行区域填充
53	HATCHEDIT	HE	编辑区域填充图样
54	HIDE	HI	隐藏图形
55	IMAGE	IM	在当前图形中插入图像文件
56	IMPORT	IMP	导入其他格式的文件
57	INSERT	I	在当前图形中插入图块或图形文件（−INSERT）
58	INTERFERE	INF	将多个实体的相交部分创建一个实体
59	INTERSECT	IN	对三维实体求交集
60	LAYER	LA	图层管理器
61	LAYOUT	LO	对图纸空间的布局进行操作
62	LENGTHEN	LEN	改变对象的长度
63	LINE	L	绘制直线
64	LINETYPE	LT	线型管理器
65	LIST	LI 或 LS	列表显示实体信息
66	LTSCALE	LTS	设置线型比例
67	LWEIGHT	LW	设置图形中的线宽
68	MATCHPROP	MA	特性匹配
69	MEASURE	ME	定长等分实体
70	MIRROR	MI	镜像操作
71	MLINE	ML	绘制多线
72	MOVE	M	改变图形对象在视图中的位置
73	MSPACE	MS	从图纸空间切换到模型空间
74	MTEXT	T 或 MT	多行文字编辑器
75	MVIEW	MV	创建多个视口
76	OFFSET	O	偏移图形对象
77	OPTIONS	OP	设置系统的各项参数

序　号	命　令	命令别名	命令说明
78	OSNAP	OS	设置目标捕捉模式及捕捉框的大小
79	PAN	P	平移图形
80	PEDIT	PE	编辑多段线
81	PLINE	PL	绘制二维多段线
82	PLOT	PRINT	打印图形
83	POINT	PO	绘制点
84	POLYGON	POL	绘制正多边形
85	PROPERTIES	CH	对象特性管理器
86	PSPACE	PS	从模型空间切换到图纸空间
87	PURGE	PU	清除图形中无用的对象
88	QLEADER	LE	创建引线标注
89	RECTANG	REC	绘制矩形
90	REDRAW	R	重新显示当前视窗中的图形
91	REDRAWALL	RA	重新显示所有视窗中的图形
92	REGEN	RE	重新生成当前视窗中的图形
93	REGION	REG	创建区域
94	RENAME	REN	改变实体对象的名称
95	RENDER	RR	渲染图形
96	REVOLVE	REV	将二维图形旋转成三维实体
97	ROTATE	RO	旋转图形对象
98	SCALE	SC	改变选择对象的比例
99	SCRIPT	SCR	运行 AutoCAD 脚本文件
100	SECTION	SEC	生成实体剖面
101	SETVAR	SET	设置 AutoCAD 系统变量
102	SHADE	SHA	创建着色对象
103	SLICE	SL	将三维实体切开
104	SOLID	SO	绘制实心多边形
105	SPELL	SP	拼写检查
106	SPLINE	SPL	绘制样条曲线
107	SPLINEDIT	SPE	编辑样条曲线
108	STRETCH	S	拉伸图形对象
109	STYLE	ST	设置文字样式
110	SUBTRACT	SU	布尔运算中的差集运算
111	THICKNESS	TH	设置对象的厚度
112	TOLERANCE	TOL	创建尺寸公差
113	TORUS	TOR	创建圆环实体
114	TRIM	TR	剪切图形对象
115	UNION	UNI	布尔运算的并集运算
116	UNITS	UN	图形单位设置
117	VIEW	V	视窗管理
118	VPOINT	—VP	设置三维视点

序　号	命　令	命令别名	命 令 说 明
119	WBLOCK	W	写块
120	WEDGE	WE	创建楔形体
121	XLINE	XL	绘制参照线
122	XREF	XR	使用外部参照
123	ZOOM	Z	缩放图形